全国地层多重划分对比研究

(40)

中南区区域地层

主　　编：赵自强　丁启秀
编　　者：刘啸虎　殷保安
　　　　　左文超　万义文
技术顾问：熊恩锡　张仁杰

中国地质大学出版社

内 容 简 介

本书为了提高地层研究程度，促进地质找矿、基础地质研究和区调填图现代化及国际地质科学交流，在现代地层学理论指导下，以本区内各省(区)地层对比研究成果为基础，着重对岩石地层时空分布特征、沉积盆地分析、生物地层特征和具有重要意义的界线典型剖面简介等按断代进行总结。此外，对当代地质学新理论、新成就亦十分关注，就沉积动力学、运动学方面的等深流、海底扇等结合本区实例进行了介绍和探讨。总之，本书是本区地层学研究的一部重要专著，具有广泛使用价值和科学意义，可供广大地质勘查人员、科研人员和大专院校师生阅读参考。

图书在版编目(CIP)数据

中南区区域地层/赵自强，丁启秀主编. —武汉：中国地质大学出版社有限责任公司，1996.7 (2012.7 重印)

〔全国地层多重划分对比研究；40〕

ISBN 978-7-5625-1086-4

Ⅰ. ①中…

Ⅱ. ①赵…②丁…

Ⅲ. ①地层学-中南地区

Ⅳ. ①P535.26

中国版本图书馆 CIP 数据核字(2012)第 155139 号

中南区区域地层

〔全国地层多重划分对比研究(40)〕

赵自强　丁启秀　**主编**

责任编辑：刘粤湘　　技术编辑：阮一飞　　责任校对：胡义珍

出版发行：中国地质大学出版社有限责任公司(武汉市洪山区鲁磨路 388 号)　邮政编码：430074

电　话：(027)67883511　　传真：67883580　　E-mail：cbb @ cug.edu.cn

经　销：全国新华书店　　http://www.cugp.cug.edu.cn

开本：787 毫米×1092 毫米 1/16　　字数：330 千字　印张：13.125　插页：1

版次：1996 年 7 月第 1 版　　印次：2012 年 7 月第 2 次印刷

印刷：武汉教文印刷厂　　印数：801—1 300 册

ISBN 978-7-5625-1086-4　　定价：45.50 元

序

100 多年来，地层学始终是地质学的重要基础学科的支柱，甚至还可以说是基础中的基础，它为近代地质学的建立和发展发挥了十分重要的作用。随着板块构造学说的提出和发展，地质科学正经历着一场深刻的变革，古老的地层学和其他分支学科一样还面临着满足社会不断进步与发展的物质需要和解决人类的重大环境问题等双重任务的挑战。为了迎接这一挑战，依靠现代科技进步及各学科之间相互渗透，地层学的研究范围将不断扩大，研究途径更为宽广，研究方法日趋多样化，并萌发出许多新的思路和学术思想，产生出许多分支学科，如生态地层学、磁性地层学、地震地层学、化学地层学、定量地层学、事件地层学、气候地层学、构造地层学和月球地层学等等，它们的综合又导致了"综合地层学"和"全球地层学"概念的提出。所有这一切，标志着地层学研究向高度综合化方向发展。

我国的地层学和与其密切相关的古生物学早在本世纪前期的创立阶段，就涌现出一批杰出的地层古生物学家和先驱，他们的研究成果奠定了我国地层学的基础。但是大规模的进展，还是从 1949 年以后，尤其是随着全国中小比例尺区域地质调查的有计划开展，以及若干重大科学计划的执行而发展起来的。正像我国著名的地质学家尹赞勋先生在第一届全国地层会议上所讲："区域地质调查成果的最大受益者就是地层古生物学。"1959 年召开的中国第一届全国地层会议，总结了建国十年来所获的新资料，制定了中国第一份地层规范（草案），标志着我国地层学和地层工作进入了一个新的阶段。过了 20 年，地层学在国内的发展经历了几乎十年停滞以后，于 1979 年召开了中国第二届全国地层会议，会议在某种程度上吸收学习了国际地层学研究的新成果，还讨论制定了《中国地层指南及中国地层指南说明书》，为推动地层学在中国的发展，缩小同国际地层学研究水平的差距奠定了良好基础。这次会议以后所进行的一系列工作，包括应用地层单位的多重性概念所进行的地层划分对比研究、区域地层格架及地层模型的研究，现代地层学与沉积学相结合所进行的盆地分析以及1：5万区域地质填图方法的改进与完善等，都成为我国地层学进一步发展的强大推动力。为此，地质矿产部组织了一项"全国地层多重划分对比研究（清理）"的系统工程，在 30 个省、直辖市、自治区（含台湾省，不含上海市）范围内，自下而上由省（市、区）、大区和全国设立三个层次的课题，在现代地层学和沉积学理论指导下，对以往所建立的地层单位进行研究（清理），追溯地层单位创名的沿革，重新厘定单位含义、层型类型与特征、区域延伸与对比，消除同物异名，查清同名异物，在大范围内建立若干断代岩石地层单位的时空格架、编制符合现代地层学含义的新一代区域地层序列表，并与地层多重划分对比研究工作同步开展了省（市、区）和全国两级地层数据库的研建，对巩固地层多重划分对比研究（清理）成果，为地层学的科学化、系统化和现代化发展打下了良好基础。这项研究工作在部、省（市、区）各级领导的支持关怀下，全体研究人员经过5年的艰苦努力已圆满地完成了任务，高兴地看到许多成果已陆续要出版了。这项工作涉及的范围之广、参加的单位及人员之多、文件的时间跨度之长，以及现代科学理论与计算机技术的应用等各方面，都可以说是在我国地层学工作不断发展中具有里程碑意义的。这项研究中不同层次成果的出版问世，不仅对区域地质调查、地质图件的编测、区域矿产普查与勘查、地质科研和教学等方面都具有现实的指导作用和实用价值，而且对我国地层学的发展和科学化、系统化将起到积极的促进作用。

首次组织实施这样一项规模空前的全国性的研究工作，尽管全体参与人员付出了极大的辛勤劳动，全国项目办和各大区办进行了大量卓有成效和细致的组织协调工作，取得了巨大的成绩，但由于种种原因，难免会有疏漏甚至失误之处。即使这样，该系列研究是认识地层学真理长河中的一个相对真理的阶段，其成果仍不失其宝贵的科学意义和巨大的实用价值。我相信经过广大地质工作者的使用与检验，在修订再版时，其内容将会更加完美。在此祝贺这一系列地层研究成果的公开出版，它必将发挥出巨大社会经济效益，为地质科学的发展做出新的贡献。

程裕淇

前 言

地层学在地质科学中是一门奠基性的基础学科，是基础地质的基础。自从19世纪初由W史密斯奠定的基本原理和方法以来的一个半世纪中，地层学是地质科学中最活跃的一个分支学科，对现代地质学的建立和发展产生了深刻的影响，作出了不可磨灭的贡献，特别是在20世纪60年代由于板块构造学说兴起引发的一场"地学革命"，其表现更为显著。随着板块构造学的确立，沉积学和古生态学的发展，地球历史和生物演化中的灾变论思想的复兴和地质事件概念的建立，使地层学的分支学科，如时间地层学、生态地层学、地震地层学、同位素地层学、气候地层学、磁性地层学、定量地层学和构造地层学等像雨后春笋般地蓬勃发展，这种情况必然对地层学、生物地层和沉积地层等的传统理论认识和方法提出了严峻的挑战。经过20年的论战，充分体现当代国际地质科学先进思想的《国际地层指南》(英文版) 于1976年见诸于世，之后在不到20年的时间里又于1979、1987、1993年连续三次进行了修改补充，陆续补充了《磁性地层极性单位》、《不整合界限地层单位》，以及把岩浆岩与变质岩等作为广义地层学范畴纳入地层指南而又补充编写了《火成岩和变质岩岩体的地层划分与命名》等内容。

国际地层学上述重大变革，对我国地学界产生了强烈冲击，十年动乱形成的政治禁锢被打开，迎来了科学的春天，先进的科学思潮像潮水般涌来，于是在1979年第二届全国地层会议上通过并于1981年公开出版了《中国地层指南及中国地层指南说明书》，其中阐述了地层多重划分概念。于1983年按地层多重划分概念和岩石地层单位填图在安徽区调队进行了首次试点。1985年《贵州省区域地质志》中地层部分吸取了地层多重划分概念进行撰写。1986年地质矿产部设立了"七五"重点科技攻关项目——"1∶5万区调中填图方法研究项目"，把以岩石地层单位填图，多重地层划分对比，识别基本地层层序等现代地层学和现代沉积学相结合的内容列为沉积岩区区调填图方法研究课题，从此拉开了新一轮1∶5万区调填图的序幕，由试点的贵州、安徽和陕西三省逐步推向全国。

1∶5万区调填图方法研究试点中遇到的最大问题是如何按照现代地层学的理论和方法来对待与处理按传统理论和方法所建立的地层单位？如果维持长期沿用的按传统理论建立的地层单位，虽然很省事，但是又如何体现现代地层学和现代沉积学相结合的理论与方法呢？这样就谈不上紧跟世界潮流，迎接这一场由板块构造学说兴起所带来的"地学革命"。如果要坚持这一技术领域的革命性变革，就要下决心花费很大力气克服人力、财力和技术性等方面的重重困难，对长期沿用的不规范化的地层单位进行彻底的清理。经过反复研究比较，我们认识到科学技术的变革也和社会经济改革的潮流一样是不可逆转的，只有坚持改革才能前进，不进则退，否则就将被历史所淘汰，别无选择。在这一关键时刻，地质矿产部和原地矿部直管局领导作出了正确决策，从1991年开始，从地勘经费中设立一项重大基础地质研究项目——全国地层多重划分对比研究项目，简称全国地层清理项目，开始了一场地层学改革的系统工程，在全国范围内由下而上地按照现代地层学的理论和方法对原有的地层单位重新明确其定义、划分对比标准、延伸范围及各类地层单位的相互关系，与此同时研建全国地层数据库，巩固地层清理成果，推动我国地层学研究和地层单位管理的规范化和现代化，指导当前和今后一个时期1:5万、1:25万等区调填图等，提高我国地层学研究水平。1991年地质矿产部原直管局将地层清理作为部指令性任务以地直发(1991)005号文和1992年以地直发(1992)014号文下发了《地矿部全国地层多重划分对比（清理）研究项目第一次工作会议纪要》，明确了各省（市、自治区）地质矿产局（厅）清理研究任务，并于1993年2月补办了专项地勘科技项目合同（编号直科专92-1），并明确这一任务分别设立部、大区和省（市、自治区）三级领导小组，实行三级管理。

部级成立全国项目领导小组

组长	李廷栋	地质矿产部副总工程师
副组长	叶天竺	地质矿产部原直管局副局长
	赵　逊	中国地质科学院副院长

成立全国地层清理项目办公室，受领导小组委托对全国地层清理工作进行技术业务指导和协调以及经常性业务组织管理工作，并设立在中国地质科学院区域地质调查处（简称区调处）。

项目办公室主任	陈克强	区调处处长，教授级高级工程师
副主任	高振家	区调处总工，教授级高级工程师
	简人初	区调处高级工程师
专家	张守信	中国科学院地质研究所研究员
	魏家庸	贵州省地质矿产局区调院教授级高级工程师
成员	姜　义	区调处工程师
	李　忠	会计师
	周统顺	中国地质科学院地质研究所研究员

大区一级成立大区领导小组，由大区内各省（市、自治区）局级领导成员和地科院沈阳、天津、西安、宜昌、成都、南京六个地质矿产研究所各推荐一名专家组成。领导小组对本大区地层清理工作进行组织、指导、协调、仲裁并承担研究的职责。下设大区办公室，负责大区地层清理的技术业务指导和经常性业务技术管理工作。在全国项目办直接领导下，成立全国地层数据库研建小组，由福建区调队和部区调处承担，负责全国和省（市、自治区）二级地层数据库软件开发研制。

各省（市、自治区）成立省级领导小组，以省（市、自治区）局总工或副总工为组长，有区调主管及有关处室负责人组成，在专业区调队（所、院）等单位成立地层清理小组，具体负责地层清理工作，同时成立省级地层数据库录入小组，按照全国地层数据库研建小组研制的软件及时将本省清理的成果进行数据录入，并检验软件运行情况，及时反馈意见，不断改进和优化软件。在全国地层清理的三个级次的项目中，省级项目是基础，因此要求各省（市、自治区）地层清理工作必须实行室内清理与野外核查相结合，清理工作与区调填图相结合，清理与研究相结合，地层清理与地层数据库建立相结合，“生产”单位与科研教学单位相结合，并强调地层清理人员要用现代地层学和现代沉积学的理论武装起来，彻底打破传统观点，统一标准内容，严格要求，高标准地完成这一历史使命。实践的结果，凡是按上述五个相结合去做的效果都比较好，不仅出了好成果，而且通过地层清理培养锻炼了一支科学技术队伍，从总体上把我国区调水平提高到一个新台阶。

三年多以来，参加全国地层清理工作的人员总数达400多人，总计查阅文献约24 000份，野外核查剖面约16 472.6 km，新测剖面70余条约300 km，清理原有地层单位有12 880个，通过清查保留的地层单位约4721个（还有省与省之间重复的），占总数36.6%，建议停止使用或废弃的单位有8159个（为同物异名或非岩石地层单位等），占总数63.4%，清查中通过实测剖面新建地层单位134个。与此同时研制了地层单位的查询、检索、命名和研究对比功能的数据库，通过各省（市、自治区）数据录入小组将12 880个地层单位（每个单位5张数据卡片）和10 000多条各类层型剖面全部录入，首次建立起全国30个（不含上海市）省（市、自治区）基础地层数据库，为全国地层数据库全面建成奠定了坚实的基础。从1994年7月—11月，分七个片对30个省（市、自治区）地层清理成果报告及数据库的数据录入进行了评审验收，到1994年底可以说基本上完成了省一级地层清理任务。1995—1996年将全面完成大区和总项目的清理研究任务。由此可见，这次全国地层清理工作无论是参加人数之多，涉及面之广，新方法新技术的应用以及理论指导的高度和研究的深度都可以堪称中国地层学研究的第三个里程碑。这一系统工程所完成的成果，不仅是这次直接参加清理的400多人的成果，而且亦应该归功于全国地层工作者、区域地质调查者、地层学科研与教学人员以及为地层工作做过贡献的普查勘探人员。全国地层清理成果的公开出版，必将对提高我国地层学研究水平，统一岩石地层划分和命名指导区调填图，加强地层单位的管理以及地质勘察和科研教学等方面发挥重要的作用。

鉴于本次地层清理工作和地层数据库的研建是过去从未进行过的一项研究性很强的系统工程，涉及的范围很广，时间跨度长达100多年，参加该项工作的人员多达300～400人，由于时间短，经费有限，人员水平不一，文献资料掌握程度等种种主客观原因，尽管所有人员都尽了最大努力，但是在本书中少数地层单位的名称、出处、命名人和命名时间等不可避免地存在一些问题。本书中地层单位名称出现的“岩群”、“岩组”等名词，是根据1990年公开出版的程裕淇主编的《中国地质图（1∶500万）及说明书》所阐述的定义。为了考虑不同观点的读者使用，本书对有“岩群”、“岩组”的地层单位，均暂以（岩）群、（岩）组处理。如鞍山（岩）群、迁西（岩）群。总之，本书中存在的错漏及不足之处，衷心地欢迎广大读者提出宝贵意见，以便今后不断改正和补充。

在30个省（市、自治区）地层清理系统成果即将公开出版之际，我代表全国地层清理项目办公室向参加30个省（市、自治区）地层清理、数据库研建和数据录入的同志所付出的辛勤劳动表示衷心的感谢和亲切的慰问。在全国地层清理项目立项过程中，原直管局王新华、黄崇轲副局长给予了大力支持，原直管局局长兼财务司司长现地矿部副部长陈洲其在项目论证会上作了立项论证报告，在人、财、物方面给予过很大支持；全国地层委员会副主任程裕淇院士一直对地层清理工作给予极大的关心和支持，并在立项论证会上作了重要讲话；中国地质大学教授、全国地层委员会地层分类命名小组组长王鸿祯院士是本项目的顾问，在地层清理的指导思想、方法步骤及许多重大技术问题上给予了具体的指导和帮助；中国地质大学教授杨遵仪院士对这项工作热情关心并给以指导；中国地质科学院院长、部总工程师陈毓川研究员参加了第三次全国地层清理工作会议并作了重要指示与鼓励性讲话；部科技司姜作勤高工，计算中心邬宽廉、陈传霖，信息院赵精满，地科院刘心铸等专家对地层数据库设计进行评审，为研建地层数据库提出许多有意义的建议。中国科学院地质研究所，南京古生物研究所，中国地质科学院地质研究所，天津、沈阳、南京、宜昌、成都和西安地质矿产研究所，南京大学，西北大学，中国地质大学，长春地质学院，西安地质学院等单位的知名专家、教授和学者，各省（市、自治区）地矿局领导、总工程师、区调主管、质量检查员和区调队、地研所、综合大队等单位的区域地质学家共600余人次参加了各省（市、自治区）地层清理研究成果和六个大区区域地层成果报告的评审和鉴定验收，给予了友善的帮助；各省（市、自治区）地矿局（厅）、区调队（所、院）等各级领导给予地层清理工作在人、财、物方面的大力支持。可以肯定，没有以上各有关单位和部门的领导和众多的专家教授对地层清理工作多方面的关心和支持，这项工作是难以完成的。在30个省（市、自治区）地层清理成果评审过程中一直到成果出版之前，中国地质大学出版社，特别是以褚松和副社长和刘粤湘编辑为组长的全国地层多重划分对比研究报告编辑出版组为本套书编辑出版付出了极大的辛苦劳动，使这一套系统成果能够如此快地、规范化地出版了！在全国项目办设在区调处的几年中，除了参加项目办的成员外，区调处的陈兆棉、其和日格、田玉莹、魏书章、刘凤仁多次承担地层清理会议的会务工作，赵洪伟和于庆文同志除了承担会议事务还为会议打印文稿，于庆文同志还协助绘制地层区划图及文稿复印等工作。

在此，向上面提到的单位和所有同志一并表示我们最诚挚的谢意，并希望继续得到他们的关心和支持。

全国地层清理项目办公室（陈克强执笔）

目 录

Contents

第一章

绪 论

地层学是地质科学领域中的一门基础学科，在一定时期，及时建立符合当前地质科学水平和发展需要的多重地层划分标准，对于知识和资料的积累、信息交流，促进地质找矿与地质科学研究，均具有重要意义。

长期以来，我国一直以统一地层学为理论基础，着重强调了“构造运动、古地理变化、岩浆活动和变质作用以及生物界的变迁五种现象的统一”进行地层研究，特别是常以后一种现象作为划分地层的主要依据和标志。而对地层的物质组成及其物化特征，尤其是以岩石组合为单位进行地层的划分和对比及时空格架研究则甚少。所以地层学的现代化任务已迫在眉捷。

本研究区的地质地理范围：

西以龙门山－小箐河－红河断裂为界，北以扬子地台北缘断裂为界，东以皖南屯溪－赣东北德兴－湘东南郴州－桂南北海断裂为界。

（一）地层多重划分对比研究的目的与任务

地层多重划分对比研究(以下简称地层对比研究)的目的是对旧的区域地层学进行改革，使之适应现代地层学的理论和发展，指导大(中)比例尺区域地质填图，和建立符合多重地层划分概念的现代区域地层学。

什么是现代区域地层学的概念？在地质学领域，概括而论，这就是模式原则(model theory)。矿床学的模式原则已为大家所熟知；而地层学的模式原则，就岩石地层而言，这就是岩石地层单位层型原则，以及其在区域和时间上的延伸，即时空格架原则等等。不同的地层单位有各自不同的模式，这就是多重地层划分的概念。

在相当长的一段时期内，由于受传统地层学在思想上和工作方法上的束缚，使区域地层学研究存在一些缺陷。主要表现在：(1) 过去正规区域地质调查均以行政省(区)为范围，自成系统，建立了各自的地层序列及单位名称，人为地阻碍了地层单位的对比和向邻省(区)的自然延伸，往往造成异物同名或同物异名和对比的困难，导致地层划分的混乱。例如，本区内广泛分布的早寒武世地层底部的一套黑色高碳质页岩及粉砂岩，含巨型碳酸盐岩结核，俗称锅底状灰岩，该层位普遍含钒、铀、磷等元素，岩性基本一致。但在各地，组一级地层单位名称就五花八门，在云南称筇竹寺组八道湾段，罗惠麟(1990)改称石岩头段，在贵州称牛蹄塘组，在四川称九老洞组、郭家坝组，而在湖南称小烟溪组和湖北则称水井沱组，实为同物异名。(2) 岩石地层单位被肢解，这种情况例子很多。如灯影组顶部由于发现属于寒武纪的小壳化石或无铰纲腕足类，则分别建立有鄂西房县的西蒿坪组和保康马桥的宝石坡组。又如原三游洞群顶部，由于发现属奥陶纪的牙形刺 *Hirsutodontus simplex-Monocostodus sevierensis* 而建立了西陵峡组，这亦是以年代地层划分原则肢解岩石地层单位的一例。此次地层对比研究的主要任务，是对现有地层单位，以岩石地层单位为主，进行多重划分和对比研究，重新明确其定义、划分、对比标准、延伸范围及各地层单位的相互关系，消除混乱，使广大的地质工作者在地层单位的命名、划分、理解和应用上有共同的语言。

（二）地层多重划分对比研究概况

本区地层对比研究抓以下几件工作：

1. 对重要层型剖面进行野外核查

共进行三次野外现场核查，涉及四川、湖北、云南、贵州及广西五个省（区），其内容包括震旦纪—侏罗纪具有大区意义的重要岩石地层单位，通过核查对协调各省（区）岩石地层单位对比研究及其向邻省（区）、甚至邻大区延伸，统一命名和划分标准，常常可以起到事半功倍的效果。

2. 大区横剖面图的编制

包括震旦纪、寒武纪横剖面图，以及根据区域大的不整合界线编制了震旦纪—志留纪岩石地层单位横剖面图。上述图件对各省（区）地层对比研究均起到了协调作用。

3. 大区各断代岩石地层单位序列表的编制

序列表有两种，其一为按断代（纪）编制（已表述于本书各章），曾三易其稿，最后基本为各省（区）所接受；其二，以统一综合区划编制横穿大区三个方向的总表，该表能较全面反映各地层区、地层分区以至地层小区的岩石地层单位在时空上的侧向延伸和相互叠覆关系及其演变。

4. 编制了跨省（区）各断代（纪）组级岩石地层单位名词汇编（初稿）

汇编中每一岩石地层单位名词的内容包括命名、层型地点、定义、时限以及地理分布等，本书以附录形式列表叙述（附表 1 系该汇编的缩写）。

其他地层对比研究情况不再一一叙述。

（三）地层多重划分对比研究工作遵循的原则

依据现代地层学的新理论、新技术和新方法对比研究已有的地层资料，随着现代地层学和现代沉积学的发展，认识地层的形成由沉积侧向堆积为主，沉积地层的叠覆在复杂的侧向堆积过程中形成，以及岩石地层单位穿时的普遍性等特点后，遵循《中国地层指南及中国地层指南说明书》和《国际地层指南》的原则，以及《全国地层多重划分对比研究总体设计书》等作为本次研究工作的准则。具体而言需遵循下述原则：(1) 岩石地层单位正名，如湘西奥陶纪的桃花石组系一工艺品名称，当属正名之列；宝塔组一名亦应正名，但本次对比研究考虑其具悠久历史和广泛影响，作为特例保留。(2) 恢复岩石地层单位原有面貌，如灯影组、娄山关组（原三游洞群）、龙马溪组等。(3) 实行一物一名原则，同义名必将废弃；此外，亦实行一名一物原则，凡具有从属关系的两个单位使用同一专名者，两者必择其一。(4) 对于专名既用于组又用于阶，鉴于当前中国阶的特殊情况，本次重点按岩石地层单位进行对比研究，暂不考虑同名阶及其效果。而事实上在本区如五峰阶与龙马溪组已分别命名；又如云南早寒武世岩石地层，已建议由下而上称黑林铺组、红井哨组、乌龙箐组、山邑村组等，已期将原专名保留给阶，即梅树村阶、筇竹寺阶、沧浪铺阶和龙王庙阶（罗惠麟等，1994）。(5) 历史形成的现实可否接受性原则，依照《中国地层指南及中国地层指南说明书》6.25 条原则，当一个单位被划分为两个或两个以上同级别的单位时，原来的名称不应当保留给新划分的任一单位。而在相当长的一段时期内，即有的岩石地层单位经过再划分，其效果是将一个原有的岩石地层单位名称给了一个新划分的狭义单位。这种用法已成了今天的普遍习惯，如果按原则进行对比研究，必将增加大量新的名词，使已经负担过重的岩石地层单位名称不堪重负，因此，本次对比研究采用兼顾历史和现状的双重原则。对已有一定研究历史的地区的岩石地层单位划分现状，存在两种情况：一种确实据岩石特征再分的单位，划分后已得到普遍认可。例如湖北峡东地区的南沱粗砂岩（李四光，1924），后来被再分，下部建立莲沱组，南沱专名保留给冰碛层，称南沱组。这种情况属于可以接受的现实；另一种，如前已述及如原灯影组被再分，其效果属于不可接受的事实，则必须恢复其原貌。凡此等等不再一一列举。

（四）区域地层总结的思路

大区的区域地层总结，根据全国地层多重划分对比研究项目办公室（以下简称全国项目办公室）提出不要重复各省（区）的题材，要综合、分析上升的各种内容，包括沉积盆地分析、沉积类型划分、岩石地层单位时空展布特征或地层格架研究等。笔者认为要达到上述要求，必须以板块构造学说理论为指导。许靖华（1987）认为："板块构造不单纯是一个造山运动学说，而是一门现代地质学。如果说不相信板块构造学，即等于不相信现代地质学中新的理论。因为不但是构造地质，而且岩浆作用、变质作用、沉积作用和地层学都是用板块构造来解释，甚至连生物进化也是用板块构造解释的。"这一段分析揭示了板块构造与地层学的关系。笔者将尽力利用这一理论，贯穿在沉积分析、盆地演化、岩石地层单位时空特征等各项研究中。此外，近几十年来沉积学的许多重大进展，如对浊流沉积、等深流沉积以及海底扇研究等的进展，这些地质科学前沿领域，亦是开展区域地层总结应关注的焦点，只是限于篇幅，对许多领域尚不能涉及。

此次地层对比研究，重点以显生宙的地层为主，并以岩石地层单位为基础，对某些断代地层资料丰富的地区，进行一些地层格架探索性研究，尽可能建立其时空序列。

1991 年地质矿产部原直属单位管理局将地层对比研究作为部指令性任务以地直发[1991]005 号文和 1992 年以地直科专[1992]01 号文下达各省（市、自治区）地质矿产局（厅），明确这一任务分别设立部、大区和省三级课题、实行三级管理，并要求大区一级成立大区领导小组。1992 年 5 月在四川北碚召开会议，成立了中南区领导小组，其任务对本区地层对比研究工作进行组织、指导、协调、仲裁并承担研究职责。

组　长：熊恩锡，原湖北省地质矿产局副总工程师，
　　　　现湖北省矿产资源储量委员会总工程师，高级工程师

副组长：张仁杰，宜昌地质矿产研究所，研究员
　　　　赵自强，湖北省地质科学研究所，教授级高级工程师

成　员：张忠伟，广西壮族自治区地质矿产局副总工程师，高级工程师
　　　　王立亭，贵州省地质矿产局，高级工程师
　　　　韩雄刚，湖南省地质矿产局处长，高级工程师
　　　　方飞龙，四川省地质矿产局处长，高级工程师
　　　　秦德厚，云南省地质矿产局主任工程师，高级工程师
　　　　徐桂荣，中国地质大学（武汉），教授，（后因工作较忙，未能参加）

下设全国地层多重划分对比研究项目中南区办公室（以下简称中南区办公室），负责本区地层对比研究的技术业务指导和经常性管理工作。

中南区办公室主任:赵自强(兼)

成　员:丁启秀,湖北省地质科学研究所,教授级高级工程师

左文超,湖北省地质矿产局地质矿产处,高级工程师

万义文,湖北省区域地质调查所,高级工程师

罗贤才,高级工程师(1993 年初调离)

芮夫臣,湖北省地质科学研究所,高级工程师

四年来,中南区领导小组会同各省(区)地层对比研究组,核查了一些具大区意义的层型剖面,讨论并统一了具大区意义的组级单位 145 个(其中正层型 114 个、选层型 28 个、新层型 3 个)。各省(区)地方性、组级地层单位共 433 个,其中湖北 40 个、湖南 71 个、广西 83 个、四川 83 个、贵州 74 个、云南 82 个。建议停止使用或废弃的地层单位共 1591 个,其中广西、贵州各 218 个、湖北 201 个、湖南 91 个、四川 429 个、云南 562 个(包括滇西地区)。

各省(区)研究报告中,除了对地层名称包括名称出处、原始定义、岩性、划分标准与沿革历史、单位地质特征、分布范围与变化情况作了比较详细的论述外,最后对非岩石地层单位也提出了停止使用的建议。

各省(区)在编制地层序列表的同时,部分断代还以层型剖面和参考剖面为骨架编制了地层横剖面图或地层格架图,阐明各岩石地层单位的时空特征。

本区研究报告由熊恩锡任指导,并对全稿进行了审核。赵自强、丁启秀为主编。报告编写分工是第一章赵自强,第二章左文超,第三章万义文,第四章丁启秀,第五章殷保安、刘啸虎,第六章及第七章刘啸虎,第八章赵自强,并分别提供了章节的内容提要。另外,中南区采用的跨省(区)岩石地层单位名称表由芮夫臣负责,1:200 万中南区地质图及中南区组级地层单位名词汇编(初稿)由赵自强拟编。

四年来,在全国项目办公室的领导下,中南各省(区)地质矿产局、队(所)的大力支持下开展工作,中南区领导小组和中南区办公室分别设在湖北省地质矿产局和湖北省地质科学研究所;李均权副局长兼总工程师及各级领导给予地层对比研究工作在人、财、物方面大力支持,在报告打印过程中得到湖北省地质科学研究所缪永胜总工程师协助,湖北省地质科学研究所绘图组、打字室承担了绘图、录入工作。王云仙、戴开华多次承担会务,在此,谨向以上单位与个人致以深切谢忱。

第二章

地层综合区划

一、地层综合区划原则

地层综合区划不同于单一时代地层区划，它是对工作范围内由老至新各地质时代形成并保存的所有地层，进行时空综合分析研究，主要分析研究各时代地层基本特征、地层组合及时空变化规律，并分析其控制因素。在上述分析研究的基础上，对工作范围内各时代地层，从空间上进行综合区划。

地层的形成是地球内、外力地质作用的综合产物。决定区域地层特征和沉积变化主要有四个基本因素：地壳活动性、古地理条件、古气候条件、古生物变化，其中地壳活动性（大地构造）是主导因素。

中南区区域地质构造和区域地层的演化，可分为四个大阶段，形成四个大的构造层（表2-1）：

（1）前震旦纪（晋宁运动以前），形成晋宁和前晋宁构造层；

（2）震旦纪—志留纪（晋宁运动末—加里东运动末），形成澄江－加里东构造层；

（3）泥盆纪—中三叠世（加里东运动末—印支运动第二幕结束），形成华力西－印支构造层；

（4）晚三叠世以来，形成燕山－喜马拉雅构造层。

每一个大阶段又可进一步划分为若干个小阶段，形成若干个亚构造层。每一亚构造层的空间展布都有其独特性。我们在亚构造层地层区划的基础上，对中南区各时代地层从空间上进行综合区划。不同亚构造层，地层区划界线不一定相同，甚至出现较大差异，采取总体上最能反映地层组合特征变异界线为综合区划界线。

（一）地层综合区划总则

（1）地层综合区划以岩石地层组合总特征（含厚度及沉积矿产特征）为主，综合考虑生物地层及其他性质地层组合特征。

（2）依据震旦纪以来地质构造的总特征，如地壳稳定、不稳定、沉积间断、褶皱造山、隆起、坳（断）陷、岩浆活动、变质作用等。因前震旦纪地层在中南区出露不多，且前震旦纪地壳块体经过离散和聚合，较难恢复其原始位置及相互关系，所以，不作为区划考虑的主要因素。

（3）以古生代地层组合特征和变化情况为主，综合考虑其他时代地层特征和变化情况，

表 2-1　中南区地质构造演化简表

地质年代			(Ma)	构造运动			与中南区有关的主要地质事件	地质发展大阶段
				旋回	运动	构造层		
第四纪		Qh		喜马拉雅		喜马拉雅—燕山构造层	陆内断陷盆地形成阶段	滨太平洋活动大阶段
		Qp^3						
		Qp^2			喜马拉雅运动 -Ⅲ			
		Qp^1	2.48					
第三纪	晚	N_2			-Ⅱ			
		N_1			-Ⅰ			
	早	E_3					陆内盆地萎缩阶段	
		E_2						
		E_1	66					
白垩纪		K_2		燕山	燕山运动 -Ⅳ			
		K_1			-Ⅲ			
侏罗纪		J_3			-Ⅱ		陆内坳陷形成阶段	
		J_2			-Ⅰ			
		J_1	205					
三叠纪		T_3		印支	印支运动 -Ⅱ	印支—华力西构造层		华南大陆形成大阶段
		T_2			-Ⅰ		华南由海成陆与华北印支陆块联合	
		T_1						
二叠纪		P_2		华力西	华力西运动			
		P_1						
石炭纪		C_2					钦州湾残留海槽封闭	
		C_1						
泥盆纪		D_3						
		D_2						
		D_1	405±					
志留纪		S_3		加里东—澄江	加里东运动（广西运动）	加里东—澄江构造层		扬子陆块增生及南华裂谷演化大阶段
		S_2					南华裂谷闭合形成加里东褶皱带，与扬子陆块拼接，华南陆壳固结	
		S_1						
奥陶纪		O_3						
		O_2						
		O_1						
寒武纪		$\in_3$						
		$\in_2$						
		$\in_1$			澄江运动		南华裂谷海槽发展	
晚元古代 Pt_3	震旦纪	Z_2						
		Z_1	700					
	青白口纪	Qn	800	晋宁	晋宁运动	晋宁和前晋宁构造层		扬子陆块形成与华夏古陆裂解演化大阶段
中元古代		Pt_2	1000±	四堡	四堡运动		扬子褶皱基底形成	
早元古代		Pt_1	1800±	吕梁	吕梁运动			
晚太古代		Ar_3						

（据杨明桂等，1994，修改）

其原因在于中南区在古生代时期，大地构造、古地理条件及地层沉积特征在空间上变化较大。

（二）地层综合区划分级原则

全国项目办公室将地层综合区划等级体制确定为地层大区、地层区、地层分区、地层小区四个等级。现将中南区工作范围内地层区、地层分区、地层小区分级原则阐述于下。

1. 地层区划分原则

对受同一大地构造所控制、横跨数省(区)、大范围的稳定型沉积区或不稳定型(活动带)沉积区，划分为不同的地层区。在同一地层区内，地层序列总体特征相似，大的构造层特征可以对比。由于各种条件的影响，综合地层特征在空间上有一定的变化，需要有几个到十几个甚至几十个综合性地层柱，才能反映出本区地层特征。地层区边界是不同类型的区域构造边界线，也可是地壳拼接线或大断裂。

2. 地层分区划分原则

在地层区内，对区域地质构造(含基底构造、后期叠加构造)和地层组合总特征基本相同的地区，划定为地层分区。在同一地层分区内，多数组级地层单位可延伸，亚构造层特征可对比。但区内综合地层特征空间上仍有一定变化，一般需要有几个综合性地层柱，才能反映出本分区地层特征。地层分区边界一般是综合地层相变线，也可是较大断裂。

3. 地层小区划分原则

在地层分区内，对构造环境和地层组合特征相同的较小区域，划定为地层小区。这是最基本的地层区划单元，实用意义最大。在同一小区内，组级地层单位一致，用一个综合地层柱就可以反映出本小区的地层特征。

二、中南区地层综合区划

决定区域地层特征和沉积变化的主导因素是地壳活动性(大地构造)。我国各大地构造学派对本区大地构造的认识和划分不尽相同。本区地层多重划分对比研究，基本采用1994年《中国区域地质概论》第九章中国基本构造格局及其演化的观点，参考1981年黄汲清、任纪舜等著的《中国大地构造及其演化》一书中对本区大地构造的认识和划分，以及全国项目办公室印发的地地项办(1992)001号文附件2——各工作区承担构造单元部分分工建议，所列出的本区报告编写提纲安排章节，依据中南六省(区)各地层对比研究项目组于1993年所提出的地层区划初步意见和六省(区)“六五”期间所编制的《区域地质志》为基本材料，对本区地层进行了综合区划。

本区工作范围处于《中国区域地质概论》一书所划分的“华南板块”内，地跨其中两个次级构造单元——扬子陆块和南华活动带。通过此次地层对比研究，发现这两个大地构造单元，综合地层特征不相同，应划分为不同的地层区。依据区域地质构造和地层组合特征的显著差异，在两个地层区内又各划分了五个地层分区(见图2-1)。关于地层小区中南区项目办公室未作统一划分，由各省(区)进行划分。

全国项目办公室已对全国六个工作区的地层区划成果进行了汇总，编制了全国地层综合区划方案，并统一了地层大区、地层区、地层分区命名与编号。下面按全国统一命名与编号，综述本区工作范围内各地层区、地层分区的展布情况和地层基本特征。

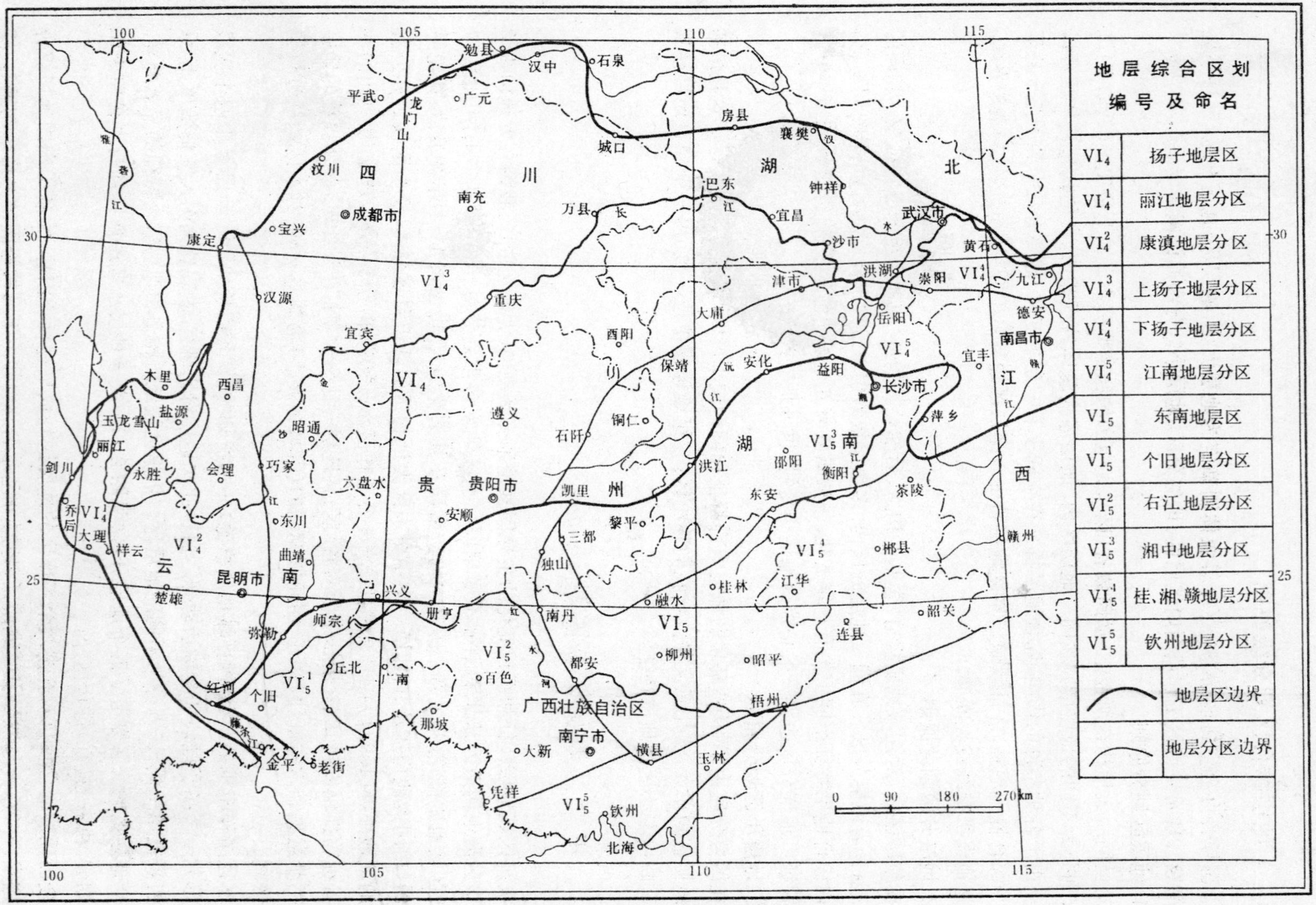

图 2-1　中南区地层综合区划图

Fig. 2-1 Map showing the synthetic stratigraphic regionalism of Central-South China

(一) 扬子地层区($Ⅵ_4$)

区域构造位置处于扬子陆块范围内。北界、西北界、西南界既是扬子地层区边界,也是中南区工作边界。北以扬子北缘断裂为界,与华南地层大区的南秦岭－大别山地层区($Ⅵ_3$)毗邻;西北界从勉县至龙门后山断裂带,过康定接小金河－玉龙雪山断裂带,经剑川至乔后一线,与华南地层大区的巴颜喀喇地层区($Ⅵ_1$)为邻;西南界从点苍山西侧经九甲断裂至藤条江一线,与华南地层大区的羌北－昌都－思茅地层区($Ⅵ_2$)毗邻;东南界从河口至红河,经师宗、册亨、凯里、洪江、安化、宜丰至萍乡一线,与东南地层区($Ⅵ_5$)为邻。

在中南区东部工作边界处,扬子地层区未封闭,继续向东延入江西南昌、江苏南京和浙江杭州等东南区工作范围。

扬子地层区的基底是前震旦纪地层,在中南区内有两类岩系:一为结晶基底——晚太古代至早元古代深变质岩系,包括康定群、哀牢山群、苍山群、水月寺群等,为活动型沉积;一为褶皱基底——中、晚元古代浅变质岩系,包括昆阳群(会理群)、火地垭群、四堡群、冷家溪群、板溪群、崆岭群等,为活动型或较活动型沉积。晚元古代中期(800～850 Ma)发生晋宁运动,地壳褶皱造山,活动型沉积环境结束,形成了一个范围较大的稳定陆块。自震旦纪至中三叠世本区仅有地壳升降运动,基本无褶皱造山运动。该地层区大范围处于陆表海、海陆交互或陆地环境,仅部分边缘地区(主要是东南地区),处于陆架斜坡带。长期以来形成了大片稳定的沉积盖层,地层发育较齐全。中三叠世末印支运动波及全区,地壳上升,海水退出,转为陆相沉积。侏罗纪—白垩纪经历燕山运动,全区褶皱造山,在山间盆地及断陷盆地中堆积了陆相沉积物。

根据不同地区地壳升降特点及其控制的地层发育特征的差异,该地层区可进一步划分为丽江、康滇、上扬子、下扬子、江南五个地层分区。

1.丽江地层分区($Ⅵ_4^1$)

该分区位于扬子地层区的西南边缘,呈南北向长条状延伸。西界同扬子地层区的西界;东界从盐源东侧经永胜、祥云至红河一线,与扬子地层区的康滇地层分区($Ⅵ_4^2$)相邻;从红河至河口一线,与东南地层区的个旧地层分区($Ⅵ_5^1$)为邻。

该分区中南部为隆起区,出露结晶基底岩系为晚太古代至早元古代苍山群、哀牢山群。分区中北部为其主体部分,无早震旦世及更老地层出露。晚震旦世至早寒武世为稳定型沉积,主要为镁质碳酸盐岩夹碎屑岩建造。中晚寒武世无沉积。奥陶纪至三叠纪,受以坳陷为主导的升降运动所控制,沉降幅度由东南向西北逐渐加大,均获得补偿性沉积物,地层发育较好,主要为浅海、滨海碎屑岩和碳酸盐岩建造,部分地史时期为陆架边缘盆地类复理石建造,晚二叠世发育了厚达数千米的基性火山岩建造,并形成火山沉积型铜矿(丽江、永胜等地)。分区南部金平地区断裂发育,地层出露不完整,据保存下来的奥陶纪至三叠纪地层显示,与北部鹤庆至大理地区相同。印支末期至燕山期,全分区隆起为陆并褶皱造山,未接受沉积。第三纪喜马拉雅运动影响全区,在一些山间盆地及断陷盆地中堆积了磨拉石建造和含煤建造。

2.康滇地层分区($Ⅵ_4^2$)

该分区位于丽江地层分区之东,呈南北向延伸。东界以汉源－东川断裂带与上扬子地层分区毗邻。该分区大面积出露前震旦纪褶皱基底岩系——元古宙昆阳群(会理群),为复理石、类复理石建造,并沉积有铜矿(东川等地)、铁矿(鲁奎山他达等地)。晋宁运动全分区褶皱造山转为稳定区。从震旦纪至三叠纪的长期地史中,在以隆起为主导的升降运动控制下,时而为浅海陆架,时而为水下高地,时而为岛陆环境,沉积盖层发育和保存较差。早震旦世形成了内陆磨拉石建造和大陆冰川堆积物。晚震旦世至三叠纪,碳酸盐岩建造与砂页岩建造交替出现,形成了许多有重要价值的沉积矿产,如晚震旦世—早寒武世的磷矿(昆阳等地)、早寒武世黑色岩系中的多元素(钒、银、镍、钼、铀等)金属矿产和石煤、晚三叠世的煤矿。晚二叠世形成了基性火山岩建造。晚三叠世印支运动波及全分区,地壳进一步抬升,海水全部退出,转为陆相沉积。侏罗纪区内普遍堆积湖相杂色碎屑岩建造。早白垩世(中燕山期)全分区褶皱造山并产生以南北向为主的断裂群,将全区切割呈众多南北向延伸的断块。白垩纪至早第三纪,在分区的西南部(楚雄、永仁一带)及中北部(西昌一带),较大面积强烈拗陷,形成两个封闭陆盆,堆积了巨厚的红色碎屑岩系。进入喜马拉雅期后,全区基本处于隆起状态。

3. **上扬子地层分区($Ⅵ_4^3$)**

该分区为扬子地层区的主体部分。西与康滇地层分区($Ⅵ_4^2$)为邻。北界以汉中、城口、房县、襄樊、黄石一线为界。东界以江汉盆地东缘(孝感—岳阳一线)与下扬子地层分区($Ⅵ_4^4$)毗邻。南界分两段:西段(麻江以西)从河口经红河、师宗、册亨,至麻江一线,与东南地层区($Ⅵ_5$)为邻;东段从麻江经石阡、秀山、保靖、大庸、津市至崇阳一线,与扬子地层区的江南地层分区($Ⅵ_4^5$)为邻。

分区内震旦纪以来的沉积盖层覆盖面积很大,仅在周边(西北龙门山、九顶山、宝兴、峨边等地,东北大洪山、黄陵、神农架等地,东南秀山、石阡、余庆、开阳等地)零散出露前震旦纪基底岩系。除神农架群为类复理石—碳酸盐岩建造、马槽园群主要为磨拉石建造外,其他基底岩系主要为复理石、类复理石建造。晋宁运动褶皱造山,此后全分区转为稳定区。早震旦世早期,在分区西北部(成都、广元、西昌一带)堆积了陆相中基性—酸性火山熔岩、火山碎屑岩建造;中北部(重庆、万县、达县、万源、神农架、保康一带)为古陆剥蚀区;其他地区沉积了陆相为主的碎屑岩建造。早震旦世晚期,除西北部(成都、广元、南充一带)为古陆冰盖分布区外,其他广大地区覆盖了大陆冰川沉积物。晚震旦世开始,分区处于稳定的陆表海环境,形成了巨大的碳酸盐台地,直至奥陶纪均以碳酸盐岩建造为主夹泥质岩建造,形成多种有价值的重要沉积矿产,如震旦纪陡山沱组磷矿(开阳、襄阳、宜昌、保康等地),灯影组石盐、石膏(长宁等地),早寒武世黑色页岩中的多元素(钒、镍、钼、铀等)金属矿产(鄂西、黔东北、滇东一带),晚奥陶世的锰矿(汉源等地)。志留纪沉积物以海相碎屑岩建造为主,上部夹泥质碳酸盐岩建造。志留纪末加里东运动全分区上升为陆地,晚志留世地层被剥蚀,早泥盆世无沉积物。本分区西北部(川中、川东、滇东北、鄂西北一带)缺失中泥盆世至石炭纪沉积物。本分区东南部从中泥盆世开始接受海侵。中晚泥盆世沉积了海相碎屑岩和碳酸盐岩—泥质岩建造,并在滇、黔的武定、威宁,鄂、湘的长阳、石门等地,形成规模巨大的沉积铁矿。从石炭纪至三叠纪,分区又处于规模较大的陆表海环境,沉积物以碳酸盐岩建造为主夹含煤建造及泥质—硅质岩建造,晚二叠世西部夹有基性火山岩建造。这一地史时期形成的重要沉积矿产有:早石炭世的铝土矿(黔中、川南一带);早二叠世的铝土矿(鄂西南漳等地);晚二叠世的煤矿(黔西、滇东、川南、鄂西等地)和累托石矿(鄂西钟祥等地);晚三叠世的煤矿(川南、川东、鄂西、黔北等地);中晚三叠世与蒸发岩有关的矿产,如石膏、岩盐、杂卤石及钾镁硫酸盐等(川中、川东、鄂西南等地)。中三叠世末印支运动波及全区,地壳抬升海水退出转为陆地。印支运动后地壳升降具不均一性,最为特征的是侏罗纪—白垩纪,在川中—鄂西地区形成大型坳陷盆地,沉积了厚达数千米的陆相红色碎屑岩建造;而鄂西黄陵、神农架,黔东北开阳、余庆等地相对上隆,形成一系列穹窿构造。中生代中期,燕山运动全区褶皱造山。燕山中期后,东部形成江汉断坳,晚白垩世—新生代沉积了厚达数千米的陆相碎屑岩夹泥质岩建造,并有石膏、岩盐、石油等矿产。区内其他小型山间盆地和断陷盆地亦沉积有厚度不等的陆相地层。

4. **下扬子地层分区($Ⅵ_4^4$)**

该分区位于中南区工作范围的东北部，面积较小。北界同中南区北部工作边界；西界以孝感一岳阳一线，与上扬子地层分区($Ⅵ_4^3$)毗邻；南界以崇阳一德安一线，与江南地层分区($Ⅵ_4^5$)为邻；东界在中南区工作范围东部边界处未封闭而东延至东南工作区。该分区主体部分在东南区工作范围内。

分区内前白垩纪地层组合总特征与上扬子地层分区近似。所不同点是：该分区中寒武世覃家庙组(薄层白云岩夹页岩)及中奥陶世庙坡组(黑灰色页岩)不发育；志留纪地层及早二叠世孤峰组(黑色薄层硅质页岩、硅质岩)、晚二叠世大隆组(深灰色薄层碳质硅质岩及硅质页岩)则发育较好。侏罗纪末期及白垩纪发生的燕山运动对本分区影响较大，地壳活动趋于活跃，一方面地层褶皱造山；一方面中酸性岩浆强烈侵位，并在鄂东的鄂州、太和、大冶、金牛一带形成中酸性火山岩盆地，成矿条件很好，使本分区成为著名的长江中下游中生代构造岩浆成矿带的西段；此外在一些山间盆地和断陷盆地内还堆积了白垩纪一第三纪红色碎屑岩系。区内有价值的沉积矿产是，二叠纪煤矿(黄石、蒲圻等地)，晚三叠世至早侏罗世煤矿(鄂城等地)，早白垩世膨润土和沸石等非金属矿产(武昌、鄂州、大冶等地)。

5. **江南地层分区($Ⅵ_4^5$)**

该分区位于扬子地层区的东南边缘，呈 NEE 向长条状展布。北界以麻江、石阡、秀山、保靖、大庸、津市、崇阳至德安一线，与上、下扬子地层分区相邻；南界同扬子地层区南部边界；东界在中南区工作范围未封闭，延入东南区工作范围。

分区内大片出露前震旦纪基底变质岩系，似一古陆，实则不然，据区内残存的各时代地层分析，自震旦纪至早古生代是扬子陆块东南缘一个较为活动的地带，也可以说是扬子陆块与东南活动带的过渡带。

前震旦纪褶皱基底最老的岩系为中元古代冷家溪群，属复理石建造，上覆板溪群为类复理石建造，二者不整合接触。早震旦世最老的地层不是上、下扬子地层分区所见的莲沱组，而是为浅海含冰筏沉积物的砂、泥质岩建造的长安组，与下伏板溪群呈平行不整合接触。长安组之上为富禄组，属浅海碎屑岩建造，含有沉积铁矿层(湘西北一带)。富禄组上覆岩系为浅海黑色泥质一碳酸盐岩建造的大塘坡组，在黔东北、湘西北、鄂西南均含有价值的碳酸锰矿。早震旦世晚期的大陆冰碛沉积(南沱组)在区内发育较好。晚震旦世至志留纪，区内基本处于浅海向次深海过渡的斜坡带，与上、下扬子分区比较，海水较深，以细碎屑岩、泥岩、硅质岩沉积为主夹碳酸盐岩，含浮游生物和具漂游能力的生物化石。这一地史时期的主要沉积矿产是，晚震旦世的磷块岩矿床(湘西北一带)；早寒武世黑色岩系中的多元素(钒、钼、镍、铀、稀土等)金属矿产和石煤(黔东、湘西北、鄂东南一带)及重晶石矿(黔东、湘西北一带)。区内早寒武世，由于海水较深，沉积层缺氧较甚，形成的黑色碳质层比上、下扬子地层分区发育好，更有利于多金属元素矿产及厚度较大的石煤形成。此外，还有晚泥盆世的铁矿(津市、石门等地)，早二叠世海泡石矿(湘西北、赣西北一带)。志留纪末加里东运动发生，区内地壳上升，沉积间断，晚志留世一早泥盆世地层普遍缺失，中泥盆世海相碎屑岩系平行不整合覆于中志留世地层之上。石炭纪一三叠纪地层普遍保存较差。中三叠世印支运动以来，区内处于稳定上升状态。白垩纪燕山运动影响全区，地层普遍褶皱，在东部(幕阜山地区)还伴有强烈的中酸性岩浆侵入。此后，大部分地区地壳长期持续上升，震旦纪以后的沉积盖层逐渐被剥蚀，扬子陆块基底浅变质岩系——冷家溪群、板溪群大片出露于地表，部分地区如洞庭湖、常德、沅陵等地区地壳相对下降，产生断坳盆地，沉积了白垩纪—新生代红色陆相碎屑岩系。

（二）东南地层区（$Ⅵ_5$）

中南区工作范围内的东南地层区，区域构造位置处于南华活动带的西段。西北以河口、红河、师宗、册亨、凯里、洪江、安化、宜丰、萍乡一线为界，与扬子地层区（$Ⅵ_4$）毗邻。南界西段为我国与越南国界；东段为我国北部湾海域北岸。东南界沿北海、梧州、郴州、宜春一线为中南区工作区东部边界，东南地层区在工作边界线未封闭，向东延伸至江西赣州、广东广州和福建福州等东南区工作范围内。

区内东北部（黔东—湘中一带）大片出露前震旦纪褶皱基底岩系——冷家溪群（四堡群）、板溪群，与扬子地层区的江南分区连成一片，均为活动型沉积。黔东—湘中一带，两个地层区界线，主要依据两侧加里东构造层特征（见前述地层综合区划总则）和加里东运动造成的志留纪地层与上覆泥盆纪地层之间界面性质（扬子地层区为平行不整合界面、东南地层区为不整合界面）不同而划分。区内震旦纪—志留纪地层属不稳定型沉积，为复理石、类复理石夹少量碳酸盐岩建造。志留纪末加里东运动本区褶皱造山。此后，大部分地区处于较为稳定的沉积环境，部分地区为稳定型与不稳定型交替出现的沉积环境。东部大片出露泥盆纪—石炭纪地层，西部大片出露二叠纪—三叠纪地层，南部大片出露侏罗纪—白垩纪地层。根据区域地层发育特征，将区内进一步划分为个旧、右江、湘中、桂湘赣及钦州5个地层分区。

1. 个旧地层分区（$Ⅵ_5^1$）

该分区位于东南地层区最西部，西界及北界与扬子地层区的丽江地层分区及上扬子地层分区为邻；东界与东南地层区的右江地层分区（$Ⅵ_5^2$）为邻；南界以河口—茅坪一线为界。

区内西南边缘断块带出露前震旦纪结晶基底岩系——早元古代瑶山群，为一套深变质片麻岩系。东南部主要分布震旦纪—中奥陶世地层。震旦纪为不稳定型沉积环境，发育了巨厚的复理石建造，早震旦世晚期的海相泥砂质沉积物中含有冰筏带来的冰碛砾石。寒武纪至中奥陶世地层主要为类复理石建造。加里东运动地壳上升褶皱造山，缺失上奥陶世至志留纪沉积物，泥盆纪地层不整合覆于寒武纪和早、中奥陶世地层之上。加里东运动后转为基本稳定区。西北部，零散出露石炭纪—二叠纪地层，主要为砂、泥岩及碳酸盐岩建造；三叠纪地层广布，主要为碳酸盐岩建造。晚三叠世印支运动地壳上升并褶皱造山。该分区与东邻右江分区最大区别是，在二叠纪—三叠纪时期，没有沦为再生活动型沉积环境。燕山期区内构造活动加强，并伴有中酸性岩浆侵入，形成重要的滇东南构造岩浆成矿带。

2. 右江地层分区（$Ⅵ_5^2$）

该分区位于个旧地层分区（$Ⅵ_5^1$）之东，北界同东南地层区（$Ⅵ_5$）边界；东以凯里、南丹、横县一线为界，与桂湘赣地层分区（$Ⅵ_5^4$）为邻；东南以横县—凭祥一线为界与钦州地层分区（$Ⅵ_5^5$）为邻；南界以田蓬、龙邦、凭祥一线为界。

该区地质构造和地层发育比较独特，但总的面貌与桂湘赣地层分区加里东褶皱带基本相同，属其西延部分。经历了由加里东旋回不稳定型沉积环境至华力西旋回基本稳定型沉积环境。唯早古生代后期地层发育和保存不好，晚奥陶世—志留纪地层缺失。与桂湘赣地层分区比较，一个较大的区别是从早泥盆世晚期—二叠纪，可能由于基底上隆地壳微型扩张，产生一系列张性破裂带，形成若干个盆地，沉积了半深水类复理石建造及中基性火山岩建造，盆地间台地沉积了浅水碳酸盐岩建造和含煤建造，导致稳定区逐步解体向活动带转化。至晚二叠世—早、中三叠世，沦为再生活动型沉积环境，沉积了巨厚的复理石建造夹碳酸盐岩建造及基—

酸性火山岩建造。中三叠世末印支运动褶皱造山。此后全分区处于陆地环境，燕山期构造活动加强，地层强烈褶皱，并相伴产生以NW、NE向为主的断裂系统。在南宁、百色、文山、那坡的白垩纪—新生代山间和断陷盆地中，沉积了陆相碎屑岩系。区内形成的主要沉积矿产有：泥盆纪锰矿、磷矿（桂西、黔南）；二叠纪铝土矿、煤矿（桂西南等地）；早第三纪褐煤（桂西南）。

3. 湘中地层分区（$Ⅵ_5^3$）

位于东南地层区北部，北以凯里、洪江、安化、益阳、宜丰一线为界，与扬子地层区的江南地层分区（$Ⅵ_4^5$）毗邻；西及南界为凯里、三都、融水、东安、祁阳、茶陵一线，与桂湘赣地层分区（$Ⅵ_5^4$）为邻；东界在宜丰、萍乡、茶陵一线为界。

该地层分区处于南华活动带的西北边缘。前震旦纪褶皱基底有两套岩系在本地层分区的东部及西部出露，下为中元古代冷家溪群（四堡群），属复理石建造；上为晚元古代早期板溪群，属类复理石建造。二者不整合接触（代表武陵运动界面）。晚元古代中期发生的波及亚洲大陆的晋宁（雪峰）运动，在本区表现为升降性质，震旦系平行不整合于前震旦系之上。震旦纪和早古生代长期处于坳陷状态，以海相为主的沉积地层发育较好并轻度变质。早震旦世沉积了以含陆源冰碛砾石的浅海碎屑—泥质岩建造为主，中间夹碳、硅泥质碳酸盐岩建造（间冰期海相沉积物）；形成的主要沉积矿产有铁矿（桂东—湘中一带）、锰矿（黔东—湘西一带）。晚震旦世和早古生代，为不稳定型沉积环境，以复理石、类复理石及硅质岩建造为主。志留纪末加里东运动褶皱造山，转为稳定区。泥盆纪地层普遍不整合覆于前泥盆纪地层之上。晚古生代和早三叠世以碳酸盐岩建造占优势，夹碎屑岩、硅质岩建造。古生代形成的主要沉积矿产有，早寒武世黑色页岩中的多元素金属矿产和石煤（湘西、湘中一带）；早石炭世的煤矿、石膏矿（湘中一带）；早二叠世的海泡石矿（湘中、湘东一带）；晚二叠世的煤矿（湘中一带）。中生代印支运动后，地壳持续稳定上升，基底变质岩系逐渐抬升，上覆地层产生宽缓褶皱，大片地区盖层渐被剥蚀。燕山期构造活动加强，伴随强烈的中酸性岩浆侵入，形成湘中构造岩浆成矿带。燕山中期后区内构造活动特征东西差异明显，东部（株洲—衡阳一带）以下降为主，在断陷盆地中沉积了白垩纪—第三纪陆相碎屑岩系；西部（榕江—黎平一带）以强烈上升为主，盖层遂被剥蚀殆尽，基底变质岩系（四堡群等）大片裸露于地表，与扬子地层区江南地层分区出露的基底变质岩系连成一片。中部（邵阳—冷水江一带）处于过渡地带，地壳上升缓慢，震旦纪—古生代地层保留较完整，加里东褶皱带特征表现清楚。

4. 桂湘赣地层分区（$Ⅵ_5^4$）

该分区位于东南地层区中部，北界为三都、融水、东安、祁阳、茶陵一线，与湘中地层分区（$Ⅵ_5^3$）为邻；西界为南丹、都安、横县一线，与右江地层分区（$Ⅵ_5^2$）相邻；南界为横县、藤县、梧州一线，与钦州地层分区（$Ⅵ_5^5$）毗邻；东界在本区工作范围内未封闭，越过茶陵、郴州、连县、梧州一线，延入江西赣州、吉安等东南区工作范围内。

区内未出露前震旦纪基底岩系。从震旦纪至早古生代，区内长期处于强烈坳陷状态，属活动型沉积环境，地层发育较好并轻度变质。早震旦世，沉积物类型以正常海洋与海洋冰川（由大陆运移到海洋中的冰筏）混合的碎屑岩建造为主夹基性火山岩建造；形成的矿产为有一定规模的沉积铁矿（桂、湘、粤交界一带）。早震旦世至志留纪，沉积建造较单调，以复理石、类复理石建造为主夹少量碳酸盐岩和硅质岩建造，厚度大、化石稀少。奥陶纪地层尤具代表性，主要为巨厚的含笔石砂、泥质岩建造。志留纪末加里东运动地壳上升，褶皱造山转为稳定区。经过一段沉积间断的同时，中晚志留世沉积物遂被剥蚀。泥盆纪时，地壳又下降接受沉积，泥盆纪地层不整合覆于前泥盆纪地层之上。晚古生代至中三叠世沉积了以碳酸盐岩建造为主，夹碎屑岩、硅质岩及含煤建造。古生代形成的主要沉积矿产，有泥盆纪磷矿（桂东南一带）、铁矿（桂北、桂东北一带）；早石炭世煤矿、锰矿（桂北、桂中一带）；晚二叠世煤矿（桂中、桂东北、湘南一带）。

中三叠世末经受印支运动，地壳上升褶皱造山，区内全部转为陆地环境。此后，在一些山间盆地沉积了碎屑岩夹含煤建造。侏罗纪末燕山运动波及全区，褶皱及断裂构造活动加强，东部伴有中酸性岩浆侵入，成为重要的南岭构造岩浆成矿带的一部分（西段）。白垩纪至新生代，在山间盆地和断陷盆地沉积了陆相红色碎屑岩系。在东部江华—连县地区，燕山期以来地壳上升幅度较大形成穹窿，古生代以后的沉积盖层遂被剥蚀，震旦系及中酸性岩体出露于地表。

5. 钦州地层分区（$Ⅵ_5^5$）

该分区位于东南地层区的南部边缘，西北界为凭祥—横县—梧州一线，与右江地层分区（$Ⅵ_5^2$）及桂湘赣地层分区（$Ⅵ_5^4$）为邻；南、东界同本区边界一致。该分区面积不大，但区域构造和地层较独特。前寒武纪地层未出露。早古生代该区是桂湘赣活动型沉积区的南延部分。加里东运动区内表现不明显，地层未褶皱，泥盆纪地层与志留纪地层为连续沉积，仅在六万大山—北流一带，由于地壳抬升形成一NE向隆起带；在大容山—岭溪、波塘一带，早古生代地层强烈变质，具混合岩化。志留纪—早二叠世，隆起带西北、东南两侧，地壳相对沉陷处于连续活动型沉积环境，沉积了巨厚的复理石、类复理石、硅质岩建造，早志留世夹有含铁建造（灵山一带）。早二叠世末华力西运动该区褶皱造山，晚二叠世—早三叠世，在防城—钦州一带山前坳陷内堆积了巨厚的磨拉石和复陆屑建造。印支运动时该区强烈褶皱并产生断裂，伴有中酸性岩浆侵入。中生代以来，该区断块运动剧烈，在十万大山、钦州、灵山、藤县等地，发育若干个侏罗纪—第三纪上叠断陷盆地，沉积了红色复陆屑、含膏盐、含煤和中性火山岩建造。该地层分区向南延入北部湾和越南境内。

第三章

前震旦纪

概　述

工作区前震旦纪地层包括变质程度差异明显、被不整合界面分隔的两大岩石地层序列。早元古代地层，主要为角闪岩相，一部分达麻粒岩相，混合岩化强烈，变质程度高，组成扬子地块结晶基底，原岩为一套基性—中酸性火山岩及碎屑岩、碳酸盐岩。中元古代、青白口纪地层，主要为单一绿片岩相，少数地区可达角闪岩相，变形、变质程度较低，原岩为碎屑岩、碳酸盐岩及火山岩组成。经过四堡运动和晋宁运动的两次拼接，成为扬子地台的褶皱基底。

前震旦纪地层皆出露于扬子地层区边缘，西部及北缘分布零星，东南部与东南地层区湘中地层分区接壤，相对集中呈片分布。早元古代地层，有丽江地层分区的大红山群、哀牢山群等；康滇地层分区的康定群；上扬子地层分区的后河群、水月寺群等。中元古代地层按照沉积建造的稳定程度，包括两种沉积类型：属于次稳定型的有昆阳群、会理群、登相营群、火地垭群及神农架群等；属于非稳定型的有盐边群、峨边群、黄水河群、三花石组及梵净山群、四堡群、九龙群、冷家溪群等。青白口纪地层属于磨拉石、类磨拉石建造的有天宝山组、柳坝塘组、马槽园群、花山组与落可岽组等；属于复理石、类复理石建造的有板溪群、下江群、丹洲群、高涧群，以及西乡组、大江边组。

上述前震旦纪地层，在地层多重划分对比研究中只作了一般性工作，未进行深入地对比研究。本章对中元古代、青白口纪地层作简要讨论，早元古代地层只在岩石地层序列表有关栏目中列出，未加讨论。

一、区域地层

中元古代地层和晚元古代青白口纪地层分布于扬子地层区康滇地层分区、上扬子地层分区及江南地层分区和东南地层区湘中地层分区及桂湘赣地层分区。经过对比研究的各岩石地层单位序列见表3-1。如表3-1所示，区内中元古代地层，除了火地垭群见底与后河群不整合接触之外，其余地层或未见底，或未见直接接触(图3-1)。

(一) 康滇地层分区

1. 中元古代地层

在康滇地层分区东部即康滇古陆以东，属次稳定型建造系列的复陆屑式建造组合和内源

表 3-1　中南区前震旦纪岩石地层单位序列表

Table 3-1　Sequence of the lithostratigraphic unites of Presinian in Central-South China

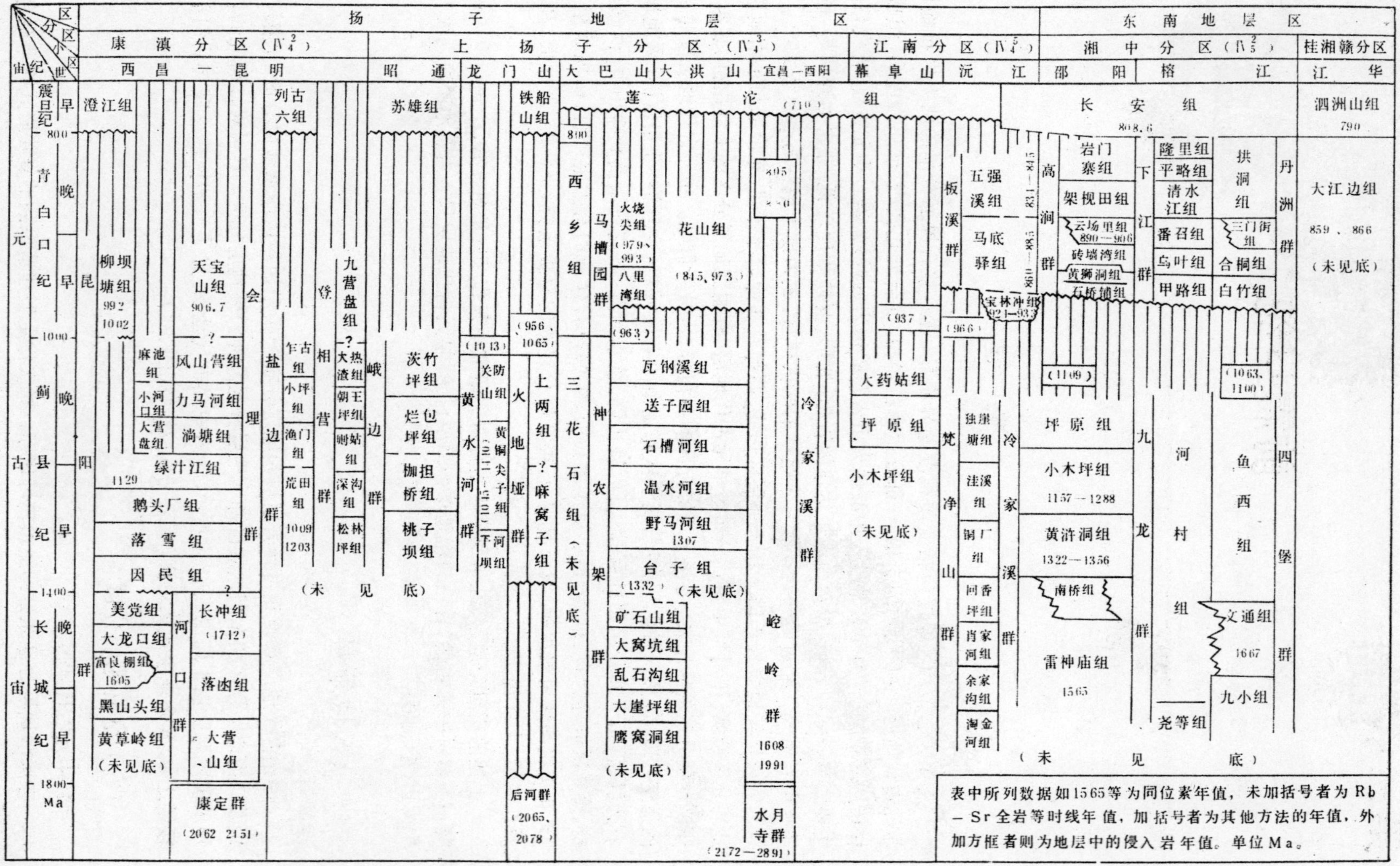

表中所列数据如1565等为同位素年值，未加括号者为Rb－Sr全岩等时线年值，加括号者为其他方法的年值，外加方框者则为地层中的侵入岩年值。单位Ma。

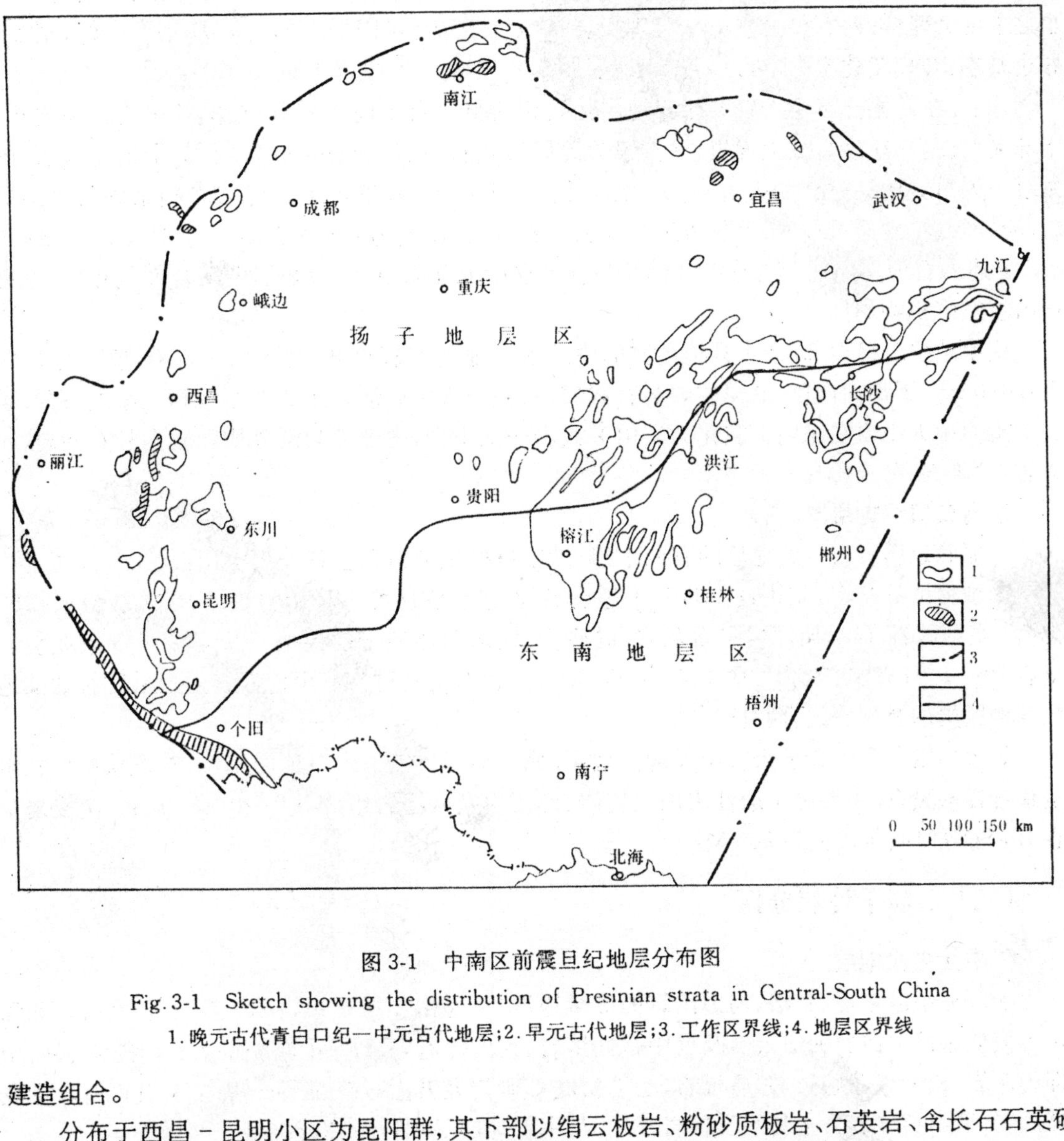

图 3-1 中南区前震旦纪地层分布图

Fig. 3-1 Sketch showing the distribution of Presinian strata in Central-South China

1. 晚元古代青白口纪—中元古代地层；2. 早元古代地层；3. 工作区界线；4. 地层区界线

建造组合。

分布于西昌－昆明小区为昆阳群，其下部以绢云板岩、粉砂质板岩、石英岩、含长石石英砂岩、石英粉砂岩等碎屑岩为主，夹一套石灰岩及白云岩。在滇中峨山富良棚及禄劝马子菁一带，夹安山玄武质熔岩、集块熔岩及火山碎屑岩，厚 92～216 m，称富良棚组。该组安山玄武质凝灰岩、凝灰质灰岩岩芯全岩 Rb－Sr 等时线年龄值为 1 605 ± 27 Ma。上部由碳质泥质岩、碎屑岩组合与碳酸盐岩交替出现，与下部地层呈平行不整合接触。另外，置于昆阳群顶部的柳坝塘组，仅见于滇中陆良一带，属于青白口纪地层，在下面提及。昆阳群总厚度逾 10 000 m。进入四川省后，相当于昆阳群下部层位的地层称河口群，相当于昆阳群上部及顶部层位的地层称为会理群。

河口群分布于会理河口地区及云南姜驿一带。在会理河口地区为一套变质程度达角闪岩相的变细碧岩、角斑岩与变砂岩、粉砂岩、白云石英片岩、黑云片岩夹大理岩，厚 4 290 m。其北在黎溪一带，变钾质角斑岩锐减，以沉积碎屑岩为主，厚度亦减薄至 1 400 m。上部变细碧角斑岩中锆石 U-Pb 模式年龄值 1 712 Ma，姜驿钠长浅粒岩中锆石 U-Th-Pb 模式年龄值 1 725 Ma。

如果该年龄值信息为火山岩成岩年龄，则河口群应属长城纪早世火山喷发沉积的产物。河口群之上为会理群，两者整合接触。会理群岩石地层序列与昆阳群上部及顶部层序一致，沉积岩相也基本相同，变化不大，可以对比。地层厚度明显增大至 18 000 m(图 3-2)。

往北，在喜德一冕宁一带的相当地层是登相营群。自下而上划分：松林坪组为泥质岩相，下部夹变砂岩、粉砂岩及大理岩；深沟组为碎屑岩相石英岩、变石英砂岩、石英绢云千枚岩；则姑组为火山岩相的中酸性火山岩、火山碎屑岩夹千枚岩；朝王坪组为碎屑岩相杂砂岩夹细砾岩、粉砂岩、粉砂质千枚岩；大热渣组为白云岩相；九营盘组为砂泥质岩相。总厚 6 000～8 690 m。上述岩石地层序列及岩石组合特征与会理群中上部相当，所含叠层石组合面貌相似，唯有火山喷发沉积物不同。

康滇地层分区西部，盐边县境出露的中元古代地层称盐边群，为火山复理石建造，厚度大于 6 000 m。下部由硅质、硅泥质岩与玄武岩、玄武质火山碎屑岩组成两个沉积－喷发旋回，第二个旋回中火山岩在纵向上演化为安山玄武岩—安山岩；中上部为碳硅质泥岩夹长石砂岩、粉砂岩、砂砾岩、白云质灰岩。

2. 青白口纪地层

有据确定属青白口纪地层的有两个组：昆阳群柳坝塘组和会理群天宝山组。

柳坝塘组分布于云南陆良一带，不整合或平行不整合覆于昆阳群较下层位之上，厚 256 m。由底部砾岩，碳硅质泥岩夹石灰岩、硅质岩，泥岩及砂质泥岩组成。采自中下部碳质板岩全岩 Rb-Sr 等时线年龄值为 992 Ma、1 002 Ma；所含叠层石可与燕山地区青白口系和神农架地区马槽园群的叠层石组合对比。

天宝山组分布于会理天宝山及德昌地区，属于会理群上部岩石地层单位，与下伏凤山营组呈整合接触关系，主要由中酸性火山碎屑岩、碎屑岩及砂泥岩组成，厚 420～800 m。英安岩全岩 Rb-Sr 等时线年龄值为 906 Ma。

（二）上扬子地层分区

1. 中元古代地层

在昭通小区峨边、甘洛、马边出露的称峨边群，下部由变质黑色泥岩及安山质火山岩和深灰色变质碳硅质泥岩夹白云岩及变中基性熔岩、火山碎屑岩组成两个沉积－火山喷发旋回；中部为灰岩、白云岩及碳质、钙质板岩；上部由底部砾岩及其上以变酸性—基性火山碎屑岩夹变玄武岩，变石英砂岩为主与绢云板岩互层，与中部地层呈平行不整合接触。

神农架群分布于该分区东北部，鄂西神农架及鄂中大洪山地区。地层层序清楚，富含叠层石、疑源类及微体藻类等早期生物记录，区内为长城纪和蓟县纪地层参考剖面所在地。

神农架群以内源次稳定型的藻礁白云岩建造为主，包括碳酸盐复理石建造、黑色陆源含铁建造、岩盐蒸发岩建造、大陆拉斑玄武岩建造等，为一套以白云岩为主，含有砂岩、粉砂岩、砾岩、火山岩及铁矿层等岩石组合。神农架群根据岩石组合与岩相特征，沉积旋回性共划分为 11 个组，在其间存在有一平行不整合接触关系，该界面以下的矿石山组为藻礁碳酸盐建造，其上的台子组为发育底砾岩的黑色陆屑含铁建造。平行不整合界面以下为下亚群，含 5 个组，厚 6 516 m；该界面以上为上亚群，含 6 个组，厚 6 164 m(图 3-2)。

在鄂中大洪山地区，仅出露神农架群上亚群，地层序列及岩相特征与神农架地区基本一致。主要变化是陆源碎屑岩明显增多，沉积的旋回性更显著，多以细砾岩等粗碎屑岩开始，向上过渡到泥质岩、碳酸盐岩，地层厚度减薄至 1 936 m。

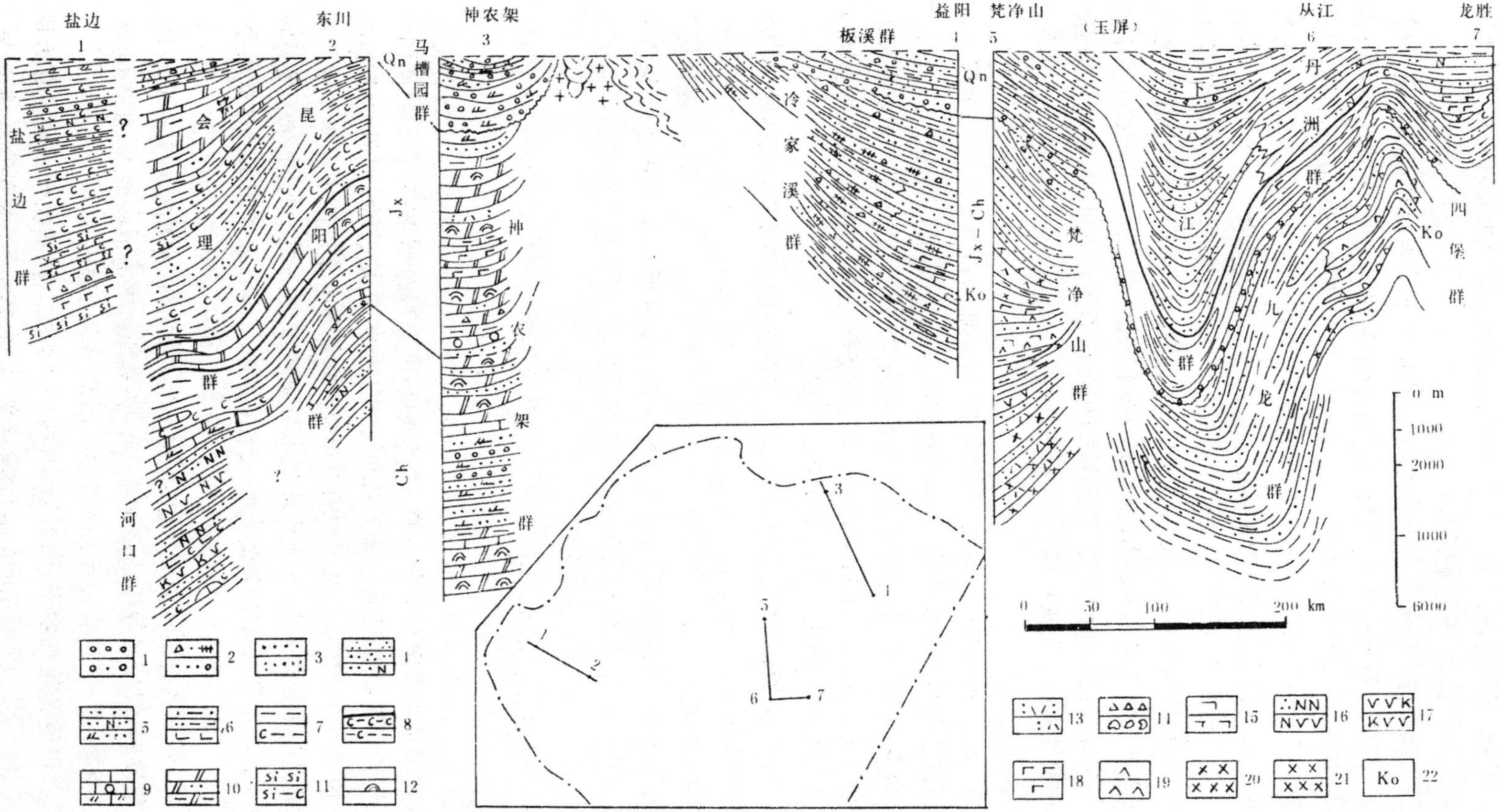

图 3-2　中晚元古代地层横剖面(示意)图

1.砾岩、砂砾岩;2.岩屑杂砂岩、含砾砂岩;3.砂岩、凝灰质砂岩;4.石英砂岩、石英粉砂岩、长石砂岩;5.粉砂岩、长石粉砂岩、白云质粉砂岩;6.砂质泥质岩、粉砂质泥质岩、钙质泥质岩;7.泥质岩、含碳钙质泥质岩;8.碳质、含碳质泥质岩;9.灰岩、鲕粒灰岩、白云质灰岩;10.白云岩、粉砂质白云岩、泥质白云岩;11.硅质岩、碳质硅质岩;12.叠层石礁体;13.凝灰岩、晶屑凝灰岩;14.火山角砾岩、集块岩;15.细碧岩;16.石英钠长岩、钠质角斑岩;17.钾质角斑岩;18.玄武岩、拉斑玄武岩;19.超基性岩、橄榄岩、橄辉岩;20.辉长辉绿岩;21.辉绿岩;22.科马提岩

火地垭群，分布于本分区北缘的四川旺苍、南江及陕西南部碑坝地区。该群划分为两个组，下部为麻窝子组，以钙镁碳酸盐岩为主夹碎屑岩；上部为上两组，以火山碎屑岩及沉积碎屑岩为主夹碳酸盐岩，两者无直接接触，厚约 5 000 m。

三花石组，分布于陕西汉中、西乡地区，沉积类型属于非稳定型的火山复理石建造，厚约 2 500～5 000 m，未见底。下部以斜长片岩、斜长角闪岩、钠长阳起片岩为主，夹绢云英片岩、二云片岩及钙质片岩等；中部以变英安质凝灰岩为主，夹变安山岩、玄武岩、含碳绢云千枚岩、含铁矿扁豆体硅质板岩、石英岩；上部为变粉砂岩、砂岩、石英岩、绢云母千枚岩及二云英片岩夹绿泥片岩、硅质板岩、泥灰岩，局部夹变安山质凝灰岩。

黄水河群，分布于该地层分区西缘四川宝兴、芦山、大邑、彭县、汶川等地，沉积类型属非稳定型的火山复理石建造。该群厚约 3 710 m，划分 3 个组自下而上为：干河坝组为变基性、酸性火山岩，火山碎屑岩，次闪斜长岩为主，夹绿帘阳起片岩、绿泥斜长片岩、石墨片岩；黄铜尖子组为斜长角闪岩、斜长角闪片岩夹钠长绿泥片岩、绢云英片岩、碳质石英片岩等；关防山组为石英片岩、石英岩夹少量变中酸性火山岩及火山碎屑岩、石墨片岩。

2. 青白口纪地层

青白口纪地层分布零星，自西向东有西乡组、马槽园群、花山组。西乡组位于该地层分区北缘，为海相至陆相的过渡型火山喷发岩建造，东部马槽园群、花山组为磨拉石建造。

西乡组仅分布于陕南西乡县周围，下部以变英安山质凝灰岩，或以变流纹岩、流纹英安岩为主夹变安山玄武岩、变流纹质凝灰岩、火山角砾岩；上部玄武岩、安山玄武岩，流纹岩及粗安岩为主，夹火山碎屑岩、砂质及硅质板岩。厚约 1 800 m。

马槽园群分布于鄂西神农架地区，主要为白云质砾岩，上部夹白云质砂岩、粉砂岩，顶部为泥质白云岩、白云岩，厚 2 153 m。

花山组分布于鄂中大洪山地区。除了底部砾岩外，其上岩相变化大，或为砾岩与泥质板岩互层，或由砾岩、砂岩、泥质板岩组成韵律层，抑或为泥质板岩夹少量砾岩、砂砾岩透镜体，在中上部夹变质火山岩。变质火山岩纵、横向变化明显，由变细碧岩、玄武岩相变至变石英角斑岩一流纹岩、流纹质集块熔岩。厚度 207～1 252 m。

（三）江南地层分区和湘中地层分区

1. 中元古代

二个分区中元古代地层自北而南有梵净山群、冷家溪群、九龙群及四堡群，它们分属两种建造类型，其中梵净山群、冷家溪群及四堡群属于火山复理石建造，九龙群属于复理石建造。

梵净山群分布于江南地层分区西段黔东北梵净山地区，划分为 7 个组。下部 4 个组为层状基性－超基性岩，变细碧岩等基性火山岩、火山碎屑岩与变砂岩、粉砂岩、砂质板岩呈不等厚互层，厚 4 500～8 000 m；上部 3 个组由变砂岩、粉砂岩夹凝灰岩与绢云板岩组成韵律式层序，厚 3 300 m 左右。

向南为九龙群，分布在黔东南。下部尧等组以绿泥绢云石英片岩、千枚岩为主夹变砂岩；上部河村组由变砂岩、粉砂岩、泥板岩等组成韵律层序。厚度自北而南渐次增大，在 2 130～6 890 m之间。在从江以南始见少量变基性岩及变基性至超基性火山岩出露。

四堡群分布在从江县以南至桂北融安、罗城以北地区，以基性－超基性火山岩发育为特征。桂北九万大山、元宝山一带出露厚 5 700 m，划分 3 个组：下为九小组，由变砂岩、粉砂岩、千枚岩及层状辉绿岩、橄榄岩组成；中为文通组，由玄武质熔岩、玄武质科马提岩及火山角砾岩，基性岩、超基性岩，以及夹变砂岩、粉砂岩、粉砂质板岩组成，其中火山岩在融水黄蜂山一带最发育，厚达 2 695 m，向东西二侧明显减少直至消失（图 3-2）；上部为鱼西组，由绢云千枚岩、变砂岩、粉砂岩组成。

黔东南的九龙群及桂北的四堡群在湖南省境内及鄂东南称冷家溪群。该群仍然是一套由灰绿色变砂岩、变粉砂岩、砂质或粉砂质板岩组成韵律，碎屑岩发育不完整的鲍马序列的复理石建造。在湖南省境内出露较全，划分 5 个组：下部为雷神庙组，以泥质岩为主与变岩屑杂砂岩、变粉砂岩互层；中部为南桥组以发育海相火山岩为特征，分布于益阳市郊及浏阳南桥一带，在益阳市郊，为由玄武质科马提岩、拉斑玄武岩及其上少量砂质板岩组成二个喷发旋回，未见底，厚度大于 902 m，在浏阳南桥一带，其下为变砂质泥岩夹变基性熔岩、变辉绿岩，其上为变石英角斑岩、角斑岩、基性熔岩与砂质板岩、细砂岩组成韵律层，厚 1 706 m；上部 3 个组，黄浒洞组为变岩屑砂岩、变凝灰质砂岩、变砂岩与绢云板岩组成韵律层；小木坪组为绢云板岩、砂质板岩夹变粉砂岩；坪原组为变凝灰质砂岩、变粉砂岩与绢云板岩、粉砂质板岩组成韵律层。冷家溪群出露厚度西薄东厚，在桃源、桃江、益阳地区厚 6 700 m 左右，在平江—浏阳一带达 8 600～10 127 m。

在鄂东南幕阜山区除有上部层序小木坪组（未见底）及坪原组外，岩相无明显变化。其上还有大药姑组，为一套灰绿色碎屑岩组合。该组下部为变质砾岩、砂砾岩、含砾砂岩、粉砂质板岩呈韵律层，其上部以砂质板岩、泥质板岩为主，夹粉砂岩、砂岩。南薄北厚，在湘鄂接壤的通城大坪一带厚 185 m；在通山、咸宁的大磨山、九宫山一带，未见底，其厚度达 1 700 m。

2. 青白口纪

本区青白口纪地层发育，分布广泛，层序完整，底界清楚，顶与震旦系自南而北整合—平行不整合—不整合接触。以贵州惠水、镇远、玉屏至湖南芷江、怀化、桃江、湘乡一线为界，以北的江南地层分区称板溪群。以南的湘中地层分区，在黔东南，又以黎平—从江一线为界，北称下江群，南称丹洲群；在湖南省境内称高涧群。

板溪群分为 3 个组：底部为宝林冲组，为一套早期火山碎屑岩沉积；下部为马底驿组及上部为五强溪组，属于杂色复陆屑建造，以紫灰色—紫红色与灰—深灰—灰绿色相间为特征，习称“红板溪”。宝林冲组仅见于湖南益阳沧水铺一带，由变安山质、英安质集块岩、安山质—英安质角砾岩及角砾凝灰岩等组成。马底驿组下部为砾岩、砂砾岩、砂岩及粉砂岩夹粉砂质板岩；中部为泥质板岩、钙质板岩夹石灰岩、碳质板岩、粉砂岩；上部为砂岩、粉砂岩及砂质板岩。马底驿组与宝林冲组呈平行不整合接触。五强溪组其下部为含砾砂岩夹砂砾岩、砂岩、粉砂岩夹泥质板岩；中部为粉砂质板岩、凝灰质砂岩及板岩夹晶屑沉凝灰岩；其上部为含砾砂岩、长英砂岩与粉砂质板岩、沉凝灰岩。与下伏马底驿组为平行不整合接触。在黔东北地区，五强溪组仅有下部层序分布，为岩屑砂岩、凝灰岩夹泥质板岩，与下伏马底驿组为整合接触。板溪群出露厚度，在湘北桃源至益阳一带为 1 500～1 700 m，湘西芷江渔溪口为 3 484 m，在黔东北地区为 3 400～5 800 m。

下江群、丹洲群与高涧群，以灰绿色至灰黑色色调为特征，习称“黑板溪”。其中，下江群属复理石建造，划分为 6 个组；丹洲群、高涧群为火山复理石建造，分别划分为 3 个组与 5 个组。除去其中的海相火山岩外，三者的岩石序列及其组合特点基本相同：底部为底砾岩或砂砾岩；下部为砂泥质岩、钙质泥质岩夹灰岩、泥质岩、碳质泥质岩；上部，榕江地区下江群及东延高涧群，其下以凝灰岩、砂岩为主，与泥质板岩互层；其上以泥质板岩为主与砂岩、粉砂岩互层；黎平—从江一线东南，为泥质板岩夹变砂岩及粉砂岩。并在该线以南相当于碳质、泥质岩层位发育有海相火山岩。在桂北龙胜一带即丹洲群中部，为层状基性岩、超基性岩及基性火山岩夹碳质板岩、粉砂岩，厚1 056 m(见图3-3)，称为三门街组。在其东北，在湖南城步云场里一带，亦有一套由变流纹岩、石英角斑岩、拉斑玄武岩与碳质板岩、钙泥质板岩等组成韵律层序的地层，厚620 m，称云场里组。

下江群在锦屏—三都一线最发育，厚逾万米。往东南至黎平—榕江一线，中部砂岩、凝灰岩减少，相变为以泥质岩为主，厚度减薄至3 000～4 000 m。丹洲群厚1 065～3 400 m。高涧群南厚北薄、西薄东厚，通道、城步一带厚度大于2 860 m，隆回一带厚1 582 m，新化、双峰一带为2 790 m左右。

（四）桂湘赣分区

仅出露青白口纪地层，零星分布在桂阳桥市一带，称大江边组。该组为一套深灰至灰黑色碳泥质岩，至码市—鹰阳关一带夹火山岩相的基性熔岩，厚度大于633 m。

二、沉积盆地分析

（一）中元古代

据本次研究早元古代部分岩石地层单位提供的年龄值：康定群2 451 Ma，其中斜长角闪岩U-Pb年龄值2 062 Ma；后河群2 065～2 078 Ma；水月寺群第一、四组锆石U-Pb一致曲线上交点年龄值分别为2 891 $^{+60}_{-50}$ Ma、2 172 $^{+55}_{-57}$ Ma等分析，在早元古代中国南方已具有陆核骨架，经过吕梁运动(1 800 Ma)形成扬子板块陆核。

在中元古代，扬子板块古陆核周边发育了一系列海沟—岛弧—弧后盆地，形成了岛弧海、边缘海和弧间海。古陆核西缘为川滇边缘海和康滇岛弧海，北缘为川鄂边缘海和南秦岭岛弧海，东南缘为上扬子边缘海和湘黔岛弧海。沟—弧—盆系外侧的大洋，仅涉及华南洋一部分。

1. 川滇边缘海和康滇岛弧海

川滇边缘海为康滇岛弧东侧的弧后盆地，海域较广阔，沉积了巨厚的以陆屑为主的砂、泥岩及碳酸盐岩。滇中、滇东的昆阳群，川南的会理群及登相营群沉积均反映了明显的旋回性，从滨海相成熟度高的石英砂岩、石英粉砂岩，到浅海相泥质岩，到深水滞流还原环境的碳质泥岩夹硅质岩，以及台地相钙镁碳酸盐岩。碳质泥岩中伴生星散状、结核状黄铁矿，富含Ag、Ni、Cu、Au等有益元素，台地相发育叠层石藻礁、核形石，硅质岩赋含微体藻类。靠近岛弧一侧，沉积有火山碎屑岩及火山岩。如出露滇中峨山一带昆阳群中的富良棚组及喜德、冕宁一带的登相营群中的则姑组。

中元古代早期地层，在会理河口、黎溪一带，由角斑质火山岩和碎屑岩组成称河口群。

康滇岛弧海是扬子古陆西侧呈南北向延伸的狭长海槽，北端与南秦岭海槽相沟通。岛弧海南段的盐边群，中段的峨边群，北段的黄水河群，均为活动带次深海—深海弱还原环境，火山喷发与正常沉积作用同时进行，沉积了厚数千米的火山复理石建造。其中，盐边群由层状基性、超基性岩，具枕状构造的玄武岩及玄武质火山碎屑岩与沉积硅质岩、碳泥质岩夹碎屑岩组成的典型的蛇绿岩套。

2. 川鄂边缘海和南秦岭岛弧海

川鄂边缘海位于扬子板块北缘，略近东西向展布。西段，在川北南江、旺苍至陕南碑坝—

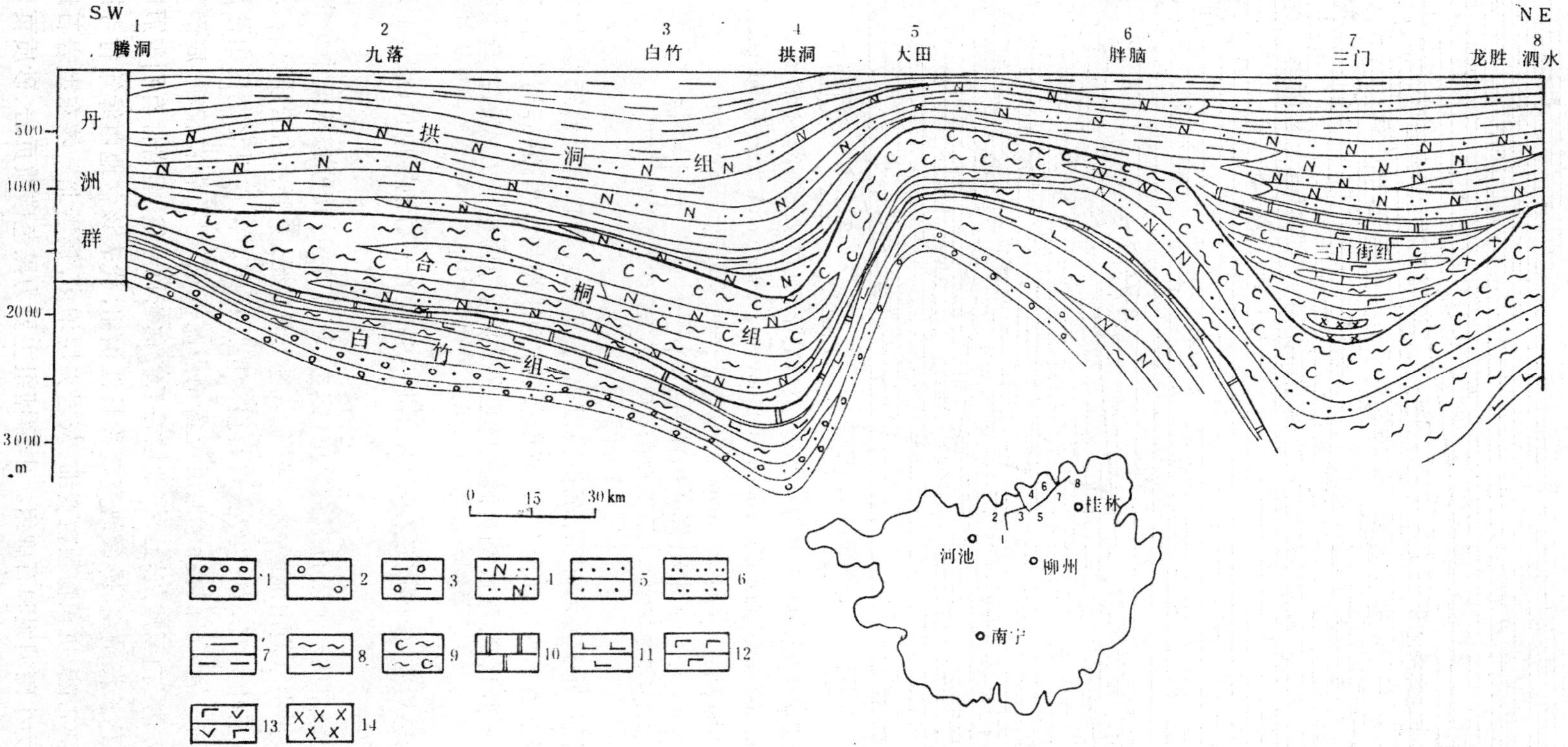

图 3-3 广西罗城腾洞至龙胜泗水丹洲群横剖面图

(据广西区调院,1994)

1. 砾岩;2. 含砾砂岩;3. 含砾泥岩;4. 长石砂岩;5. 砂岩;6. 粉砂岩;7. 板岩;8. 千枚岩;9. 碳质千枚岩;10. 大理岩;11. 钙质片岩
12. 基性熔岩;13. 中基性熔岩;14. 辉长辉绿岩

带，早期滨浅海环境，晚期随着地壳下降渐为浅海陆架环境，在构造薄弱带产生火山喷发，形成了火地垭群，发育一套滨海相陆源碎屑岩、台地相碳酸盐岩，至火山碎屑岩、中基性熔岩和钙质砂质泥岩、粉砂岩以及碳质泥岩、石灰岩。

东段，在神农架至大洪山一带为水下隆起台地，沉积盆地的补偿性强，主要为局限海台地至台地边缘斜坡环境，沉积的神农架群发育了一套巨厚的(最大厚度 12 680 m)以镁质碳酸盐岩为主，夹碎屑岩及碱性—基性—中性火山岩。李铨等(1987)研究表明，地壳运动引起的海平面升降变化在神农架群的岩石系列中，反映出明显的沉积旋回性，据此划分出不同级次沉积旋回。碳酸盐复理石建造和岩盐蒸发岩建造的存在，分别指明了地壳下陷与上升幅度。特别是在地壳大幅度下陷时，伴随有较强烈的断裂活动，由同沉积断裂形成的陡坎，使沉积层产生水下滑动构造(图 3-4)。一个沉积旋回可以反映海进至海退不同阶段沉积环境的规律变化，当一次新的海侵期旋回开始时，其沉积环境的变化发展过程：从滨岸浅滩相—台地边缘礁体相—台地边滩相—局限海台地相。

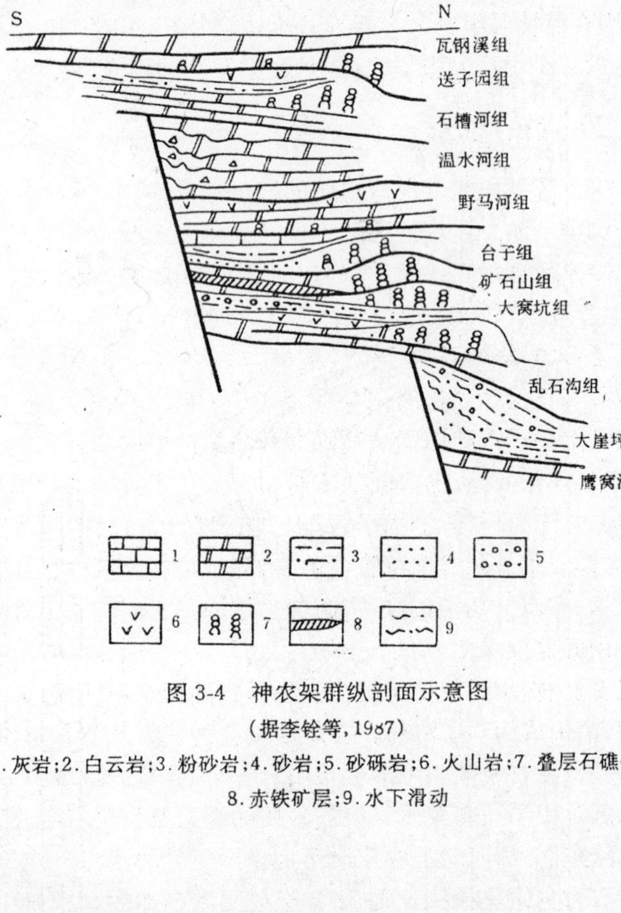

图 3-4　神农架群纵剖面示意图

(据李铨等，1987)

1. 灰岩；2. 白云岩；3. 粉砂岩；4. 砂岩；5. 砂砾岩；6. 火山岩；7. 叠层石礁体；8. 赤铁矿层；9. 水下滑动

南秦岭岛弧海南邻川鄂边缘海，亦呈 EW 向延伸。在工作区内仅涉及陕南汉中西乡一带的三花石组。该组以酸性火山岩、火山碎屑岩夹少量中基性熔岩，沉积碎屑岩为特征，可能为代表秦岭洋壳在向南俯冲、消减过程中，熔融后的喷发产物及同期近源沉积。

3. 上扬子边缘海和湘黔岛弧海

上扬子边缘海，在其分布范围未见中元古代地层出露，其面貌不详。

在其东南邻接的湘黔岛弧海，系由北缘的梵净山岛弧海、南缘的桂北四堡岛弧海及其间平行延伸的弧间海组成，呈 NE 向展布并与江南岛弧海相通，是在华南洋壳向北俯冲产生的活动型沉积海盆。区内中元古代地层均未见底，据四堡群文通组中科马提岩全岩 Rb-Sr 等时线年龄值 1 667 ± 95 Ma，冷家溪群雷神庙组全岩 Rb-Sr 等时线年龄值 1 565 Ma；以及东邻双桥山群下部细碧岩全岩 Rb-Sr 等时线年龄值 1 515 ± 241 Ma，该组中上部凝灰质千枚岩全岩 Rb-Sr 等时线年龄值 1 401 Ma 等分析，大约从长城纪晚世始，随着地壳活动的加剧，使岛弧海这一构造活动带发生火山喷发。在北部岛弧海，除海底火山喷发外，同时还伴有岩浆向上侵位，形成由基性岩、超基性岩、变细碧岩等基性火山岩与沉积砂泥质岩组成的梵净山群下部岛弧蛇绿岩套。与此同时，在南部岛弧海，发育了由橄榄岩等超基性岩、变辉绿岩；石英闪长岩等层状岩墙；枕状构造发育的玄武岩、玄武质科马提岩；火山角砾岩及沉积碎屑岩组成四堡群下部的岛弧型蛇绿岩。其后，火山活动减弱，在蛇绿岩套之上，沉积了一套由岩屑杂砂岩—细粉砂岩与粉砂质板岩、条带状砂质板岩组成的呈往复式韵律的碎屑复理石建造，其中含少量火山碎屑物或中酸性火山岩夹层。碎屑岩具鲍马序列，在底部冲刷构造、角砾构造较发育，反映出高流态、低密度浊流沉积环境。

弧间海盆地沉积早期以泥质岩为主，晚期以砂质为主组成碎屑复理石建造的九龙群。

在湘中，火山岩建造发育于冷家溪群中下部的南桥组。在益阳市郊，雷神庙组之上为基性火山岩的枕状玄武岩、玄武质科马提岩，其特征与桂北四堡群文通组火山岩基本相似。在浏阳南桥，则在黄浒洞组之上为双模式火山岩特征的变细碧岩、变石英角斑岩组合，其特征与下扬子地区的双桥山群火山岩建造相近，喷发活动稍晚，显示出与江南岛弧海的紧密联系。

（二）青白口纪

发生于蓟县纪末青白口纪初的四堡运动，伴有大量中酸性岩浆侵位活动。据侵入四堡群又被丹洲群不整合覆盖的桂北本洞花岗闪长岩全岩 Rb-Sr 等时线年龄值 1 063 ± 95 Ma，湘东北侵入冷家溪群的葛藤岭花岗岩 K-Ar 年龄值 1 109 Ma，黔东北侵入梵净山群的白岗岩白云母 K-Ar 年龄值 966 Ma、905 Ma，赣西北九岭花岗岩^{40}Ar-^{39}Ar 年龄值 937 Ma，以及板溪群底部火山岩单锆石、常规锆石各类年龄数据与全岩 Rb-Sr 等时线年龄值基本一致，变化在 921～933 Ma 分析，四堡运动发生时限应在 1 050～950 Ma 之间。这一时期随着扬子板块周边洋壳扩张、俯冲，上扬子古陆周围的边缘海和岛弧海中的中元古代巨厚沉积遭受挤压，褶皱抬升，海水退出，沉积作用间断，形成新的褶皱山系。扬子古陆区也随着拼接、大规模增生而扩大。

青白口纪海侵期，上扬子古陆区在四堡运动时期形成的不整合界面，其地势呈现北高南低，总体形成了 4 种类型沉积盆地：古陆山地区为孤立的山间盆地与断陷盆地；古陆北缘为南秦岭海槽；东南为湘黔边缘海；南部的华南洋进而缩小呈残留盆地。

1. 山间盆地

现有资料表明，四堡运动在上扬子古陆西缘不明显，可能主要表现为造陆性质。早期边缘海退缩、消失成为残留海湾。在川西南会理一带的谷地继续沉积会理群天宝山组陆源石英砂岩、粉砂岩、泥岩及陆相中酸性火山岩、火山碎屑岩。滇中一带更显残留海湾滞流环境，陆良柳坝塘地区沉积了一套碳质、硅质、砂质的泥岩及叠层石白云岩。

古陆东部，鄂西北神农架地区为崖岸陡峭的浅海环境，形成由近岸冲积扇快速堆积，以白云岩砾石为主的块状白云质砾岩，至局限海台地的含碳质白云质砂岩、粉砂岩，再至开阔海台地的含分叉柱状叠层石小礁体泥质泥晶—细晶白云岩组成的马槽园群。同时，在其上部含有较多的火山碎屑。鄂中大洪山区为山间盆地，沉积了一套山麓冲积扇相的砾岩、砂砾岩，及河湖相的黑色及灰绿色泥质岩夹粉砂岩、杂砂岩、砂砾岩，同时伴有明显火山活动，于中部出露多层基性火山岩至酸性火山岩组成的花山组。赣西北九岭山间盆地，沉积了一套含火山碎屑物的角砾岩、砾岩、砂砾岩夹砂岩、凝灰岩的粗碎屑堆积的落可岽组。

2. 南秦岭海槽

该海槽为大陆边缘活动性海槽。工作区仅涉及陕南西乡县东西两侧的西乡组，该组主要分布于海槽边缘近陆一侧，由海相基性火山岩至陆相中酸性火山岩夹碧玉质板岩组成的火山岩相沉积物。

3. 湘黔边缘海

该边缘海位于扬子古陆南侧，呈 SW－NE 向展布，由中元古代湘黔岛弧海经四堡运动形成的具有明显活动性质的弧后边缘海盆。其范围除北缘明显向南收缩外，基本与四堡期保持一致。沿贵州镇远、玉屏至湖南芷江、溆浦一线，存在一条可能为沿早期断裂复活的同沉积断裂。青白口纪海侵自南而北推进，该线以北为滨浅海域，以南主要为陆架—斜坡—次深海环境。

以北在益阳市沧水铺一带，海侵前可能存在一裂陷谷地，其中堆积了中酸性火山岩及角砾岩、集块岩组成的宝林冲组。其后，在较稳定的陆块边缘，由于水浅，沉积物易于暴露氧化，沉积了一套含灰紫—紫红色砂泥岩为主的板溪群。在马底驿组沉积期，自河流—滨岸相陆源碎屑沉积开始，经潮坪—陆架环境钙泥质岩沉积，至最大海泛期欠补偿滞流环境下的碳泥质沉积，最终为浅水环境的砂泥质岩沉积结束；五强溪组沉积期，亦由滨岸相—陆架—斜坡至浅海的陆源碎屑岩及火山碎屑岩。两个沉积期反映出两次大的沉积旋回。

以南在黔东南，为补偿性盆地。早期，地壳下降相对较缓，补偿较慢，发育了滨岸砾、砂岩和滨浅海砂泥岩、钙泥岩夹石灰岩，以及深水滞流环境的碳质泥岩；随后，地壳活动增强，补偿性加大，发育含有大量火山碎屑物的远源砂质复理石式浊积岩；晚期主要为低水位下的含砾砂质岩沉积。在补偿沉积盆地的中部于锦屏至三都一带，发育了厚达万米的下江群。

三江—融县一线东南的桂东北及湘西南，处于湘黔边缘海南缘的四堡岛群环境，在最大海泛期地壳急剧下降时，在丹洲群碳质泥岩中发育了含巨大碳酸盐岩滑塌岩块的海底扇水道砾岩。同时，在桂东北龙胜三门街至湘西南城步云场里一带，伴随有海底火山喷发以及基性、超基性岩侵位，发育了三门街组层状基性、超基性岩、基性熔岩夹千枚岩与云场里组变流纹岩、石英角斑岩—变拉斑玄武岩及碳质、砂质泥岩序列，表明该带为一向北俯冲的地壳叠接带。

4. 华南洋残留盆地

位于湘南零陵—衡阳一线以南，大江边组为深海—次深海碳泥质沉积及基性熔岩喷溢。

三、早期生物记录

工作区在中元古代长城纪及其以后的浅变质地层中保存的早期生物记录，主要为疑源类和叠层石，也见有微体藻类及核形石。其中，神农架群中的生物记录最为丰富，研究也较深入系统。昆阳群中的生物记录虽然也比较丰富、多样，但因地层层序认识不一，研究对比较为困难。

1. 疑源类

疑源类在中元古代至晚元古代青白口纪浅变质砂泥质岩、碳酸盐岩中不仅分布较广，且数量颇丰，据粗略统计有 54 属 143 种。其中，神农架群就含有疑源类生物达 28 属 86 种，其中 18 属种系初次描述。据孙淑芬等(1987)研究，神农架群有两次含疑源类高峰，第一次发育于下亚群乱石沟组中，第二次出现在上亚群台子组中，并据其所含属种分别划分为第Ⅰ组合、第Ⅱ组合。二者在个体大小、形态、纹饰等方面均有明显区别，代表疑源类生物演化的两个不同阶段。

第Ⅰ组合主要分子以 *Trematosphaeridium minutum* 和 *T. holtedahlii* 为代表，几乎贯穿了下亚群各个岩石地层单位。总的特征为形态、纹饰简单，膜壳呈圆形至卵圆形，表面纹饰以光面和粗面为主，如 *Leiopsophosphaera* 和 *Trachysphaeridium* 的种群等，伴以少量纹饰较复杂的属，如 *Kildinella*, *Stictosphaeridium*, *Pseudozonosphaera* 等。第Ⅱ组合的基本特征，一是属种数量大大增多，二是膜壳形态，表面纹饰复杂，其形态在圆形、卵圆形为主的基础上，出现了方形、三角形和纺锤形分子，纹饰上表面光滑的类型减少，以粗面、糙面、瘤面和颗粒状类型占优势，同时出现了一些具网状、蜂巢状的分子及脊条状的特异分子，如 *Hubeispaera*，*Quadratimorpha*，*Triangumorpha* 及 *Microcomcentrica*，*Nucellosphaeridium* 等。

冷家溪群中所含疑源类亦具神农架群中第Ⅰ、Ⅱ组合的演变特点。下部以雷神庙组为主，含特有的 *Leiominuscula* 及出现频率极高的 *Leiopsophosphaera* 组合，包括重要分子 *Trematosphaeridium minutum* 等，以膜壳为球形，表面光滑，纹饰简单，种群单调且粒径小为特征；中上部以黄浒洞组为发育高峰，属种有 *Leiofusa-Pterospermopsis* 组合，除继续发育雷神庙组中的 *Leiopsophosphaera*，*Trematosphaera* 等外，出现了 *Leiofusa bicornuta*，*Pterospermopsis*，*Asperatopsophosphaera umishanensis* 等大量新生属种，膜壳在早期单一球形、卵圆形基础上，出现三角形、棱形、舌形等多种形态，纹饰转以粗面、糙面及瘤面为主，属种新老交替。

青白口纪的板溪群、下江群、高涧群中的疑源类生物亦颇丰富，属种面貌一新。下部以个体较大种群极为发育，以 *Trachysphaeridium* 为代表，其次大量出现 *Leiopsophosphaera*，*Protoleiosphaeridium*，*Pterospermopsis*，*Leiopsophosphaera*，*Pseudozonosphaera* 等。上部圆形、卵圆形藻几近绝迹，而以 *Protoleiosphaeridium*，*Asperatopsophosphaera* 等的繁盛为代表。

以上神农架群、冷家溪群中疑源类生物第Ⅰ、Ⅱ组合及板溪群、下江群、高涧群中的组合特征，反映了本区中元古代及青白口纪地层所记录的疑源类生物由长城纪—蓟县纪—青白口纪，即个体由小到大，形态由简单到复杂，表面纹饰由光滑到粗糙，种群不断更替的演化趋势。

2. **叠层石**

叠层石广泛发育于前寒武纪地层，尤其是在元古宙碳酸盐岩中。其外部形态与形成环境有密切关系。在工作区主要产于神农架群、昆阳群等中元古代地层中。记录有叠层石 54 个群，120 个以上的形。其中，具地区色彩的形达 30 个，占总数的四分之一。

朱士兴等(1987)对神农架地区的叠层石进行了研究和区域对比。总结了神农架群中叠层石自下而上纵向分布特征为“层状—穹状—锥状—穹状—层状”叠层石旋回基本模式。叠层石变化的这种旋回性，似与神农架群沉积环境变化的旋回性有着一定联系。在神农架群下亚群下部即鹰窝洞组至乱石沟组中，以大量发育层状和柱状叠层石为特征，在下亚群上部和上亚群即大窝坑组至瓦钢溪组中柱状和锥状叠层石较发育；马槽园群仅发现柱状叠层石。神农架群中的叠层石进一步划分为 4 个组合：自下而上为第Ⅰ组合鹰窝洞组、大岩坪组；第Ⅱ组合乱石沟组—矿石山组；第Ⅲ组合台子组—温水河组；以上为第Ⅳ组合。马槽园群以上为第Ⅴ组合。这些组合可分别与华北燕山地区蓟县剖面的长城纪—青白口纪地层的叠层石组合进行对比。并且认为神农架群的第Ⅱ组合与昆阳群落雪组的叠层石组合特征及华北蓟县长城纪地层上部叠层石组合具有较多的相似性，可互相对比。

另外，在神农架群乱石沟组、野马河组及昆阳群鹅头厂组、绿汁江组的硅质岩中还具有微体藻类生物的记录，碳酸盐岩中尚见有核形石。

四、科马提岩

科马提岩是前寒武纪绿岩带火山杂岩中最具特色的产物之一，与拉斑玄武岩一起组成规律性的岩石组合，形成科马提岩－拉斑玄武岩建造。

工作区内科马提岩首先在湖南益阳市郊出露的冷家溪群中发现(肖禧祗，1983)。其后，杨丽贞(1990)研究了桂北罗城宝坛地区出露的四堡群文通组中的科马提岩。这两个地区的科马提岩同处于湘黔岛弧海南带的岛弧海火山复理石建造下部,由超基性杂岩、席状岩墙和枕状熔岩三者与砂泥岩组成的蛇绿岩套中。科马提岩赋存在枕状熔岩的一定部位,是蛇绿岩套的重要成员。

科马提岩产出特征,在四堡群文通组中呈岩流产出,一般位于玄武质熔岩上部,其上多为正常沉积的砂泥岩。该区见四层科马提岩,其岩流厚薄不等,以第四层厚度最大达百米以上。该层科马提岩具有明显的分带性,由底至顶可分为堆晶带、鬣刺带和冷凝带(图 3-5)。岩流厚度不一,各带发育程度也不尽相同。一个熔岩流可由数个冷凝单元组成,但堆晶带仅存在于岩流最底部;鬣刺带发育于岩流中部,其与底部堆晶带呈渐变过渡关系,亦可称过渡带。有时一个大岩枕就是一个冷凝单元,枕心具鬣刺结构,枕壳外缘为淬碎碎屑熔岩。

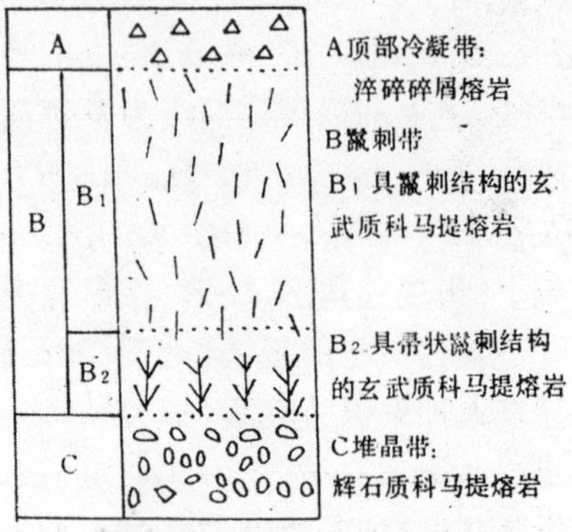

图 3-5　科马提熔岩流剖面示意图

(据杨丽贞,1990)

冷家溪群中科马提岩则位于拉斑玄武岩岩流之下部,其下为砂质板岩,共组成二个喷发沉积旋回。

科马提岩在四堡地区自下而上,依次由辉石质科马提岩,“帚状”鬣刺玄武质科马提岩,“针状”鬣刺玄武质科马提岩,淬碎碎屑熔岩组成。其中,玄武质科马提岩可相变为球颗玄武岩、雏晶玄武岩。岩石中,辉石骸晶呈细长柱状,长 5～10 mm,中空;骸晶含量多者可达 60%～70%,少者 10%,略具定向垂直层面排列,其间分布“羽状”、“帚状”、“雪花状”辉石雏晶集合体,形成科马提岩特有的鬣刺结构。

上述科马提岩岩石化学组分基本符合玄武质科马提岩的化学成分判别标志,即 MgO 含量一般变化在 7.08%～23.83%,即＞8%～10%;FeO/(FeO + MgO)为 0.29～0.58,即＜0.65;TiO 为 0.47%～0.84%,即＜0.9%;K_2O 一般为 0.01%～0.8%,即＜0.9%;Al_2O_3/TiO_2 在 14.9～29.2 之间,一般为 18～20.9,即接近球粒陨石比值(20.4);CaO/Al_2O_3 比值,宝坛地区在 0.43～1.08 之间,平均值为 0.68,益阳地区平均值为 0.78,即与 0.7～3 比值相当。属镁铁质—超镁铁质火山熔岩、不贫铝的玄武质科马提岩。在 Al_2O_3—$FeO^*/(FeO^* + MgO)$ 相关图上,投影点全部落入科马提岩区。而且,明显富 NiO 和 Cr_2O_3,铜镍矿化普遍,已查明有由科马提岩形成的岩浆型铜镍矿床。

玄武质科马提岩与拉斑玄武岩的区别,除具有特有的鬣刺结构外,化学成分上也有明显变化。拉斑玄武岩 MgO 含量明显偏低,$FeO^*/(FeO^* + MgO)$ 值相对较高;Al_2O_3/TiO_2、CaO/Al_2O_3 比值明显不同;在 TiO_2—MgO 相关图上,全部落在科马提岩区以外的上方,显示出化学成分向安山玄武质岩浆演化的趋势。

四堡群、冷家溪群科马提岩的存在,进一步反映出由超基性岩、层状岩席和玄武质火山岩三者与正常沉积砂泥岩组合的蛇绿岩套面目,也为四堡期湘黔岛弧海的构造环境及其演化过程提供分析依据。

第四章

震旦纪—志留纪

一、区域地层

中南区晚元古代—早古生代地层，不仅发育完整、出露良好，而且各类沉积相型均有分布，生物记录保存完整，研究程度较高，是研究我国南方该断代地层的理想地区之一。近十几年来，从年代地层学总视角，开展了一系列多学科研究。其中重要的有峡东地区震旦纪—二叠纪地层古生物研究（赵自强等，1978），峡东震旦系层型剖面研究（赵自强等，1985、1988），中国下寒武统建阶层型剖面研究（罗惠麟等，1981、1994），四川峨眉—甘洛地区震旦纪地层古生物及沉积环境（殷继成等，1980），以中南地区为主要基础的中国震旦系研究（刘鸿允等，1991），以及晚元古代—早古生代几个重要年代地层界线的研究，例如滇、黔、鄂、川及陕南前寒武系-寒武系界线研究（邢裕盛等，1984），滇东国际前寒武系-寒武系界线层型候选剖面研究（罗惠麟等，1980、1982、1984、1987、1990、1991），长江三峡寒武系-奥陶系界线、奥陶系-志留系界线研究（汪啸风等，1983）等，以上研究，虽着眼于年代地层单位的划分，但对该区岩石地层学和年代地层学研究程度的提高，无疑具有重要意义。此外，中国南方岩相古地理的研究（刘宝珺等，1993），华南地区古大陆边缘构造史研究（王鸿祯等，1986）以及华南大地构造学研究（许靖华，1987；许靖华等，1988）等，均从不同角度揭示了该区区域地质特点，对全面认识该区区域地层特征无疑提供了理论依据。

根据区内区域地层总体特征和综合地层区划，按地层分区横向依次排列，编制了中南区震旦纪—志留纪岩石地层单位序列表（表4-1）和横穿区内各沉积盆地的地层横剖面略图（图4-1）。该图、表揭示了区内区域地层总体格架及岩石地层单位时空展布特征，充分反映了中南区地层对比研究后的主要成果。尚有一些分布局限的岩石地层单位序列未能列入该图、表，将在文中表述。

为了阐述方便，拟纵向上按地质年代单位——纪分割成次级断代，再横向上按沉积盆地叙述区域岩石地层特征。这里应该说明的是，地层综合分区对编制岩石地层单位序列表具有重要作用，它在纵向上反映了一个区域岩石地层的演变特点及相互叠覆关系。但按照活动论的观点，每一次级断代的地层组合常各有特色，其分布范围亦不可能一致。

图4-2及图4-3为中南区加里东早期及中晚期沉积盆地划分情况。自加里东早期，上扬子克拉通盆地东南边界，为江南断裂及鄂、湘、黔断裂，即从鄂东南通山经湘东北岳阳、湘西北大庸、黔东南都匀至桂西百色一线，它具有划分大陆边缘坡折带性质。华南盆地西北边界为江

表 4-1　中南区震旦纪—志留纪岩石地层单位序列表

Table 4-1 Sequence of the lithostratigraphic unites from Sinian to Silurian in Central-South China

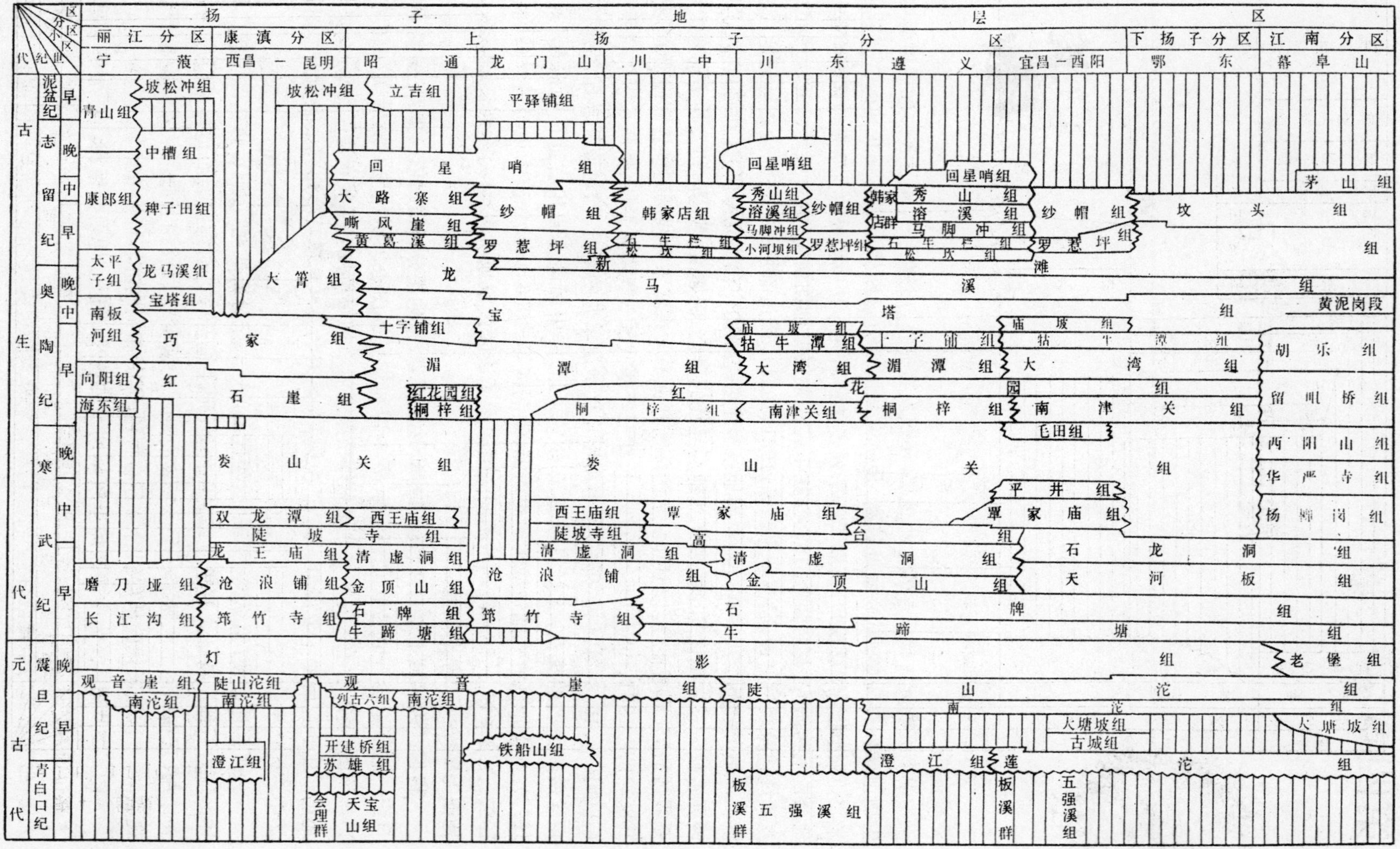

※ 竖线表示地层缺失

表 4-1(续表)

Table 4-1 (Continued)

代	纪	世	扬子区 江南分区 沅江	东南地层区 湘中分区 榕江	湘中分区 邵阳	桂湘赣分区 江华	桂湘赣分区 柳州—桂林	桂湘赣分区 桂平	钦州分区 防城	右江分区 百色	右江分区 隆林—广南	个旧分区 开远
古生代	泥盆纪	早							钦州组	莲花山组	莲花山组	坡松冲组
古生代	志留纪	晚	小溪峪组；回星哨组						防城组			
古生代	志留纪	中	秀山组	秀山组					合浦组			
古生代	志留纪	早	溶溪组；马脚冲组；石牛栏组；新滩组	溶溪组；马脚冲组；石牛栏组	周家溪群（珠溪江组；两江河组）				古墓组；大岗顶组			
古生代	奥陶纪	晚	龙马溪组		肖氏冲组	天马山组			兰瓮组			
古生代	奥陶纪	中	宝塔组	赖壳山组	烟溪组	天马山组	田岭口组				木同组	
古生代	奥陶纪	早	牯牛潭组；舍人湾组；大湾组；桥亭子组；红花园组；“红花园组”；南津关组；马刀堉组；盘家咀组	烂木滩组；同高组；锅塘组	烟溪组；桥亭子组；白水溪组	桥亭子组；爵山沟组	升坪组；黄隘组；白洞组	黄隘组；六陈组			冷水沟组；老寨组；闪片山组；独树河组；下木都底组	
古生代	寒武纪	晚	娄山关组；比条组；车夫组	三都组；杨家湾组	探溪组	小紫荆组	三都组	黄洞口组		三都组	博采田组	唐家坝组
古生代	寒武纪	中	车夫组；敖溪组	都柳江组；边溪组	探溪组	茶园头组	边溪组	黄洞口组		边溪组		龙哈组
古生代	寒武纪	早	清虚洞组；石牌组；牛蹄塘组	渣拉沟组；清溪组	污泥塘组；牛蹄塘组	香楠组	清溪组	小内冲组		清溪组		田蓬组；大寨组；冲庄组；浪木桥组
元古代	震旦纪	晚	老堡组；金家洞组	老堡组；陡山沱组	老堡组；金家洞组	丁腰河组；埃岐岭组	老堡组；陡山沱组	培地组；下龙组				屏边群
元古代	震旦纪	早	黎家坡组；大塘坡组；富禄组；长安组	黎家坡组；大塘坡组；富禄组；长安组	黎家坡组；大塘坡组；富禄组；长安组	正园岭组；天子地组；泗洲山组	黎家坡组；大塘坡组；富禄组；长安组	黎家坡组；大塘坡组；鹰阳关组；长安组				屏边群
元古代	青白口纪		板溪群；五强溪组	五强溪组	五强溪组	大江边组						

** 点线表示其上或下地层未出露

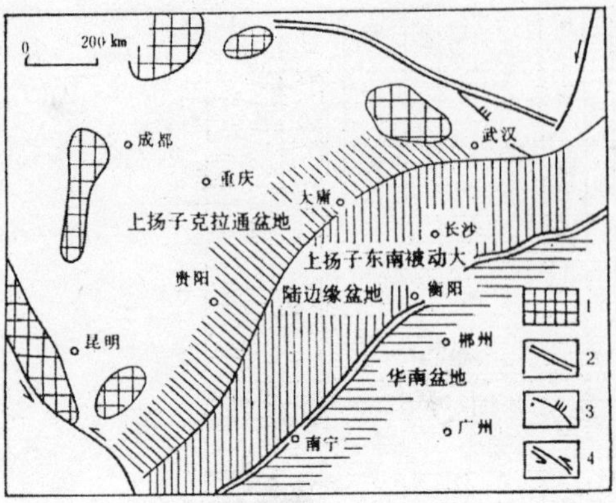

图 4-2 中南区加里东早期沉积盆地分布略图

1. 古陆；2. 板块边界；3. 后期逆冲推覆边界；4. 后期走滑断裂

（以上图例下同）

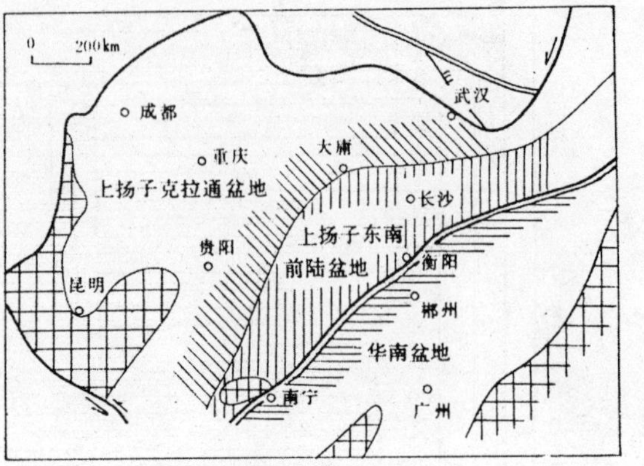

图 4-3 中南区加里东中、晚期沉积盆地分布略图

山（浙西）－绍兴（浙北）断裂及其向西南方向延伸部分，即由江山往赣西宜春至桂西南凭祥一线，是划分扬子板块及华南板块的边界断裂，先发生走滑、后表现拼接，对区域地层有重要影响。现按次级断代及沉积盆地对中南区岩石地层特征分别简述如下：

（一）震旦纪岩石地层特征

早震旦世，扬子板块周缘分布有滇中、上扬子、鄂中及江南四个古陆，沉积相带由西北向东南展布；华夏板块东南侧分布有华夏古陆，沉积相带平行古陆，由东南向西北发育。其古地理景观见图 4-4；该区震旦纪岩石地层单位的时空特征见图 4-5。

1. 上扬子克拉通盆地

晋宁运动后，该区处于拉张时期。早震旦世，盆地西缘为川西陆内裂谷盆地，上扬子、鄂中古陆均处于剥蚀状态，其周缘地区有陆相碎屑岩及冰碛岩沉积。晚震旦世，整个（含川西陆内裂谷）盆地演变为碳酸盐台地。按地层区划包括丽江、康滇、上扬子及下扬子（部分）地层分区。

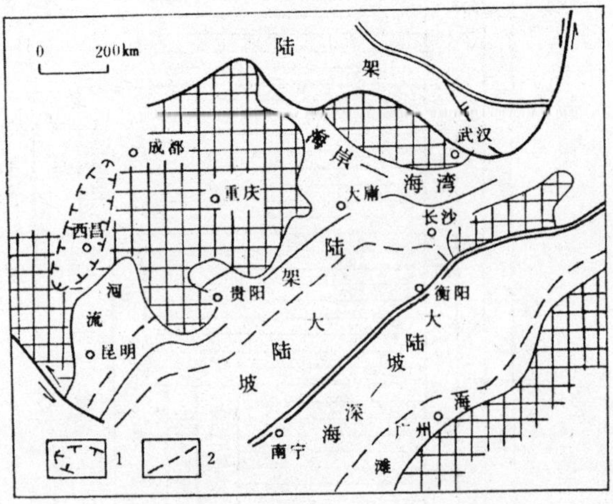

图 4-4 中南区早震旦世早期古地理略图

（据夏文杰等，1994，简化）

1. 裂谷盆地；2. 相线

（1）早震旦世川西陆内裂谷盆地

该盆地位于上扬子盆地西缘川西地区，东、西侧分别受安宁河断裂及甘洛－小江断裂控制。盆地呈南北向展布，南以川南会理－宁南隆起为界，早震旦世堆积了厚约 6 000 m（最厚 12 000 m）的陆相火山－沉积岩系。该盆地的构造演化见图 4-6。早震旦世早期，盆地内沉积了一套大陆熔岩一火山碎屑岩，称苏雄组。主要岩性由三部分构成：下部为火山碎屑岩、流纹质玻屑、晶屑凝灰岩夹火山角砾岩、熔结凝灰岩、玄武岩及英安岩；中部为中酸性熔岩、英安岩及流纹岩；上部为沉凝灰岩及玄武岩。早震旦世中期，则以河流相火山－陆源碎屑沉积为主，

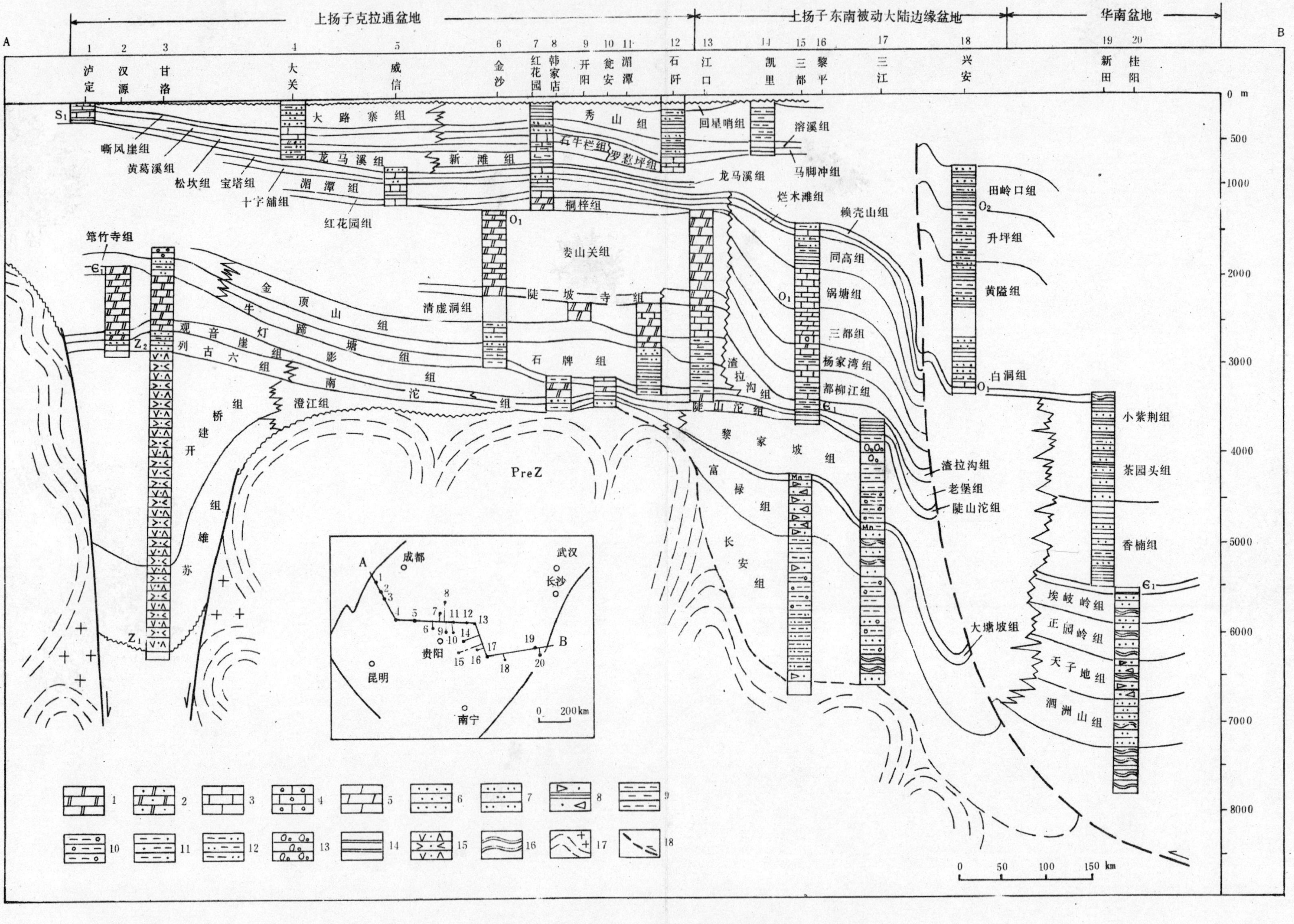

图 4-1 中南区震旦纪—志留纪岩石地层横剖面图

1.白云岩；2.砂质白云岩；3.灰岩；4.砾屑灰岩；5.泥灰岩；6.砂岩；7.粉砂岩；8.碎屑岩；9.泥岩；10.含砾泥岩；11.砂质泥岩；12.粉砂质泥岩；13.冰碛砾岩；14.硅质岩；15.火山碎屑岩；16.板岩；17.前震旦纪地层；18.推测断层

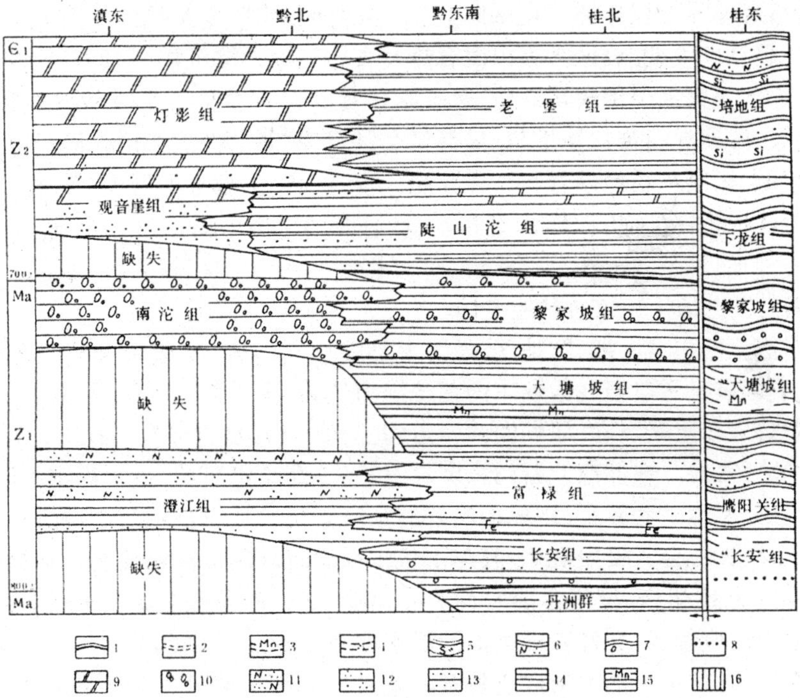

图 4-5 上扬子克拉通盆地、大陆边缘及华南盆地震旦纪岩石地层单位时空分布略图

Fig. 4-5 Sketch showing the space-time distribution of lithostratigraphic unites of Sinian in the Upper Yangtze Craton, the Continental Margin and the Hua′nan basin

1. 板岩；2. 千枚岩；3. 锰质千枚岩；4. 石英千枚岩；5. 硅质板岩；6. 长石石英板岩；7. 含砾板岩；8. 未见底；9. 白云岩；10. 冰碛岩；11. 长石石英砂岩；12. 石英砂岩；13. 砂岩；14. 页岩；15. 含锰页岩；16. 缺失

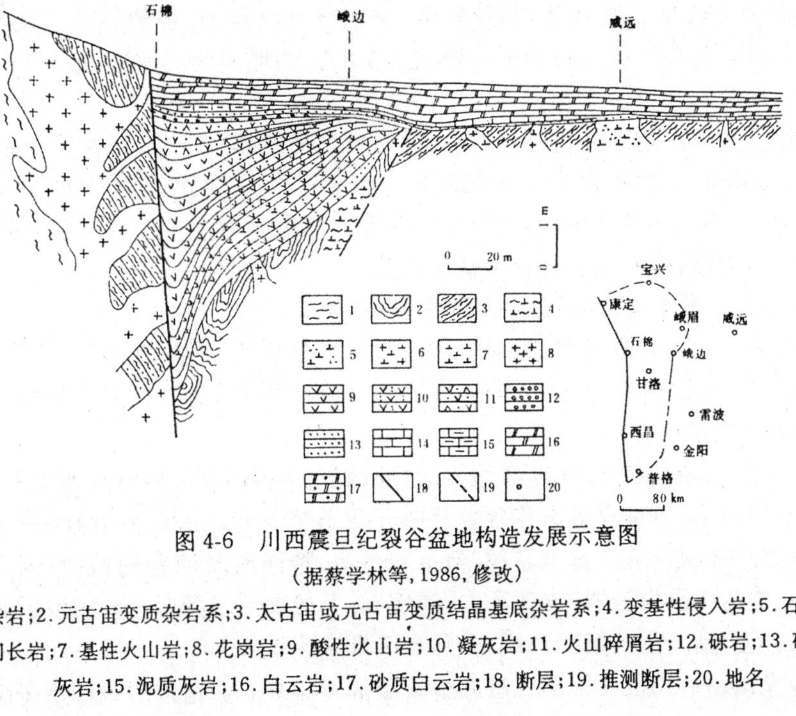

图 4-6 川西震旦纪裂谷盆地构造发展示意图

（据蔡学林等，1986，修改）

1. 康定杂岩；2. 元古宙变质杂岩系；3. 太古宙或元古宙变质结晶基底杂岩系；4. 变基性侵入岩；5. 石英闪长岩；6. 花岗闪长岩；7. 基性火山岩；8. 花岗岩；9. 酸性火山岩；10. 凝灰岩；11. 火山碎屑岩；12. 砾岩；13. 砂岩；14. 石灰岩；15. 泥质灰岩；16. 白云岩；17. 砂质白云岩；18. 断层；19. 推测断层；20. 地名

称开建桥组。该组岩性较单一，为水携式酸性火山碎屑岩、夹少量熔岩。火山碎屑岩常具波状、楔状或交错层理等沉积特征。在横向上，上述两期沉积厚度互呈消长关系。具双峰式火山岩套特征。早震旦世晚期，该区为火山泥石流及火山碎屑湖泊沉积，称列古六组。其岩性可分为两部分：下部主要为火山集块角砾岩、含砾砂状凝灰岩夹少量凝灰质粉砂岩和砂砾岩，主要呈块状，不显层理，属泥石流快速堆积；局部见交错层理，属水携式火山碎屑河道充填沉积。上部主要为凝灰岩、沉凝灰质粉砂岩和页岩互层，呈薄层状，常见水平层理。

据上述总体沉积特征，川西陆内裂谷盆地，应属 Milanovsky(1972)提出的后造山裂谷盆地。

(2) 早震旦世上扬子克拉通盆地主体

在盆地东南缘的川、鄂、湘、黔地区，发育一套陆相碎屑岩、冰碛岩及间冰期沉积物。早震旦世早期，以我国震旦系典型地区峡东的莲沱组为代表，主要岩性为砾岩、长石石英砂岩、凝灰质砂岩夹砂质页岩和层凝灰岩，属蛇曲河—近海三角洲相(赵自强等，1988)，或河口湾—潮坪环境(夏文杰等，1994)。在湘西北石门杨家坪，相当于莲沱组沉积，过去称渫水河组，现称富禄组。其下伏地层，原称马底驿组，现属板溪群的张家湾组。从震旦纪所限定的地质时间单位衡量，富禄组以下缺失一套长安组沉积，其与下伏张家湾组呈超覆接触关系。富禄组按其地层位置与峡东莲沱组大致相当，该组主要岩性为石英质砾岩、石英粉砂岩夹板岩，属海滩相沉积。在滇东与莲沱组层位相当、岩性特征类似的沉积称澄江组。其底部为砾岩或含砾砂岩局部夹凝灰质砂岩及硅质岩；中上部为紫红色长石石英砂岩夹少量粉砂岩。在四川上扬子古陆范围内缺失该组。

早震旦世晚期(俗称冰期)，盆地仍保持早震旦世早期的古地理面貌。在峡东地区冰川沉积发育不完整，缺失下部两个岩石地层单位，即由下而上古城组和大塘坡组。在其邻近的鄂西长阳古城发育完整，建立了小冰层位——古城组层型。该组主要为一套冰碛泥砾岩，厚度较小，分布于克拉通盆地边缘。习惯上将该组朝海方向部分与长安组对比(刘宝珺，1993)。经本次研究，作者以为该组呈一楔状体，相带较窄，其朝海方向部分，可能融入于富禄组上部层位中，在朝陆方向部分逐渐尖灭或被剥蚀。该组之上的大塘坡组为间冰期沉积，主要为黑色页岩夹碳酸锰沉积，属陆架边缘盆地相。与古城组类似，该组亦呈一楔状体。除见于外陆架边界，亦见于大陆坡(上扬子东南大陆边缘)盆地。冰期最上部的冰川层位，即为著名的南沱冰碛岩，称南沱组。在盆地内，主要岩性为冰碛泥砾岩。具大陆冰川性质，其特征系无层理的快速堆积，据古地磁测定，属低纬度冰川。在滇东，主要为冰碛岩及砂页岩，下部常为紫红色泥砾岩。在四川上扬子古陆范围内缺失早震旦世晚期沉积。

(3) 晚震旦世上扬子克拉通(含川西陆内裂谷)盆地

晚震旦世，扬子古大陆气候转暖，冰川消融，海平面上升，该盆地地形经早震旦世准平原化，地形起伏较小，大规模海侵，使上扬子古陆淹没成浅海环境，而且形成碳酸盐台地早期沉积。其古地理概貌见图 4-7。

晚震旦世早期：大致以华蓥山断裂为界，盆地西侧，包括川西、黔西及滇东北地区，靠近古陆，主要以砂页岩为主，可见含砾石英砂岩及白云质石英砂岩，上部夹碳酸盐岩，称观音崖组，属海岸相区海滩相沉积环境。盆地东部，包括湘西北、黔西南及滇东南地区，以泥质及碳酸盐沉积为特征，主要为微晶白云岩、碳质页岩、磷质岩，上部夹燧石条带，有些地区可见叠层石礁，称陡山沱组，属于泻湖—潮坪沉积环境，局部有风暴流沉积。

晚震旦世晚期：海侵更广泛，形成灯影组碳酸盐岩沉积。盆地内部以四川华蓥山断裂带为界，断裂以西，川南自贡以南，为一NNE向蒸发岩海盆，发育白云岩相带夹膏盐沉积，川南长宁钻孔，见灯影组厚近1 000 m，上部主要为白云岩，下部为含凝块石白云岩夹岩盐、石膏及菱镁矿，属泻湖—潮坪沉积环境。以东地区，下部以鲕状核形石白云岩为主，常常形成鲕滩（俗称“下白”）；中部为含大型藻类沥青质灰岩（俗称“中黑”）；上部为夹较多浅色硅质条带白云岩（俗称“上白”），故形象地在峡东称该组为“两白夹一黑”，属台地浅滩相，或开阔台地相。该层序（段）在区域上并不明显。盆地内，由于其岩性总体特征稳定，充分反映了克拉通盆地陆表海的沉积特点，易于识别、对比，故统称灯影组。但在滇东地区，有将下部地层称东龙潭组（相当峡东“下白”），其中部及上部地层称渔泸村组。本次研究在本区统称灯影组。鉴于云南磷矿层位的习称及影响，保留中谊村段，隶属灯影组上部层位。

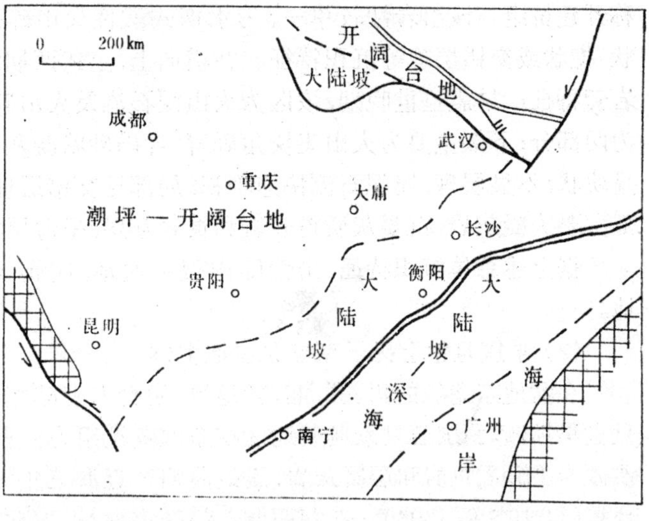

图4-7　中南区晚震旦世古地理略图

（据夏文杰等，1994，简化）

2. 上扬子东南被动大陆边缘盆地

该盆地以常德—萍乡一线为界可划分为两个海盆，即东北段为沿江海盆和南西段为湘黔桂海盆，属大陆坡环境沉积区。在地层区划中，包括江南、湘中地层分区及桂湘赣地层分区的柳州、桂林地层小区。

该盆地位于扬子板块东南缘，向南东至其边界，与华南盆地为邻。其基底主要为晋宁期龙胜初始洋弧和湘黔弧后盆地，具有一定的活动性。盆地内发育有EW向和NEE向张性断裂，组成呈NNE向排列的“两堑、两垒”，由西向东为湘西凤凰－黔东南三都地堑、湘西怀化－黔东南榕江地垒、湘西黔阳－桂北三江地堑和湘东衡山－桂北龙胜地垒（图4-8）。

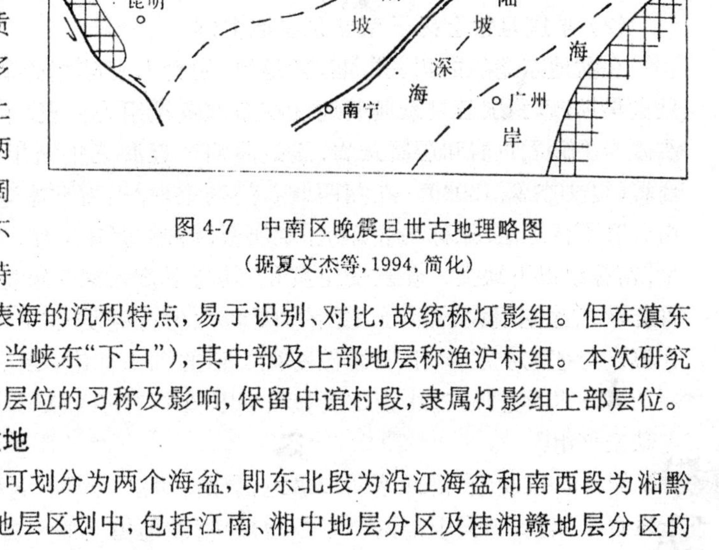

图4-8　早震旦世上扬子东南被动大陆边缘盆地横剖面图

（据刘宝珺等，1993，修改）

1. 杂砾岩砂岩；2. 砾质砂泥岩、杂砂岩；3. 含砾板岩；4. 砂岩；5. 泥岩；6. 正断层；7. 整合接触面；8. 平行不整合面

震旦纪该盆地沉积物性质与上扬子克拉通盆地相比，有着明显的差异。

早震旦世早期，在黔东、湘西及桂北一带，代表快速堆积的密度流沉积物具有特征性。在黔阳－三江地堑盆地主要沉积物为含砾板岩、粗砂质板岩及砾质砂岩，偶夹砂岩及板岩，分别为泥石流相及正常盆地相沉积，称长安组。在三江厚1 450 m，在黔阳厚1 918 m，与下伏前震旦纪地层丹洲群呈整合接触。显然是在前震旦纪深水盆地基础上发展起来的大陆边缘盆地，可能代表震旦纪在华南最早接受沉积的场所。在相邻的衡山－龙胜地垒，其沉积厚度骤减，在龙胜仅厚120 m，在湘中南祁东厚约190 m，局部仅厚9～12 m。该组分布于湘中安化—湘西溆浦—湘西南洪江一线东南及湘北益阳—湘东韶山一线以南。其上覆的富禄组系砂泥质沉积，在黔阳－三江地堑盆地，主要为粉砂岩、板岩、凝灰质砂岩及长石石英砂岩夹少量白云岩，砂质白云岩及铁矿层。在典型地区厚700 m，与长安组类似，其沉积厚度在相邻的地垒盆地上亦骤减，在龙胜厚仅100 m，祁东厚约80 m。富禄组在该地区与其下伏的长安组呈整合接触，为连续沉积。在益阳—洪江一线西北的湘中、湘西北地区，系富禄组直接超覆在不同层位板溪群之上。在安化，富禄组较之长安组则明显呈向陆变浅相带。过去亦曾将其称莲沱组，据其岩性特征更接近于前者，本次研究统称富禄组。应该提出的是在黔东北松桃大塘坡地区相当于富禄组层位由下而上划分为两个岩石地层单位，即两界河组和铁丝坳组(马国干等，1981)，宜应合称富禄组。还应说明的是，本书采用的富禄组定义，是指原富禄组顶部碳质粘土岩(含锰层)之下的碎屑沉积(王砚耕，1984)。

早震旦世中晚期，该盆地内沉积的大塘坡组，是从原富禄组中将其顶部含锰沉积岩系单独划出的一个岩石地层单位，主要岩性为含锰页岩，锰矿及白云岩夹层，代表间冰期沉积物。属于陆架边缘盆地沉积，亦在地堑盆地中发育。

早震旦世晚期，在该裂谷盆地的冰川沉积，因其岩性特征与南沱组不同故另称黎家坡组。主要为含砾板岩、含砾砂质板岩、含砾泥质白云岩偶夹泥质砂岩，局部显层理，明显具海洋冰川的沉积特征。沉积厚度在两类盆地中差异明显，在黔阳－三江地堑盆地，三江厚1 100 m，湘西南通道厚530 m；但在相邻的怀化－榕江地垒盆地及衡山－龙胜地垒盆地，在龙胜厚仅230 m，湘中双峰厚只60 m。关于冰碛层的命名，贵州区调队曾以黔东南从江黎家坡剖面为层型，建立了黎家坡组；刘鸿允等(1980)以三江剖面为层型，建立了泗浬口组；湖南区调队在湖南通道长安堡建立了洪江组(王晓青，1940，所建洪江系的狭义称谓)为选层型。本书采用了黎家坡组代表冰海相冰碛沉积的岩石地层单位名称，而将泗浬口组和洪江组作为其同物异名。

总之，早震旦世是上扬子东南被动大陆边缘沉积盆地发育的初始阶段，具有非典型性质，以碎屑岩快速充填为主，伴有火山活动的沉积体系，岩相厚度变化大为其特征。

晚震旦世早期，该盆地以泥质沉积为主，缺乏重力流沉积特征，属缓坡深水盆地。按盆地结构，沿扬子克拉通边缘，向东南至黔南罗甸、黔中黄平—湘中溆浦、安化一线，为台缘斜坡相带沉积环境。由该相带东南侧，直至扬子板块东南边界，属大陆坡盆地沉积环境。前者以黔东黄平为例，以黑色粘土岩与砂屑白云岩互层为主，上部为具水平层理泥晶白云岩，具台缘斜坡沉积特征，亦称陡山沱组。后者主要为钙泥质型沉积，分布于湘中、黔东南和桂北。在三江，为黑色薄层状碳质页岩、夹硅质碳质页岩及白云岩，部分地区夹含锰页岩，称陡山沱组。在湘中地区，以碳质页岩、硅质岩为主夹少量白云岩并具硅质结核，称金家洞组，属大陆坡沉积。

晚震旦世晚期，该盆地以硅质岩沉积为主，富含浮游放射虫。湘北桃源的老堡组(原称留茶坡组)上下部均为硅质层，中夹黑—褐色泥质页岩，上部硅质岩具滑塌沉积构造。Steiner 等(1992)研究认为，其古环境不像是深水沉积，而属于陆架内较浅水潮下海盆，其主要依据之一是老堡组硅质岩是次生的。而许多学者研究认为，不论在广西还是湖南的老堡组，除主要为黑色隐晶质硅质岩、碳质硅质岩外，尚夹有碳硅质页岩，水平层理发育。三江地区即为黑色薄层硅质岩夹碳质页岩，具水平纹层，属大陆坡盆地相，即次深海沉积环境，或非补偿深水沉积。

3. 华南盆地

该盆地位于华夏板块西北侧，介于赣西萍乡－桂南凭祥断裂及闽北政和－粤东北大埔断裂之间，呈 NNE 向延展，基底为华南残留海盆、武夷－云开岛弧及其弧后盆地，具有明显的活动性。盆地内有一系列 NNE 向拉张—走滑断裂，控制盆地的发展；其拗陷幅度大，最大沉积跌幅可达 8 000 m；盆地内火山活动强烈。该盆地的西北侧属中南区研究范围。

早震旦世早期，该盆地在粤西北连县鹰阳关沉积了一套冰海相碎屑岩，以石英绢云母千枚岩为主，夹含砾千枚岩及含砾泥质粉砂岩，厚度大于 510 m，称长安组，其下伏地层未出露。在湘东南桂阳泗洲山地区，早震旦世地层出露完整，主要为含砾板岩夹多层含锰白云岩及硅质岩，具毫米级水平纹层理，厚 551 m，称泗洲山组，与其下伏地层青白口纪大江边组呈整合接触。可能为华夏板块震旦纪最早的沉积之一。以上均为大陆边缘盆地相，属正常盆地泥石流、冰海及水道沉积物。早震旦世早中期，在鹰阳关地区沉积了一套火山碎屑岩，以细碧角斑岩、钙质泥岩、千枚岩为主，夹石英岩、绢云母片岩，底部有赤铁矿层为标志层，厚 2 090 m，称鹰阳关组（相当于富禄组，但其变质更深）、与下伏长安组呈整合接触。泗洲山地区，主要为粉砂质板岩夹杂砂岩，底部有赤铁矿层，厚 592 m，称天子地组，与下伏泗洲山组呈整合接触。以上均属深水相沉积。早震旦世中晚期，在鹰阳关地区，有大理岩夹含铁、锰质千枚岩沉积，称大塘坡组。早震旦世晚期，在鹰阳关地区沉积了一套含砾泥岩厚仅 4 m，称黎家坡组，与下伏大塘坡组呈整合接触。桂阳地区则为一套含砾长石砂岩、砂砾岩夹板岩，厚 488 m，称正园岭组，与下伏天子地组呈整合接触，属沉积扇内水道滞流沉积，有别于冰海相。

晚震旦世早期，在贺县地区沉积了一套板岩夹杏仁状英安岩、透镜状白云岩，厚 92 m，称下龙组，与下伏黎家坡组呈整合接触。在桂阳地区则为杂砂岩、粉砂岩夹板岩、硅质岩，或呈互层状，厚 803 m，称埃岐岭组，与下伏正园岭组呈整合接触。以上属半深海沉积相。晚震旦世晚期，在鹰阳关地区沉积了细砂岩、粉砂岩、页岩、长石石英砂岩夹多层硅质岩，未见底，出露厚度 1 500 m，称培地组；而在桂阳地区则以硅质岩为主夹泥质板岩，厚 15.6 m，称丁腰河组，与下伏地层埃岐岭组呈整合接触。以上均属深水盆地相沉积。

（二）寒武纪岩石地层特征

早寒武世早期，该区古地理格局见图 4-9。在扬子板块由西南缘，往西北缘至北缘依次有牛首山岛、滇中古陆、泸定岛链、摩天岭古陆及鄂中岛分布，呈向西北突出的弧形古陆和岛链。各时期的沉积相带亦基本呈弧形由西北向东南方向展开。从古陆向东，为滨岸→具障壁浅水缓坡→深水缓坡，大陆坡至深海盆地。在华夏板块，仅见华南盆地，寒武纪岩石地层单位及其时空分布特征见图 4-10。

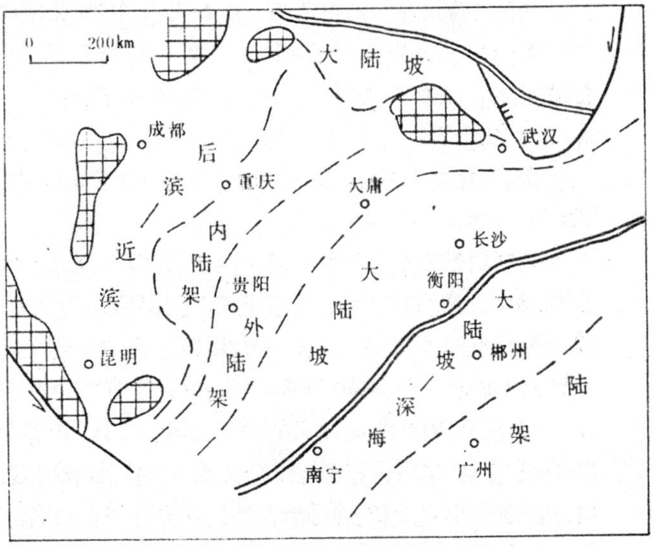

图 4-9 中南区早寒武世古地理略图
（据蒲心纯等，1993，简化）

现将三个盆地分述如下：

1. 上扬子克拉通盆地

该沉积盆地以龙门山断裂、箐河断裂及哀牢山断裂为西界，以江南及鄂、湘、黔断裂为东界。地层区划中包括的地层分区与震旦纪同。

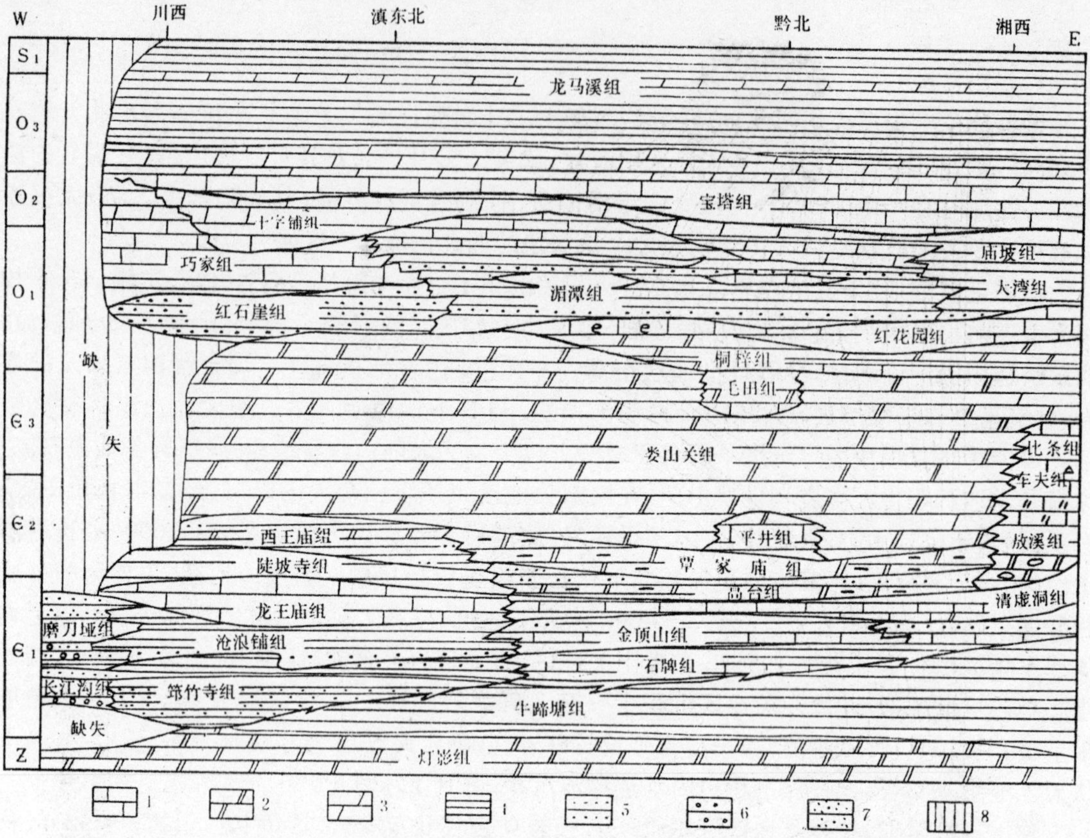

图 4-10　上扬子克拉通盆地及被动大陆边缘寒武纪—奥陶纪岩石地层单位时空分布略图

Fig.4-10 Sketch showing the space-time distribution of lithostratigraphic unites from Cambrian to Ordovician in the Upper Yangtze Craton and the Passive Continental Margin

(据张守信,1991,修改)

1.灰岩;2.白云岩;3.泥灰岩;4.页岩;5.砂岩;6.砾岩;7.石英砂岩;8.缺失

(1) 早寒武世:盆地西部,处于滨海相带,沉积物以碎屑岩为主,动物群属滇东型,以大型底栖类三叶虫为特征,金臂虫类丰富。盆地东部,离岸较远,为浅海相沉积,除碎屑岩外,灰岩夹层增多。动物群属峡东－黔北型,除底栖自游三叶虫外,以营漂浮生活方式的古盘虫类猛增,古杯类发育。

筇竹寺期:盆地西部因靠近古陆,碎屑颗粒较粗,而形成独立的岩石地层单位(表 4-1 及图 4-10)。

继灯影组之后,寒武纪最早的一个岩石地层单位之一是筇竹寺组,其分布从滇中华宁,经昆明、东川、滇东北永善,至川中峨眉山地区,向东扩至华蓥山断裂带,主要由白云质页岩、粉砂岩及粉砂质白云岩组成,含三叶虫 *Parabediella*,岩石组合特征稳定。但在川北龙门山往川西南盐源至滇北华坪紧挨古陆一侧,与筇竹寺组地层位置相当的沉积,岩石颗粒较粗,底部为底砾岩,上部夹有灰岩夹层或薄层白云质灰岩。该地层在云南称筇竹寺组,但岩性有别曾冠以引号,以示存疑,而在四川则称长江沟组,本次研究统称长江沟组,代表该盆地西缘筇竹寺期沉积。盆地东部由于逐渐远离古陆,沉积物颗粒变细、灰岩夹层增多,属黔北－峡东型岩石地层单位命名系统。由下而上为牛蹄塘组和石牌组。牛蹄塘组主要为黑色碳质页岩、砂质页岩夹灰白色钙质页岩,含三叶虫 *Tsunyidiscus* 等,在盆地东部广泛分布。其上的石牌组,主要为黄绿、灰绿色粘土岩、砂质页岩、细砂岩夹薄层灰岩。

沧浪铺期:盆地西部,主要为一套灰绿、紫红色粉砂岩、页岩,两分明显。下部呈紫红色,俗称寒武纪下红层;上部呈灰绿色,合称沧浪铺组。含三叶虫 *Palaeolenus lantenoisi* 等。分布范围与筇竹寺组相当,甚至更广。盆地东部,与其地层位置相当的沉积物,分别称金顶山组和天河板组。前者以砂页岩为主夹鲕状含古杯类灰岩,产三叶虫化石 *Megapalaeolenus*;后者则以泥质条带灰岩为主夹黄绿色页岩,含古杯类 *Archaeocyathus* 等。该古杯类在鄂西宜昌、四川东南彭水等地呈点礁产出。盆地西缘,广元—龙门山—盐源—华坪一带,沉积了一套以中粗粒石英砂岩、含砾砂岩为主,夹少量页岩,其总体特征亦有别于沧浪铺组,称磨刀垭组,均为地层位置相当的岩石地层单位。在川北南江、旺苍地区,该时期还有灰岩沉积,含丰富古杯类化石,称仙女洞组。

龙王庙期:盆地西部,主要为一套深灰—灰色中至厚层状灰岩、泥质灰岩夹薄层砂页岩,以灰岩为主,称龙王庙组。含三叶虫 *Yuehsienszella* 等,仅分布于昆明、曲靖地区。滇南石屏建水一带,则主要为泥砂质白云岩夹砂岩,分布范围亦较局限。在盆地西缘,缺失龙王庙期及其以上地层。盆地东部,在黔北,下部以灰岩、鲕状灰岩为主,向上白云质增多;中部为白云质灰岩,或灰质白云岩;上部以白云岩为主夹粉砂岩,称清虚洞组。其岩性特征与龙王庙组有较大差别,分布在川东南重庆、酉阳及川南叙永一带。在鄂西地区,沉积一套浅灰、褐色中厚层状白云岩、块状白云岩夹灰质白云岩,其总的特征以白云岩为主,称石龙洞组。该组在鄂东也有分布,在川中成都—川西南西昌一带亦有出露。

(2) 中寒武世毛庄期:盆地西部,为一套灰、黄灰色薄层砂岩、页岩及瘤状灰岩互层,称陡坡寺组,含三叶虫 *Sinoptychoparia* 等,分布于滇中、滇东北及成都—西昌一带。在云南靠近古陆的宣威及晋宁缺失。盆地东部在黔北地区,主要为粘土质粉砂岩夹泥质白云岩及白云岩,称高台组。含化石 *Kaotaia magna*。分布于黔中遵义—清镇一线以东和黔东北铜仁—玉屏一线以西地区;在川中、川东地区亦见及。

徐庄期:在盆地西缘,为一套灰、灰黄色薄层状白云岩、泥质白云岩夹钙质砂页岩,称双龙潭组,含三叶虫 *Protohedinia* 等。主要分布于曲靖、昆明地区。在成都—西昌地区,以紫红色砂岩及泥岩为主夹细砂岩、灰岩及白云岩,称西王庙组,因岩性特殊,俗称上红层。以上大约均分布于华蓥山断裂以西。在该断裂带以东,以薄层白云岩和泥质白云岩为主,含硅质条带和结核,夹少量页岩和石英砂岩,称覃家庙组。

张夏期:代表性沉积在黔东北,上部为条带状灰岩、白云质灰岩及白云岩;下部为厚层状白云岩及灰质白云岩,底部有一层石英砂岩或白云质石英砂岩,称平井组,分布于印江—德江—务川一线东北及川东南等地区。在靠近古陆一带的滇东、川北等地,缺失该期以上沉积。

(3) 中、晚寒武世:以黔北的娄山关组为代表,主要岩性为一套薄层至块状白云岩、泥质白云岩夹角砾状白云岩,局部含燧石。该组的底界由西向东逐渐变新,具有穿时特征,除滇东缺失外,其他地区广为分布。

凤山期:为灰、深灰色厚层灰岩、白云质灰岩、白云岩呈不等厚互层,夹竹叶状灰岩,称毛田组,分布于黔东北。与娄山关组呈侧向相变接触。

特别应该提及分布于滇东南地区的寒武纪地层,因遭受后期变质作用,在地层区划中将其置于东南地层区右江地层分区。但从其原始沉积物特征及其所含动物群分析,如浪木桥组含古杯类化石 *Ajacicyathus* sp.,表明水体较浅,其特征与盆地东部相似。岩石地层序列见表4-1。其岩性特征类似,在此不再赘述。

2. 上扬子东南被动大陆边缘盆地

寒武纪该盆地范围，包括桂西北、桂北、黔东南、黔东北、湘西、湘中及鄂东南(通山以南)等地区。在地层区划中，包括的地层分区，基本与震旦纪同，属大陆坡相沉积区(图 4-11)。该盆地仍继承震旦纪构造格局，分为两个海盆(图 4-9)：沿江海盆在中南区仅限于通山及其以南地区，沉积物以碳酸盐岩为主，盆地发育为平缓的斜坡带，以具有不常见的滑塌角砾岩层为特征，应属于上陆坡部位；湘桂海盆的西北部分，北与上扬子台缘斜坡为界，南与华南盆地相接。寒武纪虽继承了震旦纪构造格局，但“两堑两垒”盆地有的活动已不十分明显，而为热沉降所替代。唯黔阳－三江地堑与衡山－龙胜地垒的边界断裂，即柳城－江口断裂仍十分活跃，致使中晚寒武世的沉积厚度差异仍可达 1 000 m 左右。

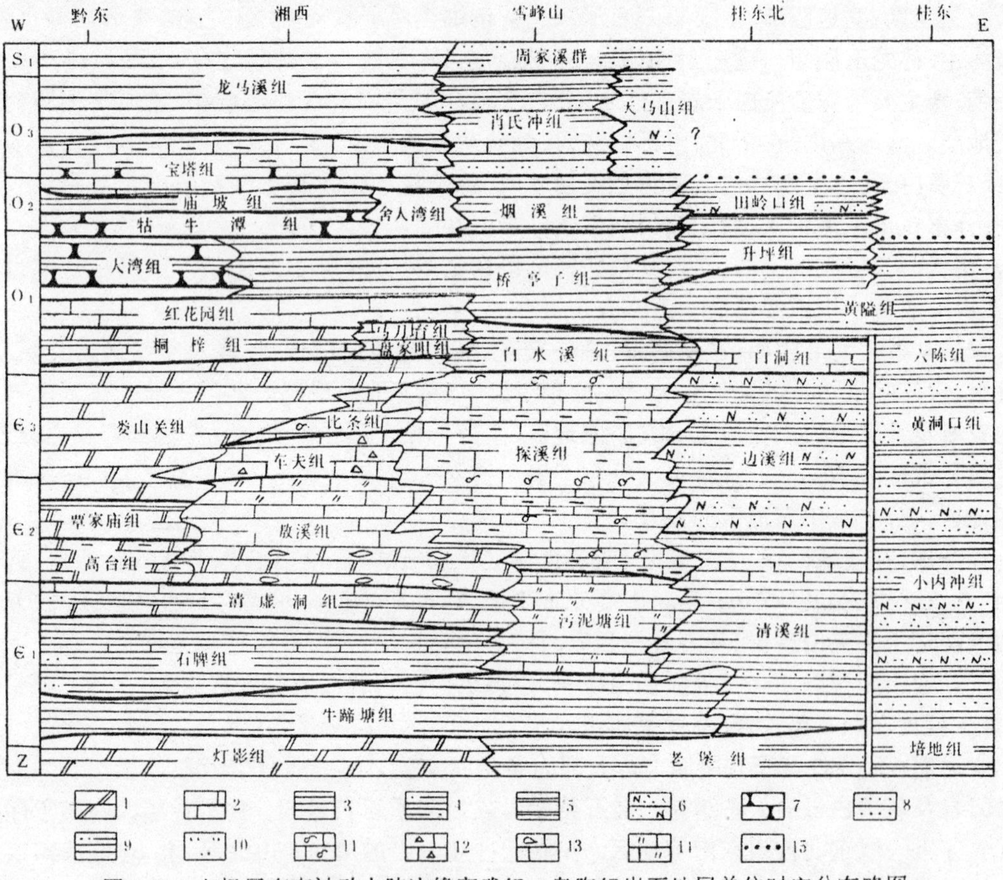

图 4-11　上扬子东南被动大陆边缘寒武纪—奥陶纪岩石地层单位时空分布略图

Fig. 4-11 Sketch showing the space-time distribution of lithostratigraphic unites from Cambrian to Ordovician in the Passive Continental Margin of Southeast Upper Yangtze

1. 白云岩；2. 灰岩；3. 页岩；4. 砂质页岩；5. 硅质岩；6. 长石石英砂岩；7. 瘤状灰岩；8. 砂岩；9. 粉砂质页岩；10. 粉砂岩；11. 条带状灰岩；12. 角砾状灰岩；13. 竹叶状灰岩；14. 白云质灰岩；15. 未见顶

(1) 早寒武世：湘桂海盆湘西的岩性特征与上扬子克拉通盆地东部基本相似。牛蹄塘组只见到小型三叶虫 *Hunanocephalus*，石牌组以碎屑岩为主，偶夹灰岩。沧浪铺期，沉积了一套主要岩性为钙质页岩，原称杷榔页岩，本次地层对比研究后归入石牌组，含三叶虫 *Balangia*。龙王庙期，在湘西主要为一套白云质灰岩、白云岩具有鲕状、角砾状构造，碎屑流沉积角砾白云岩已有一定程度发育，称清虚洞组。总之，早寒武世湘桂海盆沉积，与上扬子克拉通盆地相比，碳酸盐岩已大量减少，总体特征属上陆坡相带。早寒武世，黔东南三都主要为一套黑色碳质页岩夹砂质页岩透镜体沉积，称渣拉沟组，含海绵骨针 *Protospongia*。该相带向东至湘桂海盆东缘，桂东北灵川一带，以黑色碳质页岩、硅质页岩为主，夹少量碳质灰岩，称清溪组，含 *Protospongia*，硅质岩的增加是其主要相变标志物之一，具有下陆坡相沉积特征。

(2) 中寒武世：湘桂海盆，在湘西沉积了一套以白云岩、鲕状白云岩及灰岩为主夹砂页岩地层，特别发育具碎屑流特征的角砾灰岩，称敖溪组，含化石 *Prosopiscus*。而在三都，则相变为杂色砂质页岩为主，夹不纯灰岩及黑色页岩，上部有含砾灰岩。不纯灰岩中具碎屑流沉积特征，称都柳江组，含 *Protospongia*。而与湘桂海盆处于同一相带的沿江海盆，在通山南部以泥质条带灰岩为主，夹钙质页岩，未见滑塌堆积，称杨柳岗组，含化石 *Kaotaia*。总之，中寒武世沉积除通山南部外，碎屑流性质角砾岩普遍发育。

(3) 晚寒武世：崮山期，在湘西沉积了一套灰岩、泥质灰岩及角砾状灰岩、竹叶状灰岩及白云岩，称车夫组。为碎屑流沉积角砾状灰岩发育的高峰期。湘西凤凰该组重力流沉积发育，大岩块与碎屑流角砾状灰岩及浊流沉积密切共生。三都地区，主要为一套含长条形砾石、块状灰岩及泥质灰岩夹钙质页岩，称杨家湾组，具有滑塌堆积特征。在通山南部，主要为黑色钙质页岩、白云质灰岩夹泥灰岩，称华严寺组。该组在浙江典型地区具有角砾状、球粒状灰岩，亦具有大陆坡沉积特征。长山期，其代表性沉积在湘西为一套青灰色厚层块状灰岩，夹白云岩及角砾状灰岩，称比条组，其碎屑流角砾状灰岩亦十分发育，产三叶虫 *Prochungia*。三都地区，为黄灰、青灰色泥质灰岩为主夹瘤状灰岩及砾屑灰岩，称三都组，碎屑流沉积亦十分明显，其顶界可达凤山期。通山南部，主要为巨厚层灰岩、白云质、泥质条带灰岩夹钙质页岩，其顶部有一层角砾状灰岩，称西阳山组，含三叶虫 *Agnostus* sp.，*Sanduspis* cf. *gracilis* 等，其顶界可达凤山期。凤山期，在湘西主要为白云岩，称娄山关组，该地为娄山关组底界所达最高层位。

此外，对沉积盆地内几个时间跨度较大，或在早寒武世与碳酸盐台地有相似沉积特征的岩石地层单位，在下面予以说明：

①在湘桂海盆东缘桂北一带，中寒武世主要为一套砂岩夹页岩沉积，生物仅见海绵骨针 *Protospongia*，称清溪组，代表下陆坡—深海盆地沉积。

②在湘桂海盆的湘中雪峰山地区，早寒武世中—晚期至中寒武世早期，发育一套由碳质板状页岩与白云质灰岩互层的地层，称污泥塘组。化石稀少，含少量三叶虫 *Lejopyge laevigata* 等，中、晚寒武世为碳泥质白云质灰岩及泥岩，称探溪组，含球接子类三叶虫 *Charchaqia* 等。总之，寒武纪地层该区与湘西地区相比，岩石颜色变暗，碳、泥质成分明显增加，化石稀少，水平层理发育，无滑塌堆积角砾岩。说明沉积时其水底坡度较缓，水体加深，流动不畅，可能处于上陆坡与下陆坡之间的过渡环境。

③沿江海盆的鄂东南通山南部，早寒武世地层的沉积特征与峡东地区类似，采用峡东命名系统，其岩石地层特征在此不再一一赘述。

3. 华南盆地

属于华夏板块西北端的一个陆缘盆地。盆地位置见图4-2。在地层区划中属于桂湘赣地层分区的江华及桂平小区和钦州地层分区的防城及上思小区东部。寒武纪，云开古陆尚未形成，华夏古陆是其陆屑供给区，与上扬子东南被动大陆边缘盆地相比，其水体由东南向西北加深。中南区研究范围内，湘南、桂东南，仅是其西北最边缘的一部分。寒武纪沉积全为陆源碎屑岩及浊积岩，古生物稀少，主要有海绵骨针和无铰纲腕足类，无底栖三叶虫，在上部层位中仅见有小型球接子。由于缺乏古生物及同位素年龄等依据，其各岩石地层单位的时空分布形态是推定的。

(1) 早寒武世:在湘南地区主要沉积一套灰色、黑色及灰绿色不等厚层块状浅变质中细粒一中粗粒石英砂岩、杂砂岩及长石石英砂岩,夹碳质板岩及砂质板岩,偶夹石煤、黄铁矿、磷质结核及不稳定硅质岩,称香楠组,在江华厚761 m。在桂东南地区,与其地层位置相当,为黄绿色、灰绿色长石石英砂岩、砂岩、粉砂质页岩及页岩组成,含黄铁矿结核,称小内冲组,在贺县厚1 413 m,产海绵骨针 *Protospongia*。岩性总体特征与香楠组近似,分布于贺县鹰阳关至西大明山一带,在桂东北昭平、桂南贵县、南宁昆仑关等地均可见及。沉积物由东向西,颗粒变细,页岩及碳质页岩夹层增多,纵向上鲍马序列发育,生物稀少,代表深海环境浊流沉积。

(2) 中寒武世:在湘南为一套灰、深灰色浅变质细粒石英砂岩夹板岩或两者互层,其中夹少量碳质板岩,称茶园头组,在新宁厚900 m。与下伏香楠组以夹少量碳质板岩为标志划分。在桂东南,与其地层位置相当,岩性类似的为一套不等粒砂岩、长石石英砂岩、粉砂岩夹页岩及少量碳质页岩,粉砂岩与页岩呈互层状,粒度分析表明为浊流沉积成因,称黄洞口组。厚近2 000m。可能属大陆坡环境。其上部层位可能延入晚寒武世。

(3) 晚寒武世:在湘南地区主要为浅变质长石石英砂岩、石英砂岩夹板岩、碳质板岩、泥灰岩或白云岩,在宁远厚1 400 m,称小紫荆组。其上部层位的碳酸盐岩很不稳定,常呈透镜体产出,在江华、江永、桂东等地难觅其踪迹。总之,该组是寒武纪该沉积盆地中唯一见到碳酸盐岩的层位,而且有浅海相无铰纲腕足类产出。

(三) 奥陶纪岩石地层特征

本研究区奥陶纪进入沉积盆地发展转折时期,早奥陶世继承晚寒武世古地理格局,在本区西南、西、西北缘依次分布有滇东、川滇及龙门山古陆,并连成一片,为本区主要蚀源区之一。中奥陶世之后,本区沉积盆地结束拉张性构造环境,进入前陆盆地发展阶段。表现在上扬子东南大陆边缘已具有前陆盆地性质,且沉积物不断向上扬子克拉通盆内搬运,形成淹没碳酸盐台地。华南古陆亦由东南向西北逐步隆升、古陆进一步扩大,构成上扬子东南前陆盆地的主要蚀源区,华南盆地缩小。本区加里东中晚期沉积盆地分布见图4-3;其早奥陶世古地理景观见图4-12;中奥陶世古地理景观见图4-13;本区奥陶纪岩石地层单位时空分布特征见图4-10,4-11。

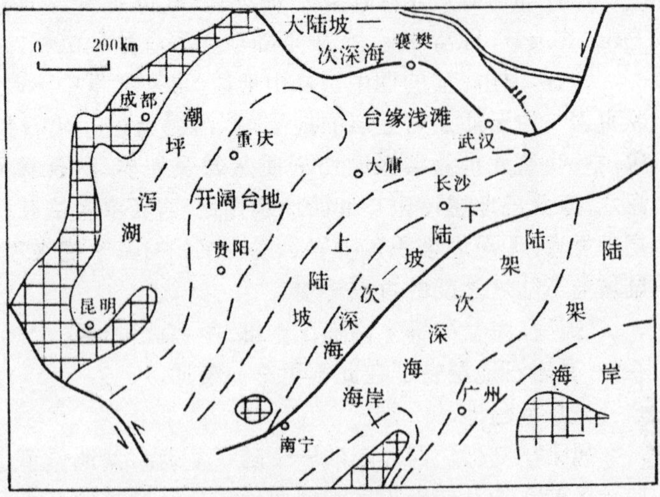

图4-12 中南区早奥陶世古地理略图

(据周名魁等,1993,简化)

1. 上扬子克拉通盆地

该盆地根据沉积特征又可划分为3个次级海盆:西南部的川滇海盆、川、黔、湘、鄂海盆(主体盆地)及滇东南海盆。

(1) 川滇海盆:其地理位置相当于川西南、滇东地区;地层区划包括丽江、康滇地层分区及上扬子地层分区的昭通、曲靖小区西部。

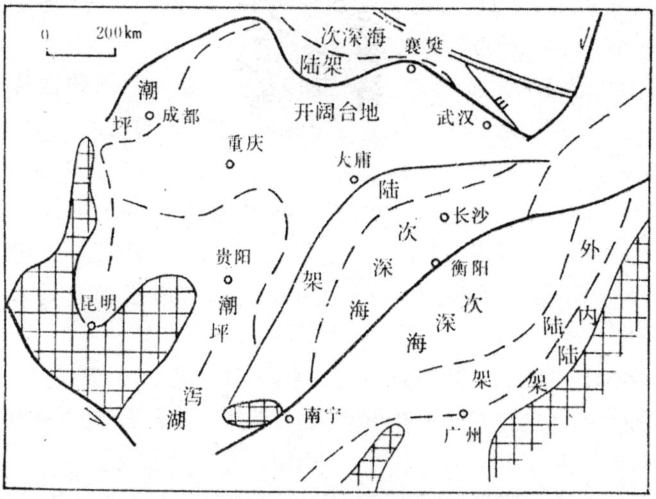

图 4-13 中南区中奥陶世古地理略图
（据周名魁等，1993，简化）

早奥陶世早期主要为一套滨海—浅海相碎屑岩，其上部夹有碳酸盐岩。除峨眉地区与下伏娄山关组呈连续沉积外，在其他地区皆呈平行不整合接触。见图 4-14。

早奥陶世：红石崖组，主要岩性以灰紫、灰绿、紫红色页岩、粉砂岩及石英砂岩为主，具斜层理、波痕及虫迹，属于近岸碎屑岩沉积。在局部地区含锰（宜良、巧家），局部亦含胶磷矿（巧家）。产三叶虫 *Taihungshania*，笔石 *Didymograptus* 及遗迹化石 *Cruziana* 等。在宜良、昆明、嵩明及南部石屏等地，本组下部有一套灰绿色页岩夹石英砂岩或粗砾岩，称汤池组，但其总体岩性特征与红石崖组相同，故本书将其合并，保持郭文魁(1941)原定义。在四川峨眉地区，处于东西两种相带过渡区，该地相当红石崖组的地层前人称大乘寺层，嗣后由下而上又进一步划分为罗汉坡层、高洞口组及大乘寺组（狭义），因其岩性特征和红石崖组基本一致，地层位置相当，故作者统称红石崖组，分布于滇东的昆明、宜良、武定、禄劝、曲靖、鲁甸一带；在川西南见于四川盆地西南缘及攀西地区。该组总的时限范围在两河口期—大湾期。

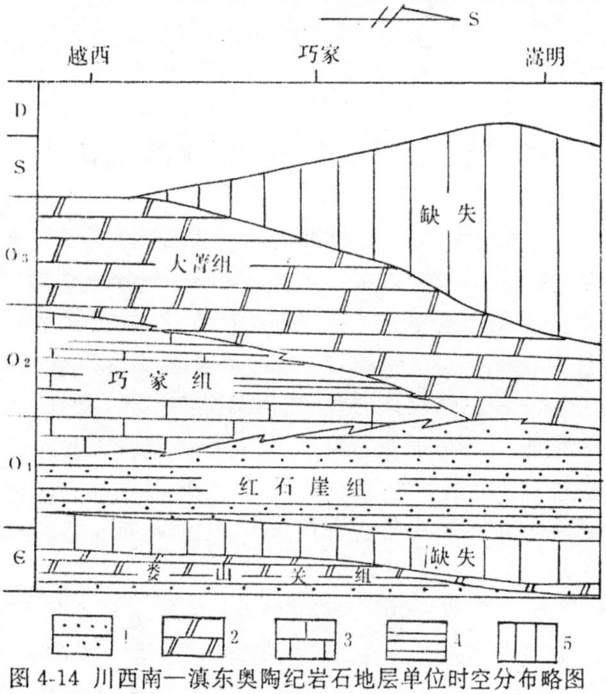

图 4-14 川西南—滇东奥陶纪岩石地层单位时空分布略图
Fig.4-14 Sketch showing the space-time distribution of lithostratigraphic unites of Ordovician from southwestern Sichuan to eastern Yunnan
（据张守信，1991，修改）
1.砂岩；2.白云岩；3.灰岩；4.页岩；5.缺失

早奥陶世晚期—中奥陶世：巧家组，主要岩性为灰绿色、灰白色页岩、粉砂岩、砂岩夹灰岩、白云岩，呈不等厚互层。中部夹鲕状铁质页岩或赤铁矿层。该组曾根据年代地层单位划分原则被肢解为上巧家组和下巧家组，作者认为胡荣民等(1976)上、下巧家组划分属非岩石地层单位，应恢复原定义，统称巧家组。产腕足类 *Yangtzeella*，笔石 *Didymograptus* 及三叶虫 *Neseuretus* 等。分布于昆明、武定、曲靖、会泽、甘洛、峨边、汉源及雷波等地。

综上所述，滇东地区早奥陶世地层其岩性以海相碎屑岩为主，斜层理、交错层理发育，局部层段含铁、锰质为特征，其所产三叶虫有 *Neseuretus*、*Taihungshania* 及遗迹化石 *Cruziana* 等。据李军等(1995)研究认为不论从其岩性特征，抑或其所含生物面貌均为典型的阿里莫坎砂岩相(Gres Armoricain)沉积(取名于法国阿里莫坎地块),与地中海沿岸南欧、北非、中东及纽芬兰东部大致同时期地层相似,应属环冈瓦纳区,代表近岸、冷水环境。

中奥陶世一晚奥陶世:大箐组,主要为一套中厚层白云岩及泥质白云岩。在川西南普格其底部采到 *Discoceras*, *Streptelasma* 等化石,其底界应属中奥陶世宝塔期。在其南部云南禄劝,在大箐组下部产 *Acathograptus*, *Dendrograptus* 及 *Dictyonema* 等化石,在其底部产三叶虫:*Neseuretus*, *Prosopiscus* 及 *Hungiodes*,其底界应属早奥陶世大湾期一牯牛潭期。由此可知大箐组的底界由南向北其时限逐步变新,见图 4-14。其底界在区域上具有明显穿时特征。该组分布于汉源一甘洛一美姑一巧家一线以西地区;此线以东由下而上可相变为宝塔组和龙马溪组,在区域上可追索。

(2) 川、黔、湘、鄂海盆(主体盆地):在地层区划中,其位置处于上扬子地层分区大部地区。

该盆地是我国南方奥陶纪许多岩石地层单位层型所在地,地层发育完整,其岩石地层序列见表 4-1 及图 4-10。

早奥陶世两河口期:在黔北沉积一套浅灰一深灰色中至厚层状白云岩和生物碎屑灰岩,其上部及下部夹灰绿、黄绿色页岩,称桐梓组,富产三叶虫 *Tungtzuella*。该组分布于四川盆地南部及华蓥山南段。由此向东逐渐向南津关组过渡(南津关组夹页岩相对较少)。由桐梓向北在南川綦江一带,该组白云岩含量增高,页岩夹层亦有增多趋势(具典型桐梓组特征)。由桐梓向西南在金沙、毕节、赫章一带,该组全为白云岩。由此向西向北在叙永、古蔺一带,其夹层中石英砂岩增加;在峨眉、筠连一带向西,因碳酸盐岩大幅度减少而以碎屑岩为主,过渡为红石崖组。在四川盆地中心地带,据钻井揭露,在仁寿一武胜一带有桐梓组存在,但其残存厚仅 12 m,岩性为白云质灰岩及白云质页岩。

红花园期:在黔北该期地层主要岩性为深灰、灰色中一厚层状生物碎屑灰岩,下部偶夹薄层燧石层,称红花园组。含化石 *Cameroceras* 等,其分布与桐梓组相同,并可扩及鄂西地区。

大湾期:在黔北主要岩性特征以灰绿、黄绿色页岩、砂质页岩、泥质粉砂岩为主,夹灰色薄层至中厚层生物碎屑灰岩,钙质砂岩及石英砂岩,称湄潭组,含化石 *Yangtzeella*, *Didymograptus* 等。由桐梓向西,在川滇交界南川、綦江、长宁、筠连一带,该组的碎屑岩显著增加,以砂质页岩、粉砂岩及石英砂岩为主,再向西相变为红石崖组等一套碎屑岩地层。由桐梓向东碳酸盐岩成分显著增多,至秀山、松桃一带进入以泥灰岩为主的相带。该相带以鄂西为代表,主要岩性以灰绿、紫红色泥质灰岩为主,泥质瘤状灰岩夹页岩,称大湾组。该组分布于鄂西及川东南。

牯牛潭期一中奥陶世庙坡期:在黔北主要岩性为灰、灰绿色薄至中厚层状钙质页岩、泥灰岩及灰岩,底部常由鲕、豆状灰岩组成,称十字铺组。含笔石 *Didymograptus euodus* 及头足类 *Dideroceras* cf. *endocylindricum* 等。分布于黔北、滇东北、黔东南施秉一带可零星见及。滇东北的十字铺组是地层对比研究后的定义,与黔北典型地区一致。由遵义向东北,在川东南至鄂西进入开阔台地相区,其下部主要为一套青灰、微红色灰岩与泥质瘤状灰岩互层,在该相带内分布稳定,称牯牛潭组,产头足类 *Dideroceras* 等;其上部岩性为灰褐色页岩或硅质页岩夹薄层灰岩或灰岩透镜体,称庙坡组,该组含化石丰富,主要有笔石 *Nemagraptus gracilis* 等。在川中地区,有一套以泥质灰岩、豆、鲕粒灰岩夹页岩的地层,称风洞岗组,作者认为,因其岩性特征和宝塔组类似,无需另起新名,仍可称宝塔组。这是宝塔组底界在本区的最低层位,见表 4-1 上扬子地层分区。

中、晚奥陶世宝塔期一临湘期:主要岩性为青灰、灰白色瘤状灰岩、龟裂纹灰岩夹薄层泥质灰岩，称宝塔组。在区域上可夹少许页岩。该定义经本次研究后的概念，包括其上部层位——原临湘组。含 *Nankinolithus*，*Hammatocnemis* 及 *Sinoceras* 等。前已述及，本组底界的最低时限在早奥陶世牯牛潭期，而最高在中奥陶世宝塔期，其底面亦具穿时性质。该组在本海盆内广为分布。

五峰期：其特征性沉积物为黑色页岩和硅质页岩，属龙马溪组下部地层。该组地层经对比研究后的定义包括由下而上原五峰组、观音桥层及龙马溪组，现统称龙马溪组，但已剔除原龙马溪组上部层位——即一套灰绿色、黄绿色、页岩、粉砂岩。该组为穿时的岩石地层单位。在区内广为分布。

(3) 滇东南海盆：该海盆位于元江河谷东北，个旧—开远一线以东；靖西—百色一线之西的滇东南地区。地层区划包括个旧地层分区的开远小区；右江地层分区的隆林－广南小区。

该区奥陶纪地层以碎屑岩为主，厚度巨大，早奥陶世地层发育完整，早期为碳酸盐岩，晚期为碎屑岩。中奥陶世以碎屑岩为主，但时有泥灰岩夹层。其岩石地层单位序列见表 4-1 个旧地层分区。兹将其特征由下而上简述如下：

早奥陶世：下木都底组主要由深灰、灰色层状、鲕状条带状灰岩，生物碎屑白云岩时夹砂页岩组成，产三叶虫 *Dactylocephalus* 等。独树柯组主要岩性特征为黄白色、灰绿色石英砂岩夹粉砂岩及页岩。含化石 *Asaphopsis* ex gr. *granulatus* 等。闪片山组主要岩性为深灰色生物碎屑灰岩及鲕状灰岩。含海绵 *Calathium kueichouense* 等。老寨组为一套灰白色中厚层状石英砂岩、含长石石英砂岩夹灰绿、黄绿色页岩。含三叶虫 *Taihungshania* cf. *brevica* 等。

中奥陶世：冷水沟组，其岩性特征为黄色、黄绿色粉砂岩夹石英砂岩、页岩及泥灰岩。含丰富三叶虫 *Lichia asaphia* 等。木同组为灰色中厚层—厚层状灰岩、泥质灰岩。含头足类 *Sinoceras* aff. *chinense* 等。

综观以上该海盆奥陶纪地层沉积特征及其地层位置和黔北地区十分类似，并逐个岩石地层单位均可与其对比。但本区粗碎屑岩成分明显增加，说明该海盆其地理位置靠近古陆，从整个奥陶纪环境，均处于浅海—滨海区，由于岩性有特殊性，建立了以上独立的岩石地层单位。

2. 上扬子东南被动大陆边缘盆地

其地理位置，在桂北、黔东南、湘西、湘中及鄂东南一带。在地层区划中，包括江南、湘中、桂湘赣地层分区的柳州－桂林小区，具体位置见图 4-2。

该沉积盆地又可根据其沉积特征，沿安化－溆浦－四堡断裂为界可划分为两个海盆。其西北侧称湘黔海盆，处于上陆坡海底地貌带；而其东南侧称湘桂海盆，处于下陆坡环境。

(1) 湘黔海盆：其紧邻上扬子碳酸盐台地，正处于台缘坡折带位置。早奥陶世，不论在贵州三都或湖南桃源，其滑塌堆积、碎屑流，或等深流沉积均十分发育。

早奥陶世两河口期：在贵州三都地区沉积一套灰色条带状灰岩、泥质灰岩夹多层砾屑灰岩及少量灰绿色钙质页岩，称锅塘组。含三叶虫 *Hedinaspis kueichouensis*，*Niobella* sp. 等。该组以发育大量碎屑流角砾灰岩、密度流浊积岩及普遍发育滑动—滑塌堆积为特征。这种现象与其所处的上陆坡沉积环境相对应。由此向东在湖南桃源，与其地层位置相当的沉积有两套地层，其早时为灰黄色厚层豹皮状泥质灰岩、条带状泥质灰岩或泥灰岩夹角砾状灰岩，称盘家咀组。该组等深岩十分发育，以粗粒砂屑等深岩占主导地位，尚有碳酸盐重力流沉积。其晚时沉积一套下部以深灰色厚层灰岩、生物碎屑灰岩和白云质灰岩互层；上部以黄绿色页岩为主夹钙质页岩和灰岩透镜体，称马刀堉组。该组下部发育透镜状生物屑等深岩，其上部页岩属正常海相沉积。该沉积亦反映大陆坡沉积环境。该两套地层的岩性特征与稳定区的南津关组，以及湘桂海盆的白水溪组均有较大区别，暂保留其原称为宜。

早奥陶世红花园期—大湾期：在贵州三都，沉积一套由蓝灰、灰绿、黄绿色页岩、粉砂质页岩及钙质粉砂岩组成的地层（包括原同高组及原扬能寨组），称同高组，富含笔石 *Tetragraptus scandens*，*Didymograptus sinensis* 等，该组分布范围局限。在湖南桃园，同高组下部可侧向相变为一套紫红、灰、翠绿色生物碎屑灰岩，称红花园组。贵州三都的同高组上部，其岩性特征可向东北方向侧向延伸，在湖南桃园，其钙质成分减少，岩性为黄绿色、灰绿色页岩，砂质页岩夹粉砂岩，原称九溪组，本次研究称桥亭子组。

在此还应表述该盆地东部，鄂东南地区的早奥陶世地层，由下而上分留咀桥组和宁国组。留咀桥组其主要岩性上部为：灰、灰绿色页岩、千枚状页岩为主，偶夹灰岩扁豆体，下部以泥质条带状灰岩、白云质灰岩与页岩呈不等厚互层。宁国组其岩性特征为灰绿、暗蓝、灰黑色页岩，粉砂质页岩，以富含笔石为特色其水平微细层理发育。该两个组总体岩性特征和湖南桃园剖面有相似之处，但前者未见等深流或重力流的描述和报道。尽管如此，但从其沉积特征，水平微细层理极为发育看，应属大陆坡一次深海沉积环境。

（2）湘桂海盆：其紧邻华南盆地，处于下陆坡，其沉积总体特征与华南盆地相似或一致。

早奥陶世两河口期：在湖南双峰、城步沉积一套灰至深灰色，并具毫米级水平纹层板状页岩，常夹钙质板岩、灰岩扁豆体或薄层灰岩，称白水溪组。含三叶虫 *Triarthrus tetragonalis* 等。由此向南，碳酸盐岩夹层逐渐增多，在广西兴安主要为深灰色中厚层状细晶灰岩，称白洞组，厚 34 m。由兴安往西至临桂，以泥灰岩为主夹钙质页岩，向东至鸥子江一带为灰岩夹白云岩，厚 120 m，再向东在海洋山一带本组尖灭，边溪组与黄隘组直接接触。白水溪组水平纹层发育，白洞组在不大的区域内岩性急剧变化，又突然尖灭，疑为碳酸盐重力流堆积，两者均处于湘桂次深海大陆坡相沉积环境。

早奥陶世红花园期—大湾期：在湖南双峰沉积一套灰绿色、青灰色粉砂质板状页岩，下部粉砂岩较多，称桥亭子组，含丰富笔石化石，主要有 *Didymograptus hirundo* 等。由此向南砂岩成分增加，在广西兴安，其主要岩性为灰、灰绿色砂岩与页岩呈不等厚互层，夹少量长石石英砂岩，属复理石相，沉积岩中夹火山物质，浊流成因与火山作用有关，称黄隘组，含笔石 *Trigonograptus ensiformis* 等。分布于兴平至全州一带，并可在华南盆地的桂东南平南、红粉塘等地见及。总之，不论是桥亭子组或黄隘组，从其粘土含量比较高，水平微层理极为发育，生物以营漂浮生活正型笔石组合为主看，属大陆边缘盆地相沉积无疑。

3. 上扬子东南边缘前陆盆地

该盆地其地理位置基本同上扬子东南被动大陆边缘盆地，但随时间推延而迁移，见图4-3。

中奥陶世庙坡期：该盆地沉积作用发生重大变化，表现在紧邻上扬子碳酸盐台地的上陆坡环境已经消失，而被深水缓坡所代替；下陆坡发育硅泥质浊积岩。从盆地沉积特征分析，与华南盆地相近或类似。生物群特征，特别是湘桂海域基本为华南动物群，这些沉积特征都充分反映其从拉张向挤压、收缩过渡的构造环境。

（1）湘黔海盆：中奥陶世庙坡期，在贵州三都沉积两套地层，由下而上其下部称烂木滩组，主要岩性为紫红色泥质灰岩、蓝灰色薄层强硅化微—粉晶灰岩夹粉砂质泥灰岩或硅质岩。该组含头足类 *Viginoceras giganteum*，*Michelinoceras paraelongatum* 等。其上部称赖壳山组，主要岩性为黄绿、灰绿色粉砂质页岩与薄层钙质粉砂岩和粘土质粉砂岩互层。含丰富的笔石和三叶虫化石等。该两个岩组在向东北方向延伸，其硅质成分明显减少，在桃源其主要岩性为黄绿、灰绿色页岩夹扁豆状泥灰岩，称舍人湾组。该组最初曾将其并入桥亭子组，笔者考虑其含碳酸盐岩成分较多，以保留其原称为宜。

中奥陶世宝塔期—晚奥陶世五峰期：在贵州三都地区该期沉积缺失。在湖南桃源，其岩石地层单位划分及岩性特征同上扬子克拉通盆地，故从略。

在该海盆东段——鄂东南地区，其中、晚奥陶世沉积基本与上扬子克拉通盆地相似，由下而上可划分出两个岩石地层单位，即宝塔组和龙马溪组，其特征不再赘述。唯宝塔组上部，可分出一段级单位——黄泥岗段，主要特征为浅灰、灰色页岩夹含锰质页岩及含锰白云质灰岩。该段含三叶虫 *Nankinolithus* sp.等。

(2) 湘桂海盆：中奥陶世庙坡期，在湖南安化沉积一套黑色碳质板状页岩、薄层硅质岩及碳泥质硅质岩，称烟溪组。在安化其厚度为 63 m，向东南增厚至 160 m。该组分布广泛，在湘西、湘中及华南盆地的湘南均可见及。在桂北兴安见有一套类似沉积，主要岩性为黑色页岩、碳质页岩夹少量细砂岩、粉砂岩，称升坪组。在区域上岩性有些变化，在灌阳可夹含放射虫硅质岩，总体水平层理发育，具条带状构造，属深海闭塞还原环境沉积。其基本岩性特征与烟溪组有相似之处，其地层位置亦相当，唯前者夹少量细砂岩。烟溪组在区域上的总时限范围可达庙坡期，而升坪组仅及牯牛潭期。升坪组分布于桂北兴安至全州及灌阳一带。

中奥陶世宝塔期—晚奥陶世五峰期：在湖南新化沉积一套其下部浅变质石英粉砂岩夹碳质板岩；上部为黑色硅质岩、钙质硅质岩夹浅变质粉砂岩及石英杂砂岩，本次研究称肖氏冲组。在区域上其底部常为粉砂岩或砂岩，局部含菱锰矿或含锰碳酸盐岩(湖南桃江)。该组包括原磨刀溪组、南石冲组和原五峰组之和，分布于桃江、益阳、安化、溆浦及隆回等一狭长地带。在双峰，见有一套浅变质长石石英砂岩、粉砂岩与泥岩组成互层的地层，称天马山组，系一套厚度巨大的泥砂韵律层互层沉积，单个韵律具鲍马序列特征，E 段内常含笔石，属浊流沉积特征。在广西兴安，见有一套类似沉积，称田岭口组。其主要岩性为灰、深灰、灰绿色细砂岩、长石石英砂岩、碳质粉砂岩、不等粒砂岩及页岩互层，含笔石化石。该组同样具浊流沉积特征。而且在纵向上，由下而上，页岩逐渐减少而砂岩相对增多，出现长石石英砂岩、岩屑砂岩，具有向上变粗趋势，为一海退沉积序列，在晚奥陶世上升为陆，成为蚀源区。

4. 华南盆地

该盆地的地理位置在湘南、桂东南一带。在地层区划中包括桂湘赣地层分区的江华、桂平小区及钦州地层分区。

奥陶纪多由碳质硅质岩、粉砂岩、长石石英砂岩、凝灰质砂岩组成，厚度巨大，并且轻度变质，化石少而种类单一，以笔石为主，属浊流沉积。

早奥陶世两河口期：在湖南宁远沉积一套灰、深灰色厚层—巨厚层浅变质细粒石英砂岩、不等粒石英砂岩夹板岩或组成复理石韵律层。原称寒武纪上组或奥陶纪下组及塔山群上组，本次研究后称爵山沟组，含海绵骨针及无铰纲腕足类等。属火山碎屑浊流沉积，分布于湖南桂东—江永一带，由江西延入，厚近 600 m，最厚可达 2 000 m。在广西平南，与其地层位置相当、岩性特征相似的岩石地层单位，主要岩性为灰白、紫红色细砂岩夹页岩或细砂岩与页岩呈互层状，称六陈组，富含笔石化石，其中主要有 *Dictyonema* sp.。该组岩性变化较大，在平南六陈为灰白色细砂岩与页岩互层，底部紫红色页岩夹细砂岩，厚 930 m。往东在苍梧一带，为棕黄色细砂岩、泥质砂岩与页岩互层；在桂平等地以砂岩夹页岩为主外，尚见一层灰白色砾岩。

早奥陶世红花园期—中奥陶世庙坡期：在湖南宁远等地其岩石地层序列，由下而上为：桥亭子组及烟溪组；在广西平南及桂平等地有广泛分布的黄隘组，其岩性特征前已论及在此不再赘述。在广西容县地区，地处云开古陆西北侧，属陆架—滨岸沉积环境。该时期由下而上，下部沉积一套深灰色灰岩夹钙质页岩或呈互层状，称石圭组。仅见于云开地区。其上是一套黄白、灰黄及浅紫色含钙质细粒石英长石砂岩、砂岩夹绢云母片岩，称东冲组。该组含腕足类 *Plectorthis* sp.，三叶虫 Pliomeridae 等，缺乏能确定时代的化石记录。以上两个岩石地层单位在区域上的总体时限范围及地层体的时空分布，是根据其上覆地层兰瓮组与有确切证据的早志留世地层呈连续过渡所推定。

中奥陶世宝塔期—晚奥陶世：在宁远等地，下部岩性为深灰色中—厚层状浅变质细粒石英砂岩、粉砂岩与板岩、砂质板岩互层，有时板岩增多；中、上部为厚层、偶夹有巨厚层状之浅变质细粒石英砂岩或长石石英砂岩、粉砂岩、砂质板岩及板岩等，构成复理石韵律层；下部为灰黄色、深灰色厚层、巨厚层不等粒石英砂岩夹板岩，称天马山组，总厚 900～1 000 m。见有中酸性火山岩夹层，属陆源 - 火山碎屑浊流沉积。本组底界，在湖南茶陵、酃县一带，其底部含笔石 *Climacograptus diplacanthus*，而在广大地区其底部含 *Diplograptus complanatus*，显然前者具中奥陶世色彩，而后者属晚奥陶世早期。因此该组底界的时限由东向西，呈现由老变新趋势，底界具有明显的穿时性质。在华南古陆西北侧—广西玉林地区，并存有一套与其地层位置相当，岩性特征类似的沉积，主要岩性为灰白色、浅灰色石英砂岩、含砾石英砂岩、细砂岩夹粉砂岩、泥质粉砂岩及页岩等介壳相碎屑岩，鲍马序列发育，称兰瓮组。与天马山组类同，均属浊流沉积。

此外，在广西玉林、容县地区，在寒武—奥陶纪地层的过渡层位，发育一套变质岩，由下而上，下部称天堂山片麻岩，主要岩性为花岗片麻岩为主夹二云石英片岩、条带状长英质片麻岩及变质砂岩，未见底。其上部称灵山片岩，主要岩性为石英绢云片岩、二云片岩，两者在区域上时空位置是推定的。

（四）志留纪岩石地层特征

志留纪初期是华南裂谷盆地收缩最强烈时期，盆地逐步收缩、褶皱隆起，由东南向西北方向强烈推挤，华夏古陆急剧扩大，使华南海陆分布格局发生重大变化。华夏陆块除仅存钦防残留海槽外，均隆升成陆，使华夏古陆与康滇古陆、滇黔桂古陆联成一片，形成华南联合古陆，此外川中古陆亦形成并扩大，所以本区志留纪海域已大为缩小。志留纪初古地理概貌见图 4-15。志留纪岩石地层单位时空分布特征见图 4-16A、B。

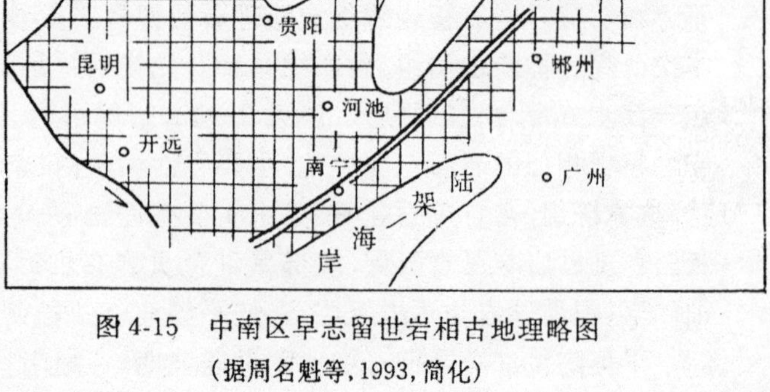

图 4-15　中南区早志留世岩相古地理略图

（据周名魁等，1993，简化）

1. 上扬子克拉通盆地

该盆地（见图 4-3）属于稳定沉积区，包括滇东、滇东北、四川大部、黔中、黔北、鄂西及湘西北等地，均有志留纪地层分布。在地层区划中，包括丽江、康滇及上扬子地层分区。

早志留世龙马溪期：早时，在峡东主要为一套黑、灰黑色页岩、粉砂质页岩，称龙马溪组（相当于其上部层位），该组

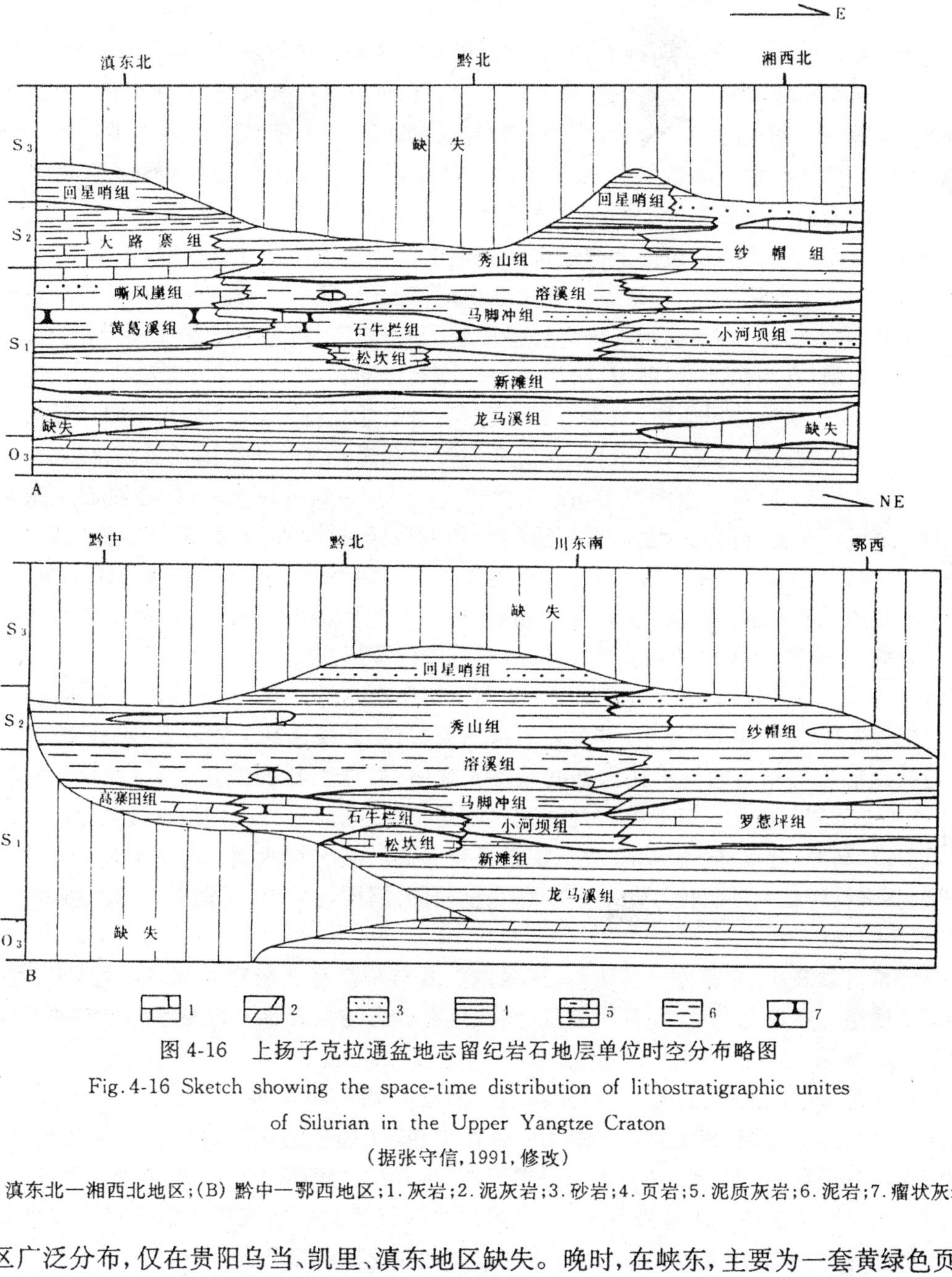

图 4-16　上扬子克拉通盆地志留纪岩石地层单位时空分布略图

Fig.4-16 Sketch showing the space-time distribution of lithostratigraphic unites of Silurian in the Upper Yangtze Craton

（据张守信，1991，修改）

(A) 滇东北—湘西北地区；(B) 黔中—鄂西地区；1. 灰岩；2. 泥灰岩；3. 砂岩；4. 页岩；5. 泥质灰岩；6. 泥岩；7. 瘤状灰岩

在本区广泛分布，仅在贵阳乌当、凯里、滇东地区缺失。晚时，在峡东，主要为一套黄绿色页岩、砂质页岩、粉砂岩夹细砂岩，称新滩组，其分布范围基本与龙马溪组相同，但略有缩小。

早志留世石牛栏期：在发育完整的地区黔北，其早时可见薄层灰岩夹页岩，称松坎组，该组侧向不稳定，除黔北外，仅在川中可见其踪迹；中晚时，主要为一套灰色瘤状灰岩、生物碎屑灰岩夹黄绿色页岩，称石牛栏组。该组含丰富的珊瑚、腕足类及少量笔石化石。与该期地层位置相当的沉积，在鄂西称罗惹坪组，其主要岩性相变为以黄绿色页岩、粉砂质页岩为主夹瘤状灰岩、生物碎屑灰岩及泥灰岩。含大量珊瑚、腕足类、三叶虫等化石。在川东南，称小河坝组，主要岩性相变为灰、灰黄色细、粉砂岩为主夹黄绿色页岩。该组在湘西北亦有分布。在黔中贵阳乌当，为一套灰绿色、黄绿色页岩为主夹泥灰岩地层，本次研究称高寨田组(图 4-16B)。此外尚有云南大关的黄葛溪组，主要岩性以灰、深灰色灰岩、泥灰岩及瘤状灰岩为主夹黄绿色、灰绿色页岩、粉砂质页岩及白云质粉砂岩，亦产大量珊瑚等化石。该组在昭通以北、以东广大地区，其底与龙马溪组整合接触。在昭通以西、以南巧家、鲁甸等地的局部地区超覆于大箐组之上。

早志留世白沙期：在黔北早时沉积为一套灰绿、黄绿色页岩夹稳定性较差的粉砂、细砂岩，称马脚冲组。含属种单调的腕足类 *Nalivkina* cf. *elongata*。该沉积单位系从石牛栏组以灰岩沉积为主向溶溪组以泥质岩为主的一个过渡性地层单位，属于韩家店群最底部一个组级岩石地层单位。贵阳乌当高寨田组的上部层位与其地层位置相当。其分布局限，仅见于黔北、黔东北、黔东南、川东南酉阳、秀山一带。其晚时沉积，俗称下红层。以紫红色夹少量黄绿色泥岩为主，夹少量灰岩透镜体，称溶溪组。该组岩性稳定，分布较广，黔东北最发育，黔北缺上部红层，下部红层亦较薄；在川东北、二郎山、四川盆地等均有分布。与其地层位置相当岩性特征类似的沉积，在云南大关称嘶风崖组，其主要岩性顶、底为暗紫红色页岩、中部为灰绿、黄绿色页岩、粉砂岩夹灰岩。岩性与溶溪组的区别，仅前者夹较多灰岩。其分布范围同黄葛溪组。

中志留世秀山期：在川东南以秀山组为代表，主要岩性为黄绿色、灰绿色页岩夹灰岩。在鄂西地区该组可相变为以灰绿色、黄绿色页岩、砂质页岩，并呈互层状，未见碳酸盐岩夹层，称纱帽组，含腕足类 *Dalmanella* 等。此外，在川东及龙门山地区均有分布。在云南大关，与其地层位置相当的沉积称大路寨组，主要为一套灰、灰绿色钙质泥岩、粉砂岩夹泥质灰岩、泥灰岩。与秀山组相比，碳酸盐岩夹层明显增加，其分布范围同嘶风崖组。

晚志留世关底期：在该盆地东起湘西北，西至川西南昭觉、宁南及川北广元等狭长地带，沉积一套俗称志留纪“上红层”地层，其主要岩性为紫红色、灰绿色粉砂质泥岩、粉砂岩，称回星哨组。与其地层位置相当的沉积在云南曲靖称关底组，其岩性特征为紫红色、灰绿色等杂色页岩、粉砂岩夹灰岩及砂岩。其总体岩性和回星哨组相似，唯前者有灰岩和砂岩夹层。该组主要分布于曲靖、马龙、宜良、昆明等地，呈一狭长条带分布。在云南大关，被命名为菜地湾组的一套地层，其岩性特征和地层位置与回星哨组完全相同，属同物异名，根据优先权原则，应称回星哨组。

晚志留世妙高期：主要为一套灰色、灰绿色页岩与灰色瘤状灰岩互层，称妙高组。其分布范围同关底组。在川北广元，发育一套灰、蓝灰色粉砂岩与泥岩呈不等厚互层夹钙质粉砂岩及灰岩条带的地层，称车家坝组，含腕足类 *Molongia*, *Howellella* 等。其岩性特征与妙高组的区别在于前者碳酸盐岩夹层减少。该层位相当于西欧 Ludlovian 晚期。

晚志留世玉龙寺期：其主要沉积物为一套以黑色、灰黑色易剥页岩为主夹深灰色灰岩，称玉龙寺组。其最顶部一层黑色层，据介形类研究，具有泥盆纪属种色彩，有可能属泥盆纪。

总之该盆地晚志留世地层发育不全，大多数地区仅见关底期沉积。整个晚志留世地层发育完整的仅见于曲靖、川北等地区；而且与泥盆纪地层呈连续沉积。

此外，在该盆地西南缘，盐源、丽江地区，沉积一套主要岩性为灰、深灰色网纹状泥质灰岩夹结晶灰岩及碳质灰岩等地层，称稗子田组。含珊瑚、三叶虫、及腕足类等化石。三叶虫有 *Coronocephalus*，珊瑚 *Mesofavosites* 等。该组属早中志留世沉积，分布于金河－程海断裂带以西，盐源、盐边县境内及云南宁蒗、丽江东部地区。在晚志留世，本区沉积一套主要岩性为深灰、灰黑色砂岩、泥岩与硅、泥灰岩呈不等厚互层的地层，称中槽组。含化石 *Pristiograptus*, *Howellella* 等。其分布范围同稗子田组。

2. 上扬子东南边缘前陆盆地

该盆地志留纪地层分布范围较奥陶纪明显缩小，涉及本区范围仅雪峰山及其以东地区。

该套地层出露于岳阳—安化—黎平一线以南，绥阳—新宁一线以北的湘中安化、洞口—

带。其范围明显受其东西两侧断裂带所控制。即冷水江－龙胜断裂及溆浦－四堡断裂。

该前陆盆地志留纪地层的主要岩性为暗绿色、灰绿色凝灰质杂砂岩、砂质板岩、变质细砂岩、泥岩，其底部夹黑色页岩，称周家溪群。按岩性特征由下而上又划分为两江河组及珠溪江组（表4-1 湘中分区）。周家溪群中下部富含笔石，其最高层位的笔石为 *Pristiograptus* aff. *cyphus*，仅相当于 *Demirastrites triangulatus* 带。考虑到其上部还有一些缺乏化石的沉积，所以推测整个周家溪群仅相当于早志留世沉积。从其沉积特征看属深水浊流盆地相，但在该相带南部，未见华夏古陆边缘浅水相带，在纵向上亦未见向上变粗层序，可能代表该前陆盆地遭受后期构造变动的残留沉积物。其厚度变化很大，在区域上大致为723～2 500 m，甚至更厚。

3. 钦－防走滑、离散盆地（华南盆地）

该盆地有可靠依据的志留纪沉积仅见于桂东南东兴至岑溪一带，为一套含笔石碎屑岩。其底部为一套杂砾岩沉积，向上由含笔石的砂页岩、砂质页岩组成，具复理石特征。地层发育完整，早、中、晚世均有沉积记录。该沉积区志留纪地层在容县、北流一带与下伏奥陶纪地层兰瓮组呈整合接触；在钦州防城一带和其上覆的泥盆纪地层钦州组呈连续沉积。因此，本区不仅是华南地区唯一有海相志留纪和泥盆纪呈连续沉积的地区，是研究我国志留系－泥盆系界线的理想地区之一，而且对建立中、晚志留世笔石带亦具有重要意义。本区岩石地层序列见表4-1 钦州分区。

早志留世早期沉积称大岗顶组，其主要岩性为黄白、灰、灰白色复成分砾岩、砂砾岩、含砾粗碎屑岩，具塌积岩特征。在区域上呈两个NE向分布的带状体，向两侧尖灭。在纵向上下部多为大量滑塌无定向堆积物质，上部砾岩具明显定向，为大量的砾块与基质混杂呈半塑状流动搬运沉积。沉积分析表明，该沉积物系河流三角洲环境成因。在钦州黄屋屯一带最大厚度679 m。晚期沉积称古墓组，主要岩性为一套细砂岩、岩屑砂岩、粉砂岩与页岩互层，夹少量含砾砂岩，沉积韵律发育，富含笔石化石 *Pristiograptus* cf. *nudus*, *P. cyphus* 等。在灵山、合浦一带最大厚度为5 078 m。

中志留世沉积称合浦组，其主要岩性为紫灰及灰绿色石英砂岩、粉砂岩夹黑色页岩或呈互层，含星点状或透镜状黄铁矿，说明形成于闭塞环境。生物除少量腕足类、三叶虫、苔藓虫和珊瑚外，还富含笔石，主要有 *Pristiograptus* cf. *nudus*, *Streptograptus exiguus* 等。最大厚度在防城一带为830 m。

晚志留世沉积称防城组，其主要岩性特征与合浦组类似，唯粉砂岩所占比重增加，复理石韵律特别发育，局部夹灰岩透镜体。富含笔石，主要有 *Pristiograptus nilssoni*, *P. tumesuns* 等，此外，在北流、岑溪一带含腕足类 *Camarotochia* cf. *fenglcangensis*，三叶虫 *Encrinurus* sp. 等。

二、沉积盆地分析

（一）沉积盆地的类型和展布

本区由扬子板块（或陆块）和华夏板块（或陆块）组成，晋宁期末，两大板块"裂"而复"合"，致使华南古陆壳固结。自震旦纪始，北部的扬子板块克拉通部分，以扩张和垂向加积为主要特征，具有陆间裂谷盆地演化模式。扬子大陆边缘震旦纪至早奥陶世，具有拉张、地壳拉薄为主要特征，具有被动大陆边缘性质。中奥陶世，由于两大板块再次发生碰撞引起侧向挤压，进而形成冲断推覆体加载于大陆边缘，使华夏大陆周缘前陆隆升形成不对称盆地，靠近冲断体一侧，发育陆源碎屑岩沉积，其物源主要来自华夏古陆。自奥陶纪末，华南盆地已褶皱隆升，除西南部钦州、防城一带保持残留海槽外，早志留世盆地已迁移到桂北、湘中地区，成为叠置在扬子大陆边缘上的前陆盆地；中、晚志留世进一步向上扬子克拉通盆地迁移，呈现前陆盆地演化模式。关于扬子板块的东南边界，即两大板块的缝合带，当前仍有不同认识，如果说本研究区东部工作边界，即萍乡－北海断裂属缝合带，则本区无属华夏板块的沉积盆地。但一些学者认为该缝合带在萍乡－北海断裂以西。许靖华(1988)认为江山－绍兴断裂的西延部分，可能在萍乡－南宁断裂带附近(或经湘西黔阳)，但冠以问号，以示存疑。杨明桂等(1994)认为该缝合带可能沿桂林—宜山—天等一线通过(在南宁断裂带之西)。刘宝珺等(1993)则认为缝合带在萍乡—大黎—凭祥一带通过。综观上述意见，以及考虑到在萍乡－凭祥断裂带之东至本研究区东南边界，包括湘南及桂东南地区，其所分布的震旦纪—寒武纪地层，不仅变质程度较深，且火山岩发育，与华夏板块沉积类似，故本书采用刘宝珺等的板块边界划分意见。因此，本区尚有一小块属于华夏板块的构造单元，即华南盆地及钦－防走滑离散盆地。

本区沉积盆地分类亦参照刘宝珺等(1993)分类方案(表4-2)，仅略作简化和补充。

表4-2 中南区及其邻区震旦纪－志留纪沉积盆地分类表

盆地在板块上位置	盆地类型	演化时代	地球动力学性质	主要沉积作用性质	备注
扬子板块边缘	上扬子北缘裂谷盆地	Z—S	断裂，拉张	地堑、地垒式沉积	非本研究区范围
	上扬子东南被动大陆边缘盆地	Z—O_1	拉张、断裂、热沉降	镶边碳酸盐台地、台地边缘和斜坡带向海推进，钙屑浊积岩，硅质岩沉积	
	上扬子东南边缘前陆盆地	O_2—S	挤压、褶皱、挠曲	碳酸盐岩过渡到陆源碎屑浊积岩，再过渡到浅海碎屑岩	
扬子板块内部	川西陆内裂谷盆地	Z_1	拉张，断裂	地堑式陆源碎屑岩及火山碎屑岩充填	
	上扬子克拉通盆地	Z—S	拉张，拗陷	稳定浅海碳酸盐岩及碎屑岩沉积	
华南板块边缘	华南盆地(转换拉张盆地)	Z—O_3	断裂，拉张、左行走滑	次深海巨厚浊流沉积夹火山碎屑岩	
	华夏边缘盆地	Z—O_2	拉张，断陷	陆架浅海碎屑沉积	非本研究区范围
	钦－防走滑离散盆地(华南盆地)	S_1—D_1	挤压，右行走滑，拉张	碎屑浊积岩，“深水相”	

(据刘宝珺等，1993，简化、修改)

上扬子北缘裂谷盆地及华夏边缘盆地虽分别属于扬子板块及华夏板块，因均不属于本研究区范围，故讨论从简。此外，应该说明有关大陆边缘的概念，按照现代海洋地貌的划分，大陆边缘包括陆架、大陆坡及陆隆(Tarbuck *et al*.，1984)。按照这个概念，本区的陆架(含碳酸盐台地)、大陆坡及陆隆，均应属大陆边缘。但本书采用狭义的用法，将陆架(含碳酸盐台地)划出，其盆地性质较稳定，称克拉通盆地。大陆边缘仅指大陆坡和陆隆部分。关于沉积盆地的展布，已在本章第一节叙述，并参阅图4-2、4-3。在此不再重述。

（二）沉积盆地特征及其演变

1. 川西陆内裂谷盆地

该盆地位置及范围已在区域地层中述及(图 4-4)，仅发育于早震旦世，至晚震旦世已是上扬子克拉通盆地的一部分。

早震旦世，该盆地处于拉张构造环境，属地堑式裂谷盆地性质(图 4-6)。在早震旦世早时，其沉积特征为酸性火山岩中广泛发育熔结火山碎屑岩。由于大量熔结凝灰岩及熔结角砾岩的存在，表明为大陆喷发及陆相沉积环境。晚时，为水携式火山碎屑岩为主夹玻屑凝灰岩及流纹岩。早震旦世晚期，为火山泥石流及火山碎屑湖泊沉积环境。晚震旦世广泛接受海侵，演变为海相沉积环境。该盆地属后造山裂谷盆地。其盆地演变已在区域地层中简述，故不赘述。

2. 上扬子克拉通盆地

该盆地范围及地理位置详见区域地层一节(图 4-2、4-3)。

早震旦世，上扬子克拉通分布有滇中、上扬子、鄂中及江南古陆(图 4-4)。相带展布，在大陆上有陆相碎屑岩，以莲沱组和澄江组为代表，有山麓冲积扇、河流及湖泊相，其上直接为大陆冰川覆盖，其间缺失具海洋性质的古城冰期和大塘坡间冰期沉积。在盆地东部，以鄂西长阳、鄂西南鹤峰走马坪、湘西石门泥市及黔东北松桃，除底部发育有海相碎屑岩外，其上有古城冰期和大塘坡间冰期层位，再向上发育冰海相南沱冰期沉积，除冰碛岩外，大量属正常海相沉积。

晚震旦世，随着冰川消融，海平面相对上升，扬子海海侵扩大，沉积物自早震旦世以陆源碎屑岩为主转变以碳酸盐岩占绝对优势。盆地西侧的川滇陆内裂谷盆地已演变为上扬子克拉通盆地的一部分，亦广泛接受海侵。上扬子浅海是在上扬子古陆基底上发展起来的碳酸盐海域，其西侧邻近滇中古陆，为陆源碎屑岩与碳酸盐岩混积过渡带，其外侧为碳酸盐台地，其上有大面积潮坪、泻湖；近东南侧为碳酸盐开阔台地及浅滩。

早寒武世是继震旦纪之后，该沉积盆地发展的一个重要阶段，梅树村期是在晚震旦世海退后又一次在海侵背景下接受沉积。该盆地主要由碳酸盐岩、磷块岩及硅质岩组成缓坡，没有明显坡折，为上扬子缓坡相。在西南和周边有牛首山、滇中、泸淀、汉南和鄂中等古陆，该盆地南部沉积相带展布略有不同，主要受断裂带控制，呈南北向延伸，东西向展布。由西南向东为近岸潮坪→具障壁浅水缓坡→深水缓坡等。发育具磷质骨骼小壳化石，属上扬子浅海环境，处于低纬度带，为我国重要成磷时期。

筇竹寺期，梅树村期之后，该盆地受地壳抬升影响，灯影组遭受不同程度剥蚀。灯影组与筇竹寺组或牛蹄塘组之间的接触关系表现为侵蚀间断性质，在区域上称峨眉上升。筇竹寺期海平面继续上升，整个盆地均遭受海侵，由古陆提供的陆源碎屑覆盖整个碳酸盐台地，形成第一次淹没台地。上扬子浅海西北高、东南低，以波浪作用为主的广海型碎屑岩缓坡陆架，并相应发育后滨—前滨、近滨、内陆架及外陆架等环境。盆地西部为内陆架，生物群以大型底栖三叶虫和金臂虫为主；东部为外陆架，生物群自西向东除底栖自游三叶虫外，以营浮游生活的古盘虫增多、金臂虫减少，属峡东—黔北型生物地理区。

沧浪铺期，在经历筇竹寺期最大海侵及高水位之后，沧浪铺期海平面下降，古杯礁的广泛发育表明沉积环境有较大变化，属气候温暖、氧气充足、海水清澈、盐度适宜的浅水混积型缓坡环境。

龙王庙期，由于“兴凯运动”影响，盆地西缘抬升，川滇古陆扩大，该时期已发展为巨大碳酸盐缓坡。靠近古陆的川西南—滇中地区为含陆源碎屑碳酸盐岩，向东碳酸盐岩加厚。在垂向上盆内大部分地区由富泥质薄板状灰岩夹页岩，向上为泥砾灰岩、白云岩。沉积相带自西向东展布，由近岸潮坪（陆源碎屑石英砂碳酸盐粒泥岩）→深水缓坡（含生物丘深水缓坡）。发育广海型生物——*Redlichia* 等，遗迹化石为水平潜穴，构成具有特色的广阔浅海缓坡带。陆架较深水缓坡发育于盆地东南缘，湘西花垣、黔东北松桃，有遗迹化石 *Chondrites* 及藻丘，为该相带重要标志。

中寒武世，该盆地地壳抬升，活动频繁，西缘古陆不断扩大并相互贯通，形成横穿西部边缘的川滇古陆。滇东牛首山岛亦向西北扩展，台地已有碳酸盐缓坡发展为镶边碳酸盐台地，上扬子碳酸盐台地已基本定型。其沉积相带的展布自西北至东南为近岸混合坪→萨布哈（Sebkha）→局限台地→开阔台地→台缘浅滩，呈有序排列。

晚寒武世，继承中寒武世盆地格局，该盆地仍维持镶边碳酸盐台地。盆地西侧川滇古陆供给陆屑减少，其混积范围明显较中寒武世缩小。滇中地区全部隆升为陆，致使牛首山岛与滇中古陆连成一片，其沉积相带展布同中寒武世。

早奥陶世，经历晚寒武世末"冶里上升"之后，早奥陶世初又发生海侵，此时期该盆地西北和西缘存在有汉南、龙门山和康滇古陆，其他地区均接受海侵沉积，自西北向东南的相带分布为：潮坪—泻湖、开阔台地、台缘浅滩，每一相带大致呈 NNE 向伸展。

应该说明的是，潮坪—泻湖相带，在靠近古陆的滇东地区发育一套主要为含砾石英砂岩、粉砂岩夹铁锰质粉砂岩为特征的海相碎屑岩，斜层理、交错层理发育，产三叶虫及遗迹化石。据李军等（1995）研究，不论其岩性特征或所含化石面貌与广泛分布于西南欧、北非及北美纽芬兰东部的一种特殊岩相——阿莫里坎砂岩相一致。认为该时期，滇东地区应属环冈瓦纳古陆，代表近岸环境。

中奥陶世，该盆地表现挤压、收缩构造背景，但仍以碳酸盐台地为主，自西向东分布有：潮坪—潮坪泻湖—开阔台地等相带。其中开阔台地相带占整个沉积盆地约 2/3 面积。该时期盆地总体特征为台地水体加深，台缘浅滩消失，为一深水缓坡，以页岩、瘤状灰岩发育为特征。

晚奥陶世，该盆地西南缘川滇古陆急剧扩大与滇黔桂古陆相连，海域面积进一步缩小。上扬子碳酸盐台地被黑色页岩、碳质硅质岩覆盖，从深水缓坡再次演变为淹没碳酸盐台地。

早、中志留世，是该盆地挤压最强烈时期，其相带由西北向东南展布有潮坪及陆架两相带。其中潮坪相带位于康滇古陆东侧，而陆架相带则占据该盆地大部，为陆源碎屑岩充填。晚志留世，该盆地外围古陆进一步扩大，除川北广元、滇东曲靖及滇东南尚有残留浅海外，均上升为陆，结束了一完整的威尔逊旋回。

3. **上扬子东南被动大陆边缘盆地**

该盆地位置及分布范围，在区域地层中已有叙述（图 4-2），其形成和演变经历了早期（Z—$\in_1^2$）裂谷阶段，出现断块和地壳拉薄破裂；晚期（$\in_1^3$—O_1）成熟被动大陆边缘阶段。

早震旦世，该盆地处于外陆架及大陆坡环境（图 4-4），其构造背景是处于大陆边缘裂谷带，其中地堑和地垒式、深水和浅水相间的沉积单元，其沉积体系以碎屑岩快速充填为主，伴有火山碎屑流（图 4-17①）。其中武岭山一带沿 NE-SW 向展布为外陆架相带，水体较浅；在该沉积单元东南侧的湘桂沉积单元，处于大陆坡—盆地沉积环境。总之，该盆地在早时除正常海相沉积外，发育大量泥石流、浊流以及水道沉积；晚时发育冰海相（含冰海陆架）冰碛岩和正常海相沉积，以及间冰期含锰碳酸盐岩沉积。

晚震旦世，该盆地受海侵影响，全部进入大陆坡—盆地环境（图 4-17②）。早期以泥质沉积为主，为正常深水盆地沉积，未见水下重力流或滑塌堆积，表明为一缓坡补偿不足沉积环境。

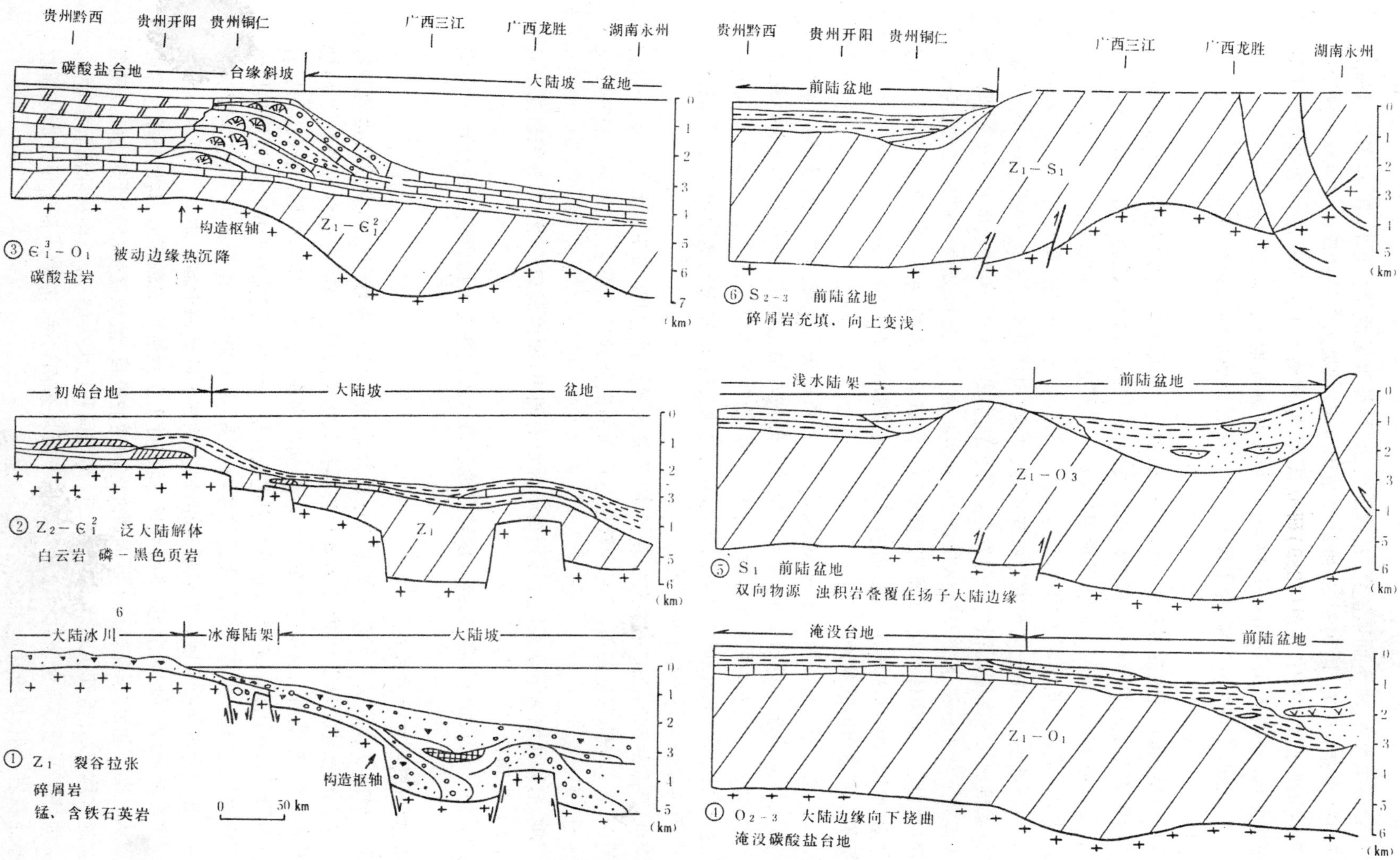

图 4-17 震旦纪—志留纪上扬子东南大陆边缘盆地沉积、构造演化

（据刘宝珺等，1993，修改）

晚期，以硅质岩沉积为主，水平层理发育，富含放射虫，局部可见滑塌变形构造，据彭军(1995)对湘西老堡组硅质岩的研究，运用 $\delta^{30}Si$ 和 $\delta^{18}O$ 成因分析，结果表明该硅质岩二氧化硅来源于热水，为原生成因。此外，据宋天锐(1989)研究认为，在深海—半深海—滨浅海范围其平均 $\delta^{30}Si$ 呈有规律变化，分别从 0.16‰～0.4‰～1.3‰，并逐渐增大。老堡组硅质岩 $\delta^{30}Si$ 处于 0.00‰～0.7‰之间，平均为 0.3‰，介于深海—半深海过渡地带和沉积相分析一致，应属大陆坡—次深海环境。

早寒武世早期，随着泛大陆被解体，全球海平面上升，形成首次上扬子碳酸盐淹没台地，在上扬子大陆边缘亦发生缺氧事件，沉积物以黑色页岩为主夹石煤及硅质岩。在湖南安化、洞口一带，其中硅质岩亦发育滑塌变形纹层及滑塌堆积，说明其亦处于大陆坡环境。

早寒武世龙王庙期之后至早奥陶世，该盆地呈 NE-SW 向展布的大陆坡环境已十分典型，可以划分出上、下陆坡。其中上陆坡发育有碎屑流、浊流(包括低密度流及高密度流)、颗粒流、孤立岩块、滑塌堆积及等深流沉积均十分发育。等深流主要见于中、晚寒武世及早奥陶世。生物群主要为浮游三叶虫球接子类及海绵骨针 *Protospongia*。下陆坡及次深海环境，以泥质沉积为主，碳酸盐岩仅呈透镜体产出，为页岩、硅质页岩及碳质页岩相，水平微层理发育。生物除海绵骨针外十分稀少，属深水还原环境，有可能达到陆隆部位(图 4-17③)。

4. 上扬子东南边缘前陆盆地

该盆地位置及范围已在区域地层中叙述(图 4-3)，系在被动大陆边缘盆地基础上演变而来的一个沉积盆地。其明显的特征是，早奥陶世的上陆坡环境已消失，发育为一深水缓坡，主要为瘤状灰岩和钙质页岩相；而早奥陶世下陆坡环境，为碳质板状页岩及碳质硅质板状页岩相，与华南盆地的沉积已无区别，因此可以认为华南盆地受挤压、推覆构造影响，已向西北方向迁移，即已具有前陆盆地性质(图 4-17④)。

晚奥陶世，该盆地物源已完全来自华夏板块，为碳泥质硅质岩相，与华南盆地一致。生物群主要是笔石，亦与华南盆地相似，只有少数全球广布的低分异度笔石组成，所以可进一步确信华南盆地的迁移。

早志留世，前陆盆地从华夏板块迁移到扬子板块的湘中、湘西洞口一带，为浊积岩深水盆地(图 4-17⑤)，生物群主要为笔石。

中、晚志留世：该盆地全面隆升为陆，前陆盆地已进一步向西北上扬子克拉通盆地迁移(图 4-17⑥)。

5. 华南盆地(转换拉张盆地)

该盆地地理位置及盆地范围在区域地层中已简述(图 4-2)，系晋宁期华南残留盆地基底上发展的一个沉积盆地。早震旦世，系该盆地转换拉张初始阶段，在桂、粤边界的鹰阳关，早期发育冰水相碎屑岩，变质后为含砾千枚岩，未见底，属次深海—深海环境。中期，为火山碎屑岩沉积相，细碧角斑岩、火山角砾岩及绢云母片岩组成互层。大塘坡间冰期及南沱冰期沉积均可见其踪迹。晚震旦世早期，发育泥质岩夹透镜状白云岩，火山岩仍可在盆地中见及，主要为杏仁状英安岩。晚期为长石石英砂岩夹硅质岩相，以上均属大陆坡—深海环境。

寒武纪至奥陶纪，该盆地西北部(本研究区)始终处于次深海—深海环境，盆地充填巨厚浊积岩。特别从中奥陶世始，华夏板块不断向西北方向逆冲推覆，盆地逐步褶皱隆升为陆。晚奥陶世整个盆地水体变浅，但其西北部仍为深水区，海域面积已大为缩小，仍保持浊流沉积盆地，已具前陆盆地特征。早志留世该盆地已迁移到扬子板块东南边缘，湘中一带出现以周家溪群为代表巨厚浊积岩沉积，华南盆地关闭。

6. 钦－防走滑离散盆地(华南盆地)

该盆地位置及范围在华夏板块玉林—钦州一带，系华南盆地的残留部分，但其盆地面积已大为缩小(图 4-15)。随着盆地离散—走滑运动加剧，盆地逐步变深，从早志留世始盆地形成，至晚志留世，该盆地始终保持陆架—次深海环境，为一深水浊积岩盆地，生物群以笔石为主，尚有少量腕足类。

三、生物地层特征

在早震旦世晚期(冰期)之后，全球气候转暖，本区古地貌景观除上扬子克拉通西南缘尚存有滇中古陆外，已是汪洋一片，开始广泛接受海侵，其时本区又处于低纬度地带，有利于各类生物的衍生、发展，以致地史上最古老的多细胞动物也在区内出现，不同的生物组合，包括以海鳃类为代表的软躯体后生动物和管状动物及大型藻类、微古植物开始繁生与发展。直至寒武纪初，以多门类小壳动物的爆发为标志进入显生宙。此后，各门类生物大量繁盛。近几十年来，本区多为国内外古生物学家所瞩目，生物地层的研究程度也较高。当前，除震旦纪仅编制化石垂直分布表外，寒武纪—志留纪均建有化石组合(带)。现简述如下：

1. 震旦纪生物地层特征

动物界以软躯体后生动物 Charnia 为代表，海绵骨针 Eospicula 等，管状化石 Sinotubulites 及遗迹化石等。植物界则以大型藻类 Vendotaenia 为代表，微古植物 Bavlinella 等，表4-3 反映了震旦纪主要化石的垂直分布。

2. 寒武纪生物地层特征

寒武纪为三叶虫繁盛时期，被称为"三叶虫时代"，三叶虫在整个生物界中约占 60%。表 4-4 反映了本区的生物组合和分带特点。本区主要盆地——上扬子克拉通盆地(含滇东南海盆)，三叶虫化石带属华北型，主要有：*Redlichia*、*Palaeolenus*、*Shantungaspis*、*Taitzuia* 及 *Kaolishania* 等。

表 4-3　中南区震旦纪主要门类化石垂直分布表

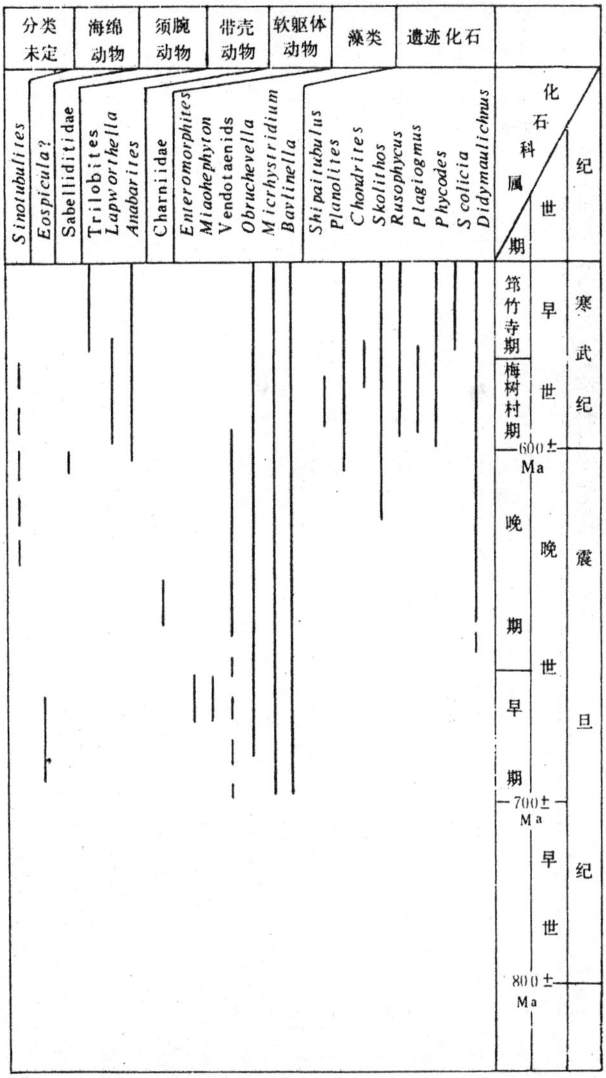

(据丁启秀、邢裕盛，1988，修改)

表 4-4 中南区寒武纪主要门类化石带(组合)序列表[1]

世	期 \ 化石门类	三叶虫	古杯类	软舌螺及单板类	古介形类
晚世	凤山期	*Calvinella* - *Mictosaukia* *Ptychaspis* - *Tsinania*			
	长山期	*Kaolishania* *Chuangia*			
	崮山期	*Drepanura* *Blackwelderia*			
中世	张夏期	*Damesella* *Amphoton* - *Taitzuia*			
	徐庄期	*Bailiella* *Poriagraulos abrota*			
	毛庄期	*Shantungaspis*			
早世	龙王庙期	*Hoffetella* - *Redlichia murakamii*		*Allatheca yiliangensis*	*Alutella nakamurai*
	沧浪铺期	*Palaeolenus* *Drepanuroides* *Yiliangella* - *Yunnanaspis*	*Archaeocyathus* - *Retecyathus* *Rotundocyathus* *Coscinocyathus*	*Dorsolinevitus* - *Aristitheca*	*Neokunmingella*
	筇竹寺期	*Eoredlichia*	*Taylorcyathus* *Ajacicyathus*	*Ambrolinevitus* - *Aimitus* *Cambroclavus* - *Rhobocorniculum* - *Microconus*	*Kunmingella* *Nanchengella*
	梅树村期			*Sinosachites* - *Tannuolina* *Poragloborilus* - *Siphogonuchites*	

①表中软舌螺及单板类据罗惠麟等,1994;其余均据项礼文等,1981。

3. **奥陶纪生物地层特征**

奥陶纪是笔石动物的全盛时期，本区不论在上扬子克拉通盆地、在上扬子东南被动大陆边缘或华南盆地中均很发育，表 4-5 反映了本区化石带的面貌，其中笔石带属扬子型笔石动物群。如大湾期 *Cardiograptus amplus* 带，主要见于上扬子东南大陆边缘及华南盆地；但在上扬子盆地中其相当化石带即为 *Didymograptus nexus* 带，这种化石带的对应关系在表中均有反映(如 *Cardiograptus amplus*/*Didymorgraptus nexus* 带)。奥陶系的底界，是以牙形刺组合为主确立的。其顶界则以笔石 *Glyptograptus persculptus* 的底，或腕足类 *Hirnantia* 和笔石 *Diplograptus bohemicus* 的顶，与志留系分界(赖才根，1982)。

4. **志留纪生物地层特征**

本区上扬子克拉通盆地及上扬子东南边缘前陆盆地属扬子生物地理区，除早志留世龙马溪期属笔石页岩相外，其余均为介壳相。动物群以本区土著动物为主，头足类在早志留世石牛栏期产 *Heyuncunoceras*，晚志留世妙高期有 *Enthyocycloceras* 及玉龙寺期含 *Yichangoceras* 等。华南盆地属西藏－滇西生物地理区(林宝玉等，1984)，志留纪全为笔石页岩相。综观全区，早志留世龙马溪期笔石带适用于区内各沉积盆地；石牛栏期笔石带适用于华南盆地；中志留世秀山期以介壳相为主，上扬子盆地以珊瑚 *Nanshanophyllum*，*Carnegiea* 等为特征及笔石 *Monograptus riccartonensis*，该笔石带亦见于华南盆地。晚志留世笔石主要根据华南盆地的钦州、防城等地所建立；上扬子盆地滇东曲靖地区，以介壳相为主，晚志留世含特征性珊瑚 *Squameofavosites* 等(表 4-6)。

四、云南昆阳梅树村华南震旦系－寒武系界线典型剖面简介

梅树村剖面地处扬子克拉通盆地西南缘，位于东经 102°34′，北纬 24°44′，即滇池西南侧 1.5 km 处，著名的昆阳磷矿即位于此，交通十分便利。剖面位于香条冲背斜南翼。地层走向近东西，倾向 140°～244°，倾角 15°～17°，东西延长 12 km。剖面分段位于梅树村西北团山顶、小歪头山及八道湾。

梅树村剖面：由下而上，第 1 层为灰色中层状白云岩夹燧石条带及扁豆体，产小壳化石 *Circotheca longiconica*，*Anabarites primitivus* 及 Prototubelichitida 等，厚 4.2 m。小壳化石最初出现在距该层底面 0.8 m 处，即为 A 点。向上至第 7 层为灰色薄层状、假鲕状白云质磷块岩，产小壳化石 *Yunnanotheca kunyangensis*，*Ovalitheca globella*，*Siphogonuchites triangulatus* 等，及遗迹化石 *Didymaulichnus meittensis*，*Rusophycus cardiopetalus*，*Cruziana* 等，厚 0.3 m。第 8 层为灰色薄至中层含磷锰质石英粉砂质白云岩夹燧石条带，产小壳化石 *Paragloborilus subglobosus*，*Siphogonuchites triangulatus* 等，厚 1.1 m。第 7—8 层的小壳化石组成第Ⅱ小壳化石组合，即 *Paragloborilus-Siphogonuchites* 组合。该组合以第 7 层的底(B 点)为起点。该点在 A 点之上 18.7 m。A 点与 B 点之间为小壳化石第Ⅰ组合，即 *Anabarites-Circotheca-Protohertzina* 组合。以上 1—8 层即属灯影组。第 9 层属筇竹寺组石岩头段，主要为黑色薄至中层状含磷泥质石英粉砂岩，下部(距底 1.2 m 处)夹一层 0.4 m 厚黑色致密块状磷块岩，底部有 0.4 m 厚海绿石硅质磷块岩及粘土质页岩，厚 21.5 m。C 界标点置于第 9 层的底(即筇竹寺组底界，为硅质碎屑岩旋回的起点)，紧挨 C 界标点发现 Ir 异常和 $\delta^{13}C$ 负异常，解释为天外灾变事件(张勤文，1984；许靖华，1986，详见本章第七节)。该点 Rb-Sr 全岩等时线年龄值为 579.7±8.2 Ma(罗惠麟等，1984)。剖面的第 13 层，为黑色薄层状含碳泥质石英粉砂岩夹粉砂

表 4-5　中南区奥陶纪主要

世	期	笔　石	牙　形　刺
晚世	五峰期	*Diplogr. bohemicus*	
		Paraorthogr.-Diceratogr. mirus	*Amorphognathus* cf. *ordovicicus*
		Tangyagr. typicus *Dicellogr. szechuanensis*	
	临湘期	*Orthogr. quadrimucronatus*	*Protopanderodus insculptus*
中世	宝塔期	*Dicranogr. clingani-Dicranogr. ramosus longicaulis/Climacogr. spiniferus* *Climacogr. baraguanathi orientalis-Climacogr. corana/Climacogr. diplacantus* var.	*Icriodella baotaensis* *Hamarodus europaeus*
	庙坡期	*Dicranogr. sinensis* *Nemagr. gracilis* *Glyptogr. teretiusculus/Glossogr. hincksii*	*Amorphognathus* cf. *tvaerensis* *Pygodus anserinus* *Polyplacognathus miaopoensis*
早世	牯牛潭期	*Pterogr. elegans/Didymogr. murchisoni* *Amplexogr. confertus/Didymogr. artus*	*Eoplacognathus reclinatus* *Eoplacognathus foliaceus* *Eoplacognathus suecicus* *Eoplacognathus variabilis* *Eoplacognathus pseudoplanus* *Amorphognathus antivariabilis*
	大湾期	*Glyptogr. austrodentatus* *Cardiogr. amplus/Didymogr. nexus* *Didymogr. abnormis/Azygogr. suecicus*	*Baltoniodus* aff. *navis* *Paroistodus originalis* *Oistodus multicorrugatus-Periodon flabellum* *Oepikodus evae*
	红花园期	*Didymogr. protobifidus/Didymogr. deflexus* *Tetragr. fruticosus/Didymogr. filiformis* *Etagr. approximatus*	*Serratognathus*
	两河口组	*Adelogr.-Colonogr./Acanthogr. sinensis* *Callogr.* *Dictyonema flabelliforme*	*Drepanodus deltifer* *Scolopodus paucicostatus* *Scolopodus quadraplicatus* *Scolopodus pseudoplanus* *Acanthodus costatus-Acodus oneotensis* *Monocostodus servierensis*

①表中牙形刺据王成源，1990，修订；其余均据赖才根等，1982。

门类化石带(组合)序列表[①]

头 足 类	三 叶 虫	腕 足 类
	Dalmanitina mucronata	*Hirnantia-Kinnella*
Tashiceras lamellatum *Jiangxiceras yushanense-Yushanoceras serpentinum*		
Actinoceras huangniganense	*Nankinolithus nankinensis*	
Sinoceras chinense-Michelinoceras elongatum	*Paraceraurus sinicus*	
Lituites	*Tangyaia-Miaopopsis-Calymenesun tingi*	
Sinoceras yichangense *Meitanoceras-Dideroceras wahlenbergi*		*Horderleyella-Hesperina*
Cochlioceras yangtzeense *Bathmoceras* *Anthoceras concavum*	*Nankinolithus-Hanchungolithus*	*Protoskenidioides-Tetraodontella* *Schedophyla-Leptella*
Manchuroceras-Corranoceras		*Diparelasma-Tritoechia*
Dayougoceras-Rectroclintendoceras *Dakeoceras*	*Tungtzuella* *Asaphellus trinodosus*	*Oligorthis-Syntrophina* *Finkelnburgia*

表 4-6 中南区志留纪主要门类化石带(组合)序列表①

世	期	笔石	腕足类	头足类	珊瑚	牙形刺
晚世	玉龙寺期	*Pristiogr. transgrediens*	*Schizophoria*		*Squameofavosites*	*Ozarkodina remscheidensis. eosteinhornensis*
		Pristiogr. tumescens	*Aesopomum*		*Dictyofavosites*	
				Yunnanoceras		*Ozarkodina prispa*
				Eostereotoceras		
	妙高期			*Enthyocycloceras*		
				Obliocycloceras		
				Obliocycloceroides		*Polygnathoides siluricus*
	关底期	*Monogr. scanicus*	*Morinorhynchus*	*Heyuncunoceras*		
		Pristiogr. nilssoni	*Nikiforovaena*	*Parahelenites*		
				Sichuanoceras		
				Platysmocera		
中世	秀山期	*Cytogr. ramosus*	*Xinanospirifer*	*Sichuanoceras*	*Nanshanophyllum*	
			Salopina	*Neosichuanoceras*	*Carnegiea*	
		Cyrtogr. murchisoni		*Yangziceras*	*Somphopora*	
				Trimeroceras	*Somphoporella*	*Pterospathodus amorphograthoides*
				Sytrophoceras		
		Monogr. riccartonensis				
		Stomatogr. grandis			*Neofletcheriella*	*Pterospathodus celloni*
		Oktavites spiralis			*Shanxipora*	*Spathognathodus parahassi*
早世	白沙期					*S. guizhouensis*
		Monoclimacis griestoniensis				
	石牛栏期		*Paraconchidium*	*Yichangoceras*	*Qianbeilites*	
		Streptogr. crispus	*Pleurodium*		*Meitanopora*	
		Spirogr. turriculatus	*Borealis*		*Troedssonites*	*Acodus interval*
			Virgianella		*Baikitolites*	*Panderodus obesus*
			Stricklandia	*Soukanoceras*	*Ceriaster*	
	龙马溪期	*Monogr. sedgwickii*				
		Demirastrites. convolutas				
		D. triangulatus				
		Pristiogr. cyphus				*Panderodus gracilis*
		Orthogr. visiculosus				*P. simplex*
		Akidogr. acuminatus				
		Glyptogr. persculptus				

①表中牙形刺据王成源,1990,修订;其余均据林宝玉等,1984。

质页岩，具球状风化特征，底部 0.2 m 为灰黑色含砂质角砾状生物碎屑磷块岩，产三叶虫，厚 16.6 m。距本层底界 2.4 m 处，出现剖面上最古老的三叶虫 *Parabadiella conica*，称 D 界标点。在界线层型剖面上距 C 点 56.4 m。该剖面曾被国际前寒武系－寒武系界线工作组，选为全球前寒武系－寒武系界线候选剖面，最后，虽然没选中，但仍不失为我国华南震旦系－寒武系界线典型剖面（见图 4-18）。

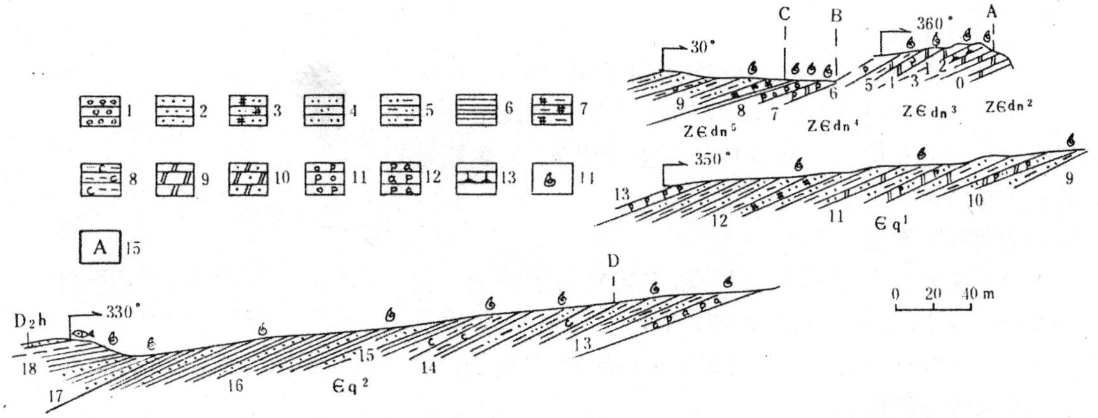

图 4-18　云南昆阳梅树村小歪头山至八道湾灯影组至筇竹寺组剖面图

（据罗惠麟等，1984）

ZЄ dn^2 白岩哨段；ZЄ dn^3 小歪头山段；ZЄ dn^4 中谊村段；ZЄ dn^5 大海段；Є q^1 筇竹寺组石岩头段；Є q^2 玉案山段；D_2h 中泥盆统海口组；1. 砾岩；2. 砂岩；3. 海绿石砂岩；4. 粉砂岩；5. 泥质粉砂岩；6. 页岩；7. 海绿石粘土页岩；8. 碳质页岩；9. 白云岩；10. 砂质白云岩；11. 假鲕状磷块岩；12. 生物碎屑磷块岩；13. 燧石条带；14. 化石；15. 界线点编号

五、早奥陶世上扬子东南大陆边缘等深流沉积——湘北桃源九溪一带等深岩

等深流是沿近海底等高线或水平流动的一种流体，常为密度流。亦有称等高流或深水平流沉积堤或称沉积迁移体（Sediment drift），是洋底最为壮观的沉积地貌之一，形成长条状沉积体。其水动力成因为海洋深部环流所致，具有牵引流性质。60 年代初，在北大西洋现代沉积中被发现，才引起广泛重视。等深流沉积不仅有砂、泥质，尚有碳酸盐质等深岩。据段太忠等（1990）研究湘北桃源九溪一带早奥陶世等深岩即属于碳酸盐质等深岩。

（一）等深岩形成的地质背景

该区早奥陶世属上扬子东南被动大陆边缘成熟阶段晚期环境的一部分。其西北侧是上扬子稳定型碳酸盐台地，其东南侧是上扬子东南被动大陆边缘的大陆坡和盆地沉积区。该沉积相带两侧受鄂湘黔断裂及安化－溆浦断裂控制，属于拉张构造动力学条件下的大陆坡环境。等深流的赋存层位为早奥陶世盘家咀组及马刀堉组。在时间间隔上，相当于浅水台地区的南津关组（经本次研究的定义）及其东南侧的深水大陆坡区白水溪组。本书仍保留其盘家咀组及马刀堉组名称，亦出于对其特殊的岩性特征的考虑。该组除主要为等深岩外，还有部分碳酸盐重力流沉积及水平纹层极为发育的泥灰质半深海原地沉积。所含化石为营漂浮生活的三叶虫、笔石为主；遗迹化石 Glockeria 为深水相型。因此，从生物类别及其组合特征无疑亦反映其为深水环境。

（二）等深岩相类型

本区等深岩相类型主要包括：灰泥等深岩、砂屑等深岩、粉屑等深岩、细砾屑等深岩及生物屑等深岩，现对其主要特征简述如下：

1. 灰泥等深岩相

主要由灰泥构成，在剖面单相结构中约占 45%～60%（图 4-19）。除灰泥外，尚夹有不规则粉屑条带及斑块及少量生物屑。该岩相的一个明显特征是生物潜穴、或生物扰动构造大量发育。

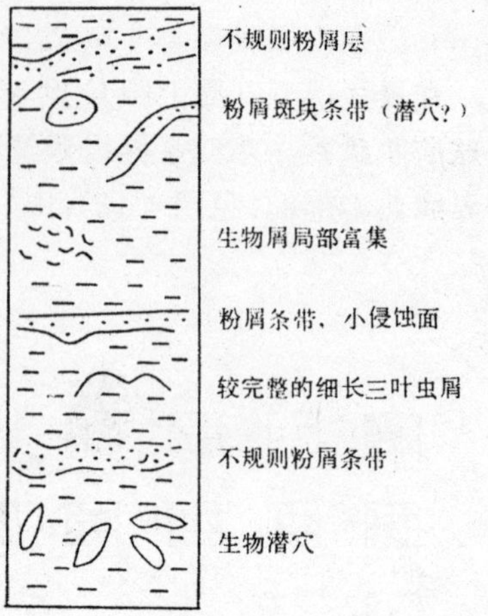

图 4-19　灰泥等深岩的结构、构造
（据段太忠等，1990）

2. 砂屑等深岩相

该类等深岩粒度较粗，特征明显，在野外易于识别。在剖面单相结构中，砂屑（中、细砂屑）占 40%～60%，其次分别为粉屑、生物屑、灰泥等。与灰泥等深岩相似，其生物潜穴或生物扰动构造亦很发育。

3. 粉屑等深岩相

为上述两种岩相的过渡型相。总体上，其剖面单相结构中粉屑占 40%～60%，其次为生物屑、灰泥等。

4. 细砾岩屑等深岩相

是本区发育的最粗粒等深岩，其数量较少。颗粒成分均为泥晶灰岩内碎屑，以细砾屑为主，少量为粗砂，砾径一般为 2～6 mm。层面颗粒长轴方向为 80°，与斜坡走向一致。

5. 生物屑等深岩相

其剖面单相结构中，生物屑占 70%以上，成分较独特，生物屑类型复杂，多为三叶虫、棘皮动物碎屑等。该相型等深岩规模较小。

（三）等深岩相序

识别等深岩的相序是识别等深岩的重要标志之一。区内等深岩的相序模式，见图 4-20。

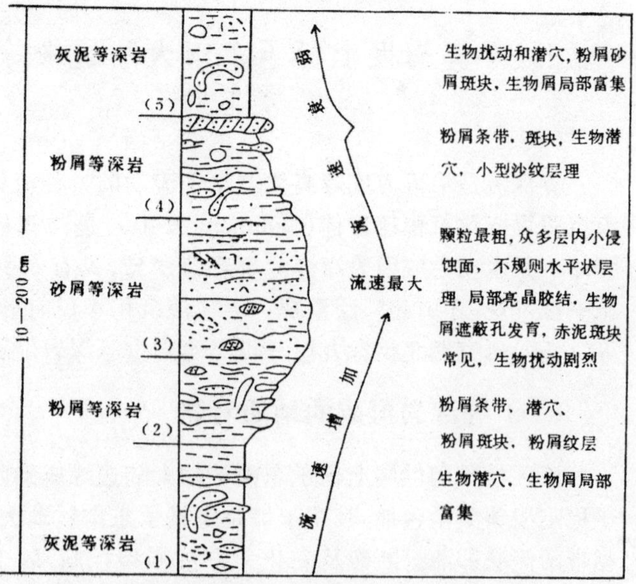

图 4-20　盘家咀组等深岩相序模式图
（据段太忠等，1990）
1. 粉屑和砂屑；2. 灰泥；3. 潜穴；4. 粉屑条带、斑块；
5. 灰泥斑块、生物屑；6. 侵蚀面遮蔽孔

从模式图中可以看出，随着等深流的流速由弱渐强，则依次形成灰泥等深岩(1)→粉屑等深岩(2)→砂屑等深岩(3)；此后强度减弱，则依次形成粉屑等深岩(4)、灰泥等深岩(5)。在此过程中，如流速有任何脉动变化，则可形成层内侵蚀面或垂向上的粒度变化。所以从水动力的意义，等深岩相序与鲍马序列及

风暴岩序列是有差异的。

（四）等深岩空间展布

等深岩在空间上的展布特征，见图4-21。图4-21A既反映了早奥陶世区内地层的厚度变化，亦反映了等深岩的空间展布特征。显然，该组位于上扬子碳酸盐台地前400m等厚线以南地区，从前述地质背景可知该区位于深水区，相当于大陆坡或陆隆位置。为NEE向脊状地质体，沿上扬子古大陆边缘走向分布。图4-21B示重建的等深岩模式剖面图，其北侧为上扬子碳酸盐台地，以发育滩相砂屑灰岩、鲕粒灰岩夹页岩为特征，称南津关组，大陆坡及其以下是等深岩发育区，再下则为深水沉积区，沉积了板状页岩，称白水溪组。

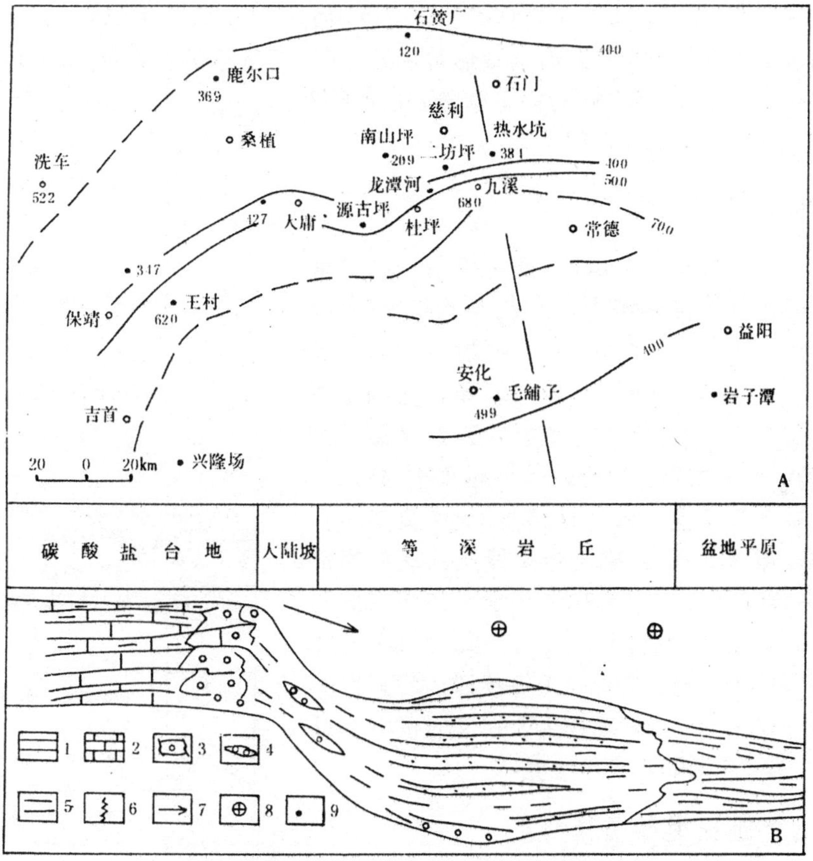

图4-21 湖南桃源早奥陶世地层等厚线图(A)及重建的横剖面示意图(B)

（据段太忠等，1990）

1.页岩、泥灰岩；2.台地相灰岩；3.滩相灰岩；4.重力流沉积；5.砂屑等深岩；6.相变界线；7.沉积物离岸搬运方向；8.沿斜坡走向搬运方向；9.剖面位置及沉积厚度

等深岩同浊积岩、风暴岩、海底扇一样，可作为非正式岩石地层单位在1:5万填图中应用。周维屏等(1993)提出："利用这些非正式岩石地层单位填图，以增加地质信息，便于综合分析，是我们大力提倡应用非正式岩石地层单位进行填图的目的所在"。

六、早寒武世上扬子碳酸盐台地的古杯礁丘——宜昌王家坪天河板组古杯礁丘

礁是指通常用于由珊瑚、钙藻或其他固着生物就地造成的一个有机碳酸盐团块。礁体大小不一，形态各异，呈局限孤立的或连续延展的团块。一般作为非正式岩石地层单位使用，以显示特殊的环境。

据袁克兴等(1981)报道，本区古杯礁主要产于早寒武世筇竹寺期至沧浪铺期，最低层位的古杯组合见于川北城口地区筇竹寺阶的凉水井古杯组合，主要分子有 *Ajacicyathus*, *Taylorcyathus* 等；川北南江、旺苍和陕南宁强等地的仙女洞组，亦产古杯礁，该层位亦低于宜昌天河板组。古杯礁在本区除分布于上述地区外，尚见于川西南、黔北、滇东北、滇东南及湘西北等地。

宜昌王家坪礁丘，是以上众多古杯礁丘或点礁中的一个。据张俊明等(1994)研究，该礁丘赋存在天河板组中部的云斑状灰岩与核形石灰岩之间，是我国早寒武世成礁序列中最晚期的一个古杯礁丘。此后，本区古杯动物急剧衰亡，并为早寒武世晚期 *Epiphyton* 藻礁丘所代替。

(一) 地质背景

早寒武世沧浪铺期晚时，峡东地区处于开阔碳酸盐台地相。王家坪天河板组为浅水灰岩沉积序列，厚 86.5 m。该组自下而上，下部为灰色薄层含白云质泥质条带微晶灰岩、灰色中薄层粉屑灰岩和具交错层理白云岩化鲕粒灰岩；中部为暗灰色虫穴云斑状微晶灰岩、球粒微晶灰岩和核形石生物碎屑亮晶灰岩、核形石生物碎屑灰岩夹丘状藻－古杯粘结岩；上部为灰色泥质条带生物碎屑微晶灰岩、暗灰色中厚层云斑状微晶灰岩；顶部夹内碎屑灰岩。图 4-22 显示了该组持续海侵岩相序列和沉积环境的演变。海侵初时，沉积环境不稳定，由潮下泻湖，向上变浅为潮坪浅滩；在海侵中、晚时，沉积环境较稳定，古杯礁丘主要在此时的开阔陆架中，形成于中—高能陆架浅滩环境。

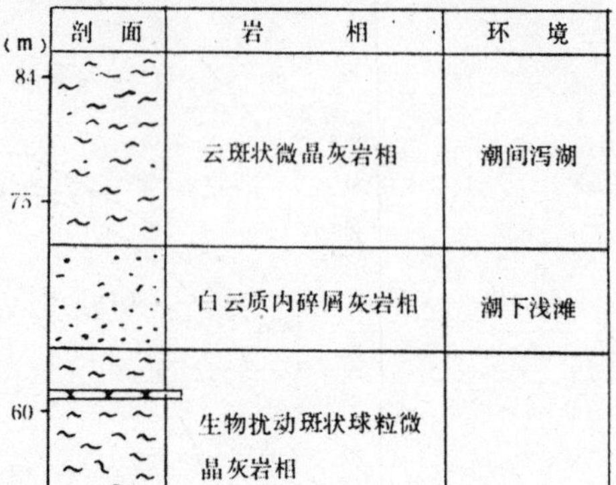

图 4-22 王家坪早寒武世天河板组岩相序列和环境演变图
(据张俊明等，1994)

(二) 古杯礁丘类型及其特征

据礁丘形态和造礁生物组合，王家坪古杯礁丘可分为孤立古杯泥丘和点礁，其特征如下：

1. 孤立古杯泥丘

其赋存于天河板组中部，长 3～5 m，高 0.3～1.5 m。呈平—凸状岩隆，丘基、丘间和泥丘的盖层均为暗灰色中、厚层状虫穴球粒微晶灰岩。丘中含古杯 20%～25%，其体壁周围栖生有丝状蓝藻 *Proaulopora* 和少量 *Epiphyton*。古杯体之间为灰泥沉积物，含 40%～50% 球粒、*Girvanella* 粘结岩砂屑和少量陆源石英、长石粉砂、白云母和泥质以

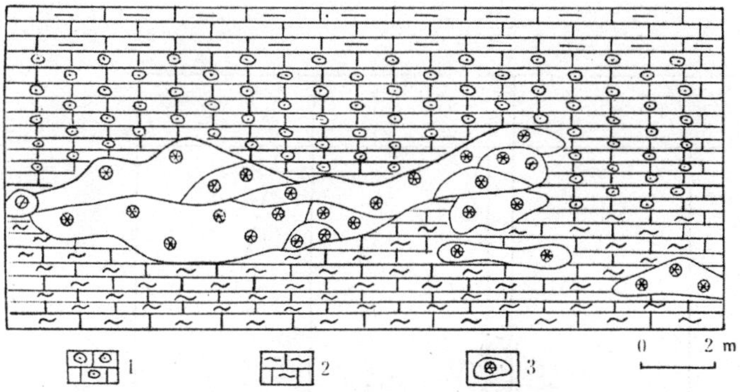

图 4-23　王家坪天河板组中部古杯点礁剖面略图
（据张俊明等，1994）
1. 核心石灰岩；2. 云斑状灰岩；3. 古杯礁丘

及生物碎屑等。基质中生物扰动强烈，有大小不等的潜穴。

2. **点礁**

赋存于天河板组中部（图 4-23），在暗灰色云斑状灰岩相与灰色核形石灰岩相之间。点礁是由大小不等的丘状粘结岩叠置而成的丘状岩隆，长 21 m，最厚为 3 m，向两侧变薄尖灭。丘的顶部为核形石灰岩覆盖，基底为暗灰色虫穴云斑状球粒微晶灰岩，礁间为灰色核形石亮晶灰岩。点礁中含 20% ～ 40% 的 *Archaeocyathus*，*Protopharetra*，*Retecyathus*，*Senxiacyathus* 等不规则古杯和含 30% ～ 50% 的 *Epiphyton*，*Renalcis*，*Girvanella* 和 *Proaulopora* 等蓝绿藻。据点礁序列中造礁生物量和蓝绿藻生物组合，可进一步划分为 *Proaulopora-Renalis*- 古杯粘结岩、*Girvanella-Epiphyton-Renalis*- 古杯粘结岩等，在此不再赘述。

综上所述，王家坪古杯礁丘属障积礁丘，主要形成于较为动荡的陆架浅滩，而不能形成于上扬子大陆边缘的大陆坡环境。

七、事件分析

本书对本区前寒武系－寒武系界线和奥陶系－志留系界线事件分析研究成果的介绍，是近十几年来在这一领域大量探索的一个方面。

（一）显生宙生物爆发前的死劫难海洋（震旦系－寒武系过渡层位 Ir 和 $\delta^{13}C$ 异常）

在扬子板块克拉通盆地内部，前寒武系－寒武系过渡层位，即云南昆阳灯影组顶部和筇竹寺组石岩头段下部，以及湖北峡东灯影组顶部及牛蹄塘组（水井沱组）下部，据许靖华等（1986）研究（图 4-24、图 4-25及 4-26），本章第四节已叙及在昆阳 A 界标点代表小壳化石首次出现处，B界标

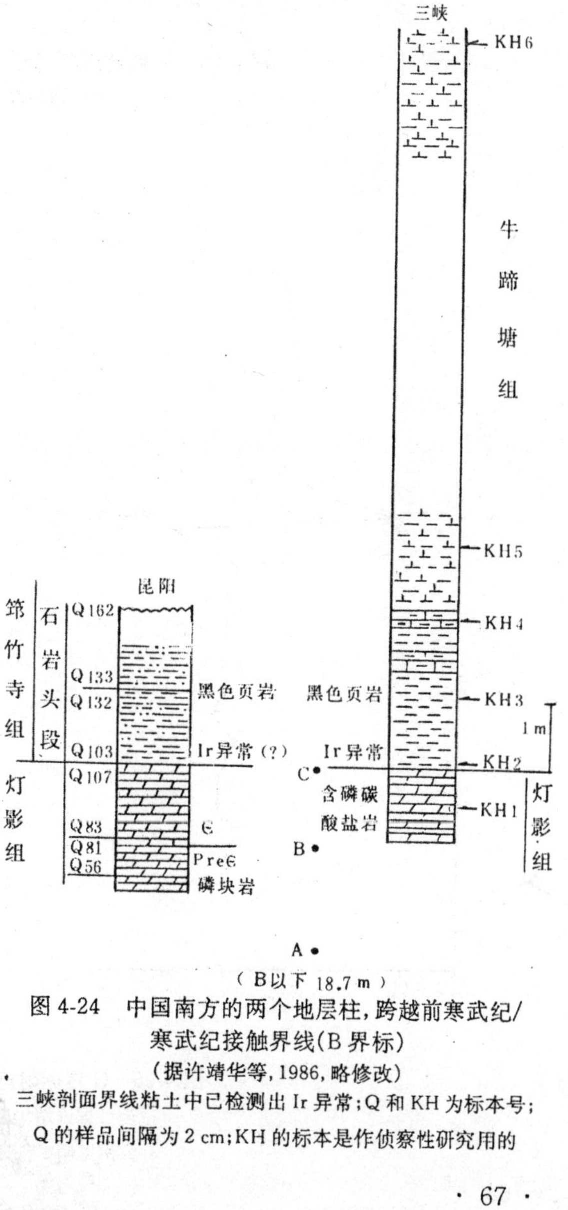

图 4-24　中国南方的两个地层柱，跨越前寒武纪/寒武纪接触界线（B 界标）
（据许靖华等，1986，略修改）
三峡剖面界线粘土中已检测出 Ir 异常；Q 和 KH 为标本号；Q 的样品间隔为 2 cm；KH 的标本是作侦察性研究用的

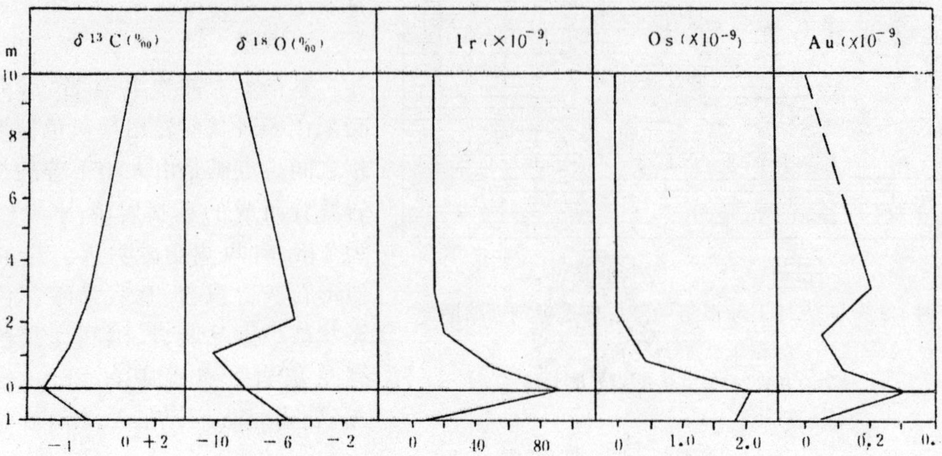

图 4-25 三峡地区跨越 C 界标的地球化学异常

（据许靖华等，1986）

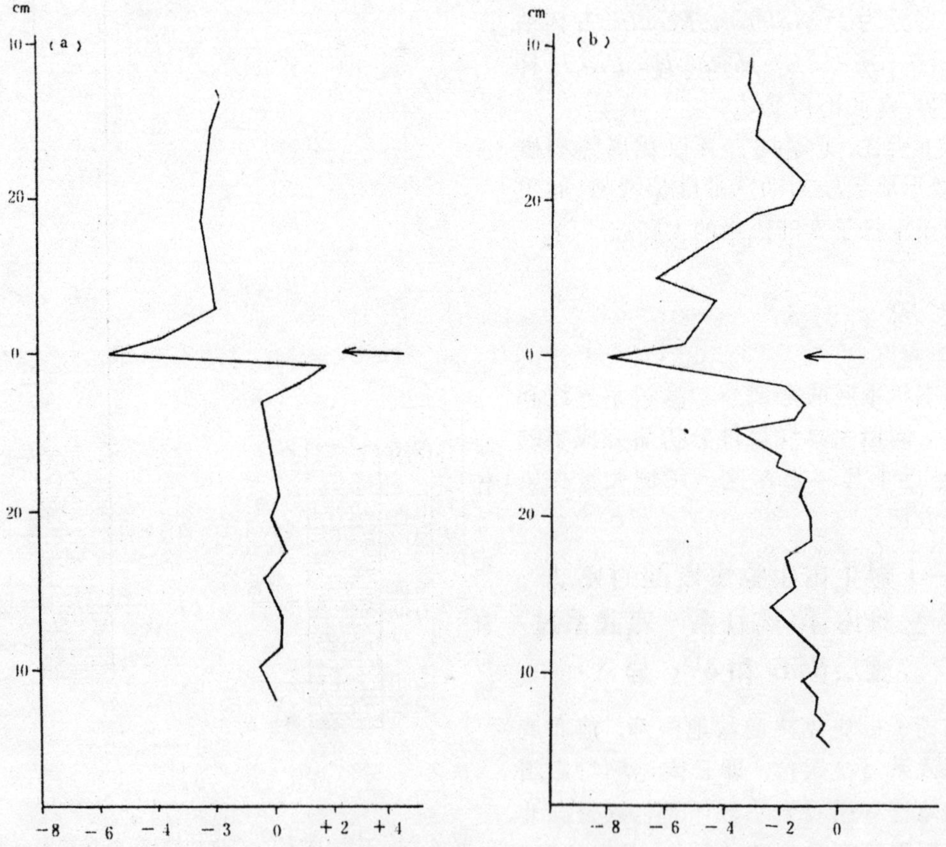

图 4-26 C 界标附近的死劫难波动

（据许靖华，1986）

a. 云南昆阳矿区；b. 三峡地区

点表示多门类小壳化石 *Paragloborilus-Siphongonuchites* 组合的底，而C界标点则表示筇竹寺组的底。C点距三叶虫最低层位之下达56.4 m；而在湖北峡东，代表牛蹄塘组的底，该点在距三叶虫最低层位之下不到1 m。在紧挨C界标点之上的黑色粘土中，铱、锇及碳同位素均显示异常。

$\delta^{13}C$在沉积物中波动，同海洋生物繁殖力有关，生物活动造成碳同位素自然分馏。$\delta^{12}C$原子优先为活生物体所利用；在浮游生物繁盛的表层水中，溶解于其中的$\delta^{13}C$原子得到富集。这种现象已被同位素分析所证实(Kroopnick *et al*., 1974；McKenzie, 1982)。当前已经识别出两种异常，即“繁殖力波动”的正异常和“死劫难波动”负异常(Hsu *et al*., 1986)。

前寒武纪时，还没有钙质浮游生物，如有孔虫等，然而当时，像蓝绿藻和分类位置尚不明的钙球等却十分繁盛，碳酸盐可能通过这些浮游植物的活动产生。经光合作用从表层水中带走了CO_2，引起碳酸盐过饱和而沉淀。如果有一场浩劫，导致前寒武纪浮游植物的生产受到抑制，碳同位素的生物分馏作用就会停止。因此，把C界标点的$\delta^{13}C$大幅度负异常解释为“死劫难波动”(Hsu *et al*.,1986)，地球化学异常支持了这一理论(Stanly,1973)。

Ir异常一般被解释为地外事件或称宇宙事件，引起人们对地外事件的兴趣是与恐龙从白垩纪末突然灭绝相联系。这一事件无法单纯用地球本身的原因得到合理的解释。据Alvarez *et al*. (1979,1980)研究，在西班牙等地白垩系－第三系界线剖面中，在分界点的粘土层中发现了Ir异常。随后，在全球许多同类界线点，又发现相同的事实。这些事实使人们相信有天体撞击地球的事件。因为Ir的含量在地球克拉克值中极微，约1×10^{-9}；而在天体物质中含量极高，这种能量极大的天体对地球的撞击，令全球生物难免灭顶之灾。三峡剖面C点的Ir异常达到80×10^{-9}，为正常值的80倍。由此可以想象死劫难海洋当时的状况。

（二）奥陶系－志留系界线处的生物灭绝事件与碳同位素异常

奥陶纪末期的生物灭绝事件，在峡东及整个扬子克拉通盆地内显示都十分清晰。据汪啸风等(1989)对峡东奥陶系－志留系界线剖面研究，晚奥陶世五峰期已知的19属88种笔石，只有3属4种延续到早志留世初期。峡东地区龙马溪组观音桥段，以产丰富 *Hirnantia-Dalmanitina* 动物群为特征。据曾庆銮、周天梅(1983)研究，计有腕足类28属35种和三叶虫4属8种，易与世界各地 *Hirnantia* 动物群对比。但同扬子克拉通盆地及世界其他地区一样，整个 *Hirnantia-Dalmanitina* 动物群均在奥陶纪末灭绝了。以上这些资料足以说明，奥陶纪末期发生过一次全球性生物集群灭绝事件。

碳同位素的分析结果表明(图4-27)，在奥陶系－志留系的界线点，出现$\delta^{13}C$大幅度负异常，这一死劫难波动，与当时生物大量灭绝的事实极其吻合。

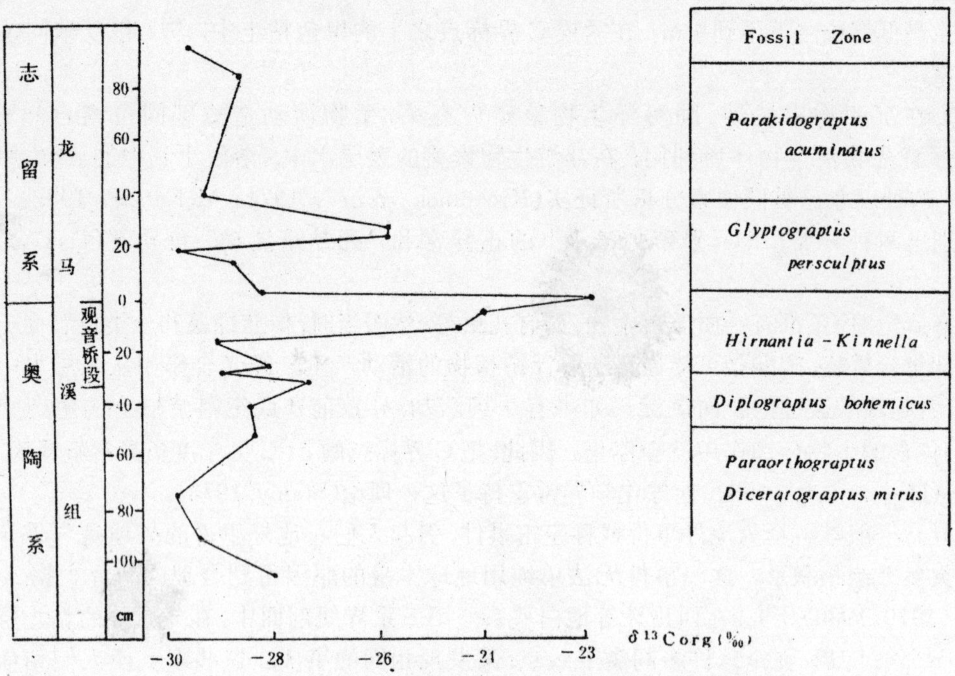

图 4-27 宜昌黄花场奥陶系－志留系界线剖面碳同位素的变化

（据汪啸风等，1989，修改）

第五章

泥盆纪—中三叠世

一、区域地层

区内泥盆纪—三叠纪地层，分布广，出露完整，具多种沉积类型，生物化石十分丰富，研究程度很高，为地层多重划分对比研究创造了良好的基础。

（一）岩石地层单位序列

通过本次研究，对于中南地区冠以各个地理名称的群、组、段等有了明确概念，而它们在空间和时间上的延展图象亦十分明晰地呈现出来。有关中南区综合地层分区与岩石地层单位，如表 5-1 所示。

尽管表 5-1 中显示了纷繁的岩石地层单位名称，且地域辽阔，各沉积盆地地质条件不尽相同，然它们的建造特征仍可概括为 4 种类型，分别以滇黔桂盆地、中下扬子盆地、钦州盆地、丽江盆地的建造序列为代表(图 5-1)。

各岩石地层单位简明特征、分布，概述如下：

早泥盆世早期(洛赫柯夫期)：沿着古陆边缘沉积海陆交互相、陆相的碎屑岩，产有古植物、鱼类等化石，在广西称莲花山组，云南东南部称坡松冲组，云南曲靖地区名为翠峰山组，云南元江名为东立吉组，贵州名丹林组、蟒山组，四川龙门山则称平驿铺组；与此同时，云南丽江地区为台地相至斜坡相碳酸盐岩沉积，称青山组；广西钦州、玉林地区名为钦州组，是一套泥质岩类为主，富含笔石、竹节石的盆地相沉积。

早泥盆世中、晚期(布拉格期至早艾姆斯期)：出现了碎屑岩与碳酸盐岩混积的滨岸至浅海相沉积，富含底栖生物，由于划分标准不一，各地名称亦不同，分别有云南的坡脚组，广西的那高岭组、郁江组与四川的甘溪组。

早泥盆世晚期至中泥盆世早期早时(晚艾姆斯期至早艾菲尔期)：岩相发生进一步分异，各种沉积类型均有，沉积物逐步趋于稳定，海陆交互相碎屑岩沉积，各地仍称莲花山组、翠峰山组、东立吉组、蟒山组等。中泥盆世早期沉积，在广西以信都组为代表；系滨岸至浅海相碎屑岩沉积，黔南名为舒家坪组，在广西称四排组，夹有灰岩层；台地相碳酸盐岩沉积，富含底栖生物，云南丽江、楚雄地区名为菁门组，四川龙门山称养马坝组、观雾山组，广西自下而上划分为上伦白云岩、二塘组、官桥白云岩、大乐组，贵州称龙洞水组(中泥盆世早期)；孤立台地相碳酸盐岩沉积，产有丰富的底栖生物，在滇东南名为古木组，在广西划分为黄猄山组、北流组以及那叫

表5-1 中南区泥盆纪—中三叠世岩石地层单位序列表

Table 5-1 Sequence of the lithostratigraphic unites from Devonian to Middle Triassic in Central-South China

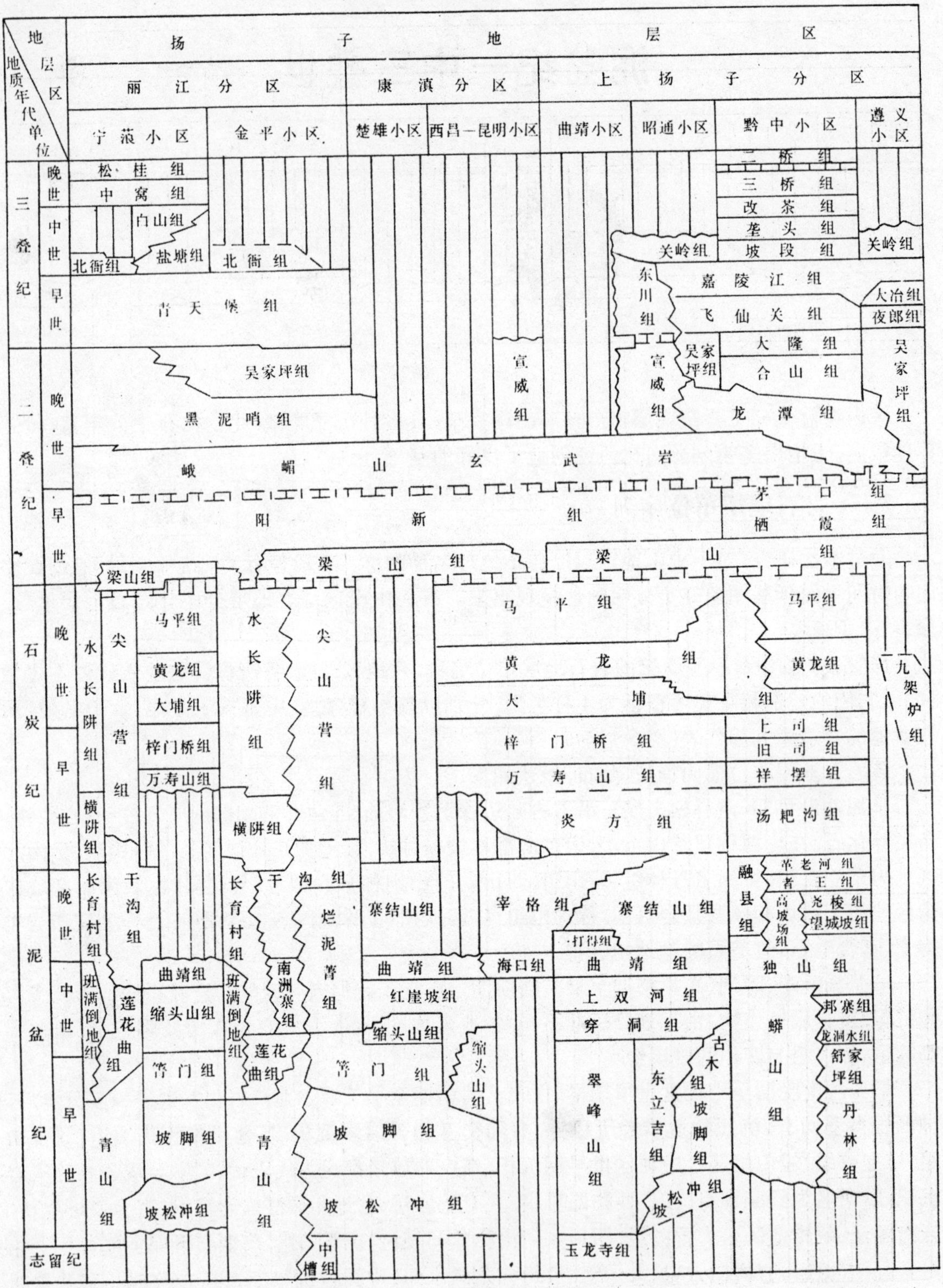

表 5-1(续表)

Table 5-1 (Continued)

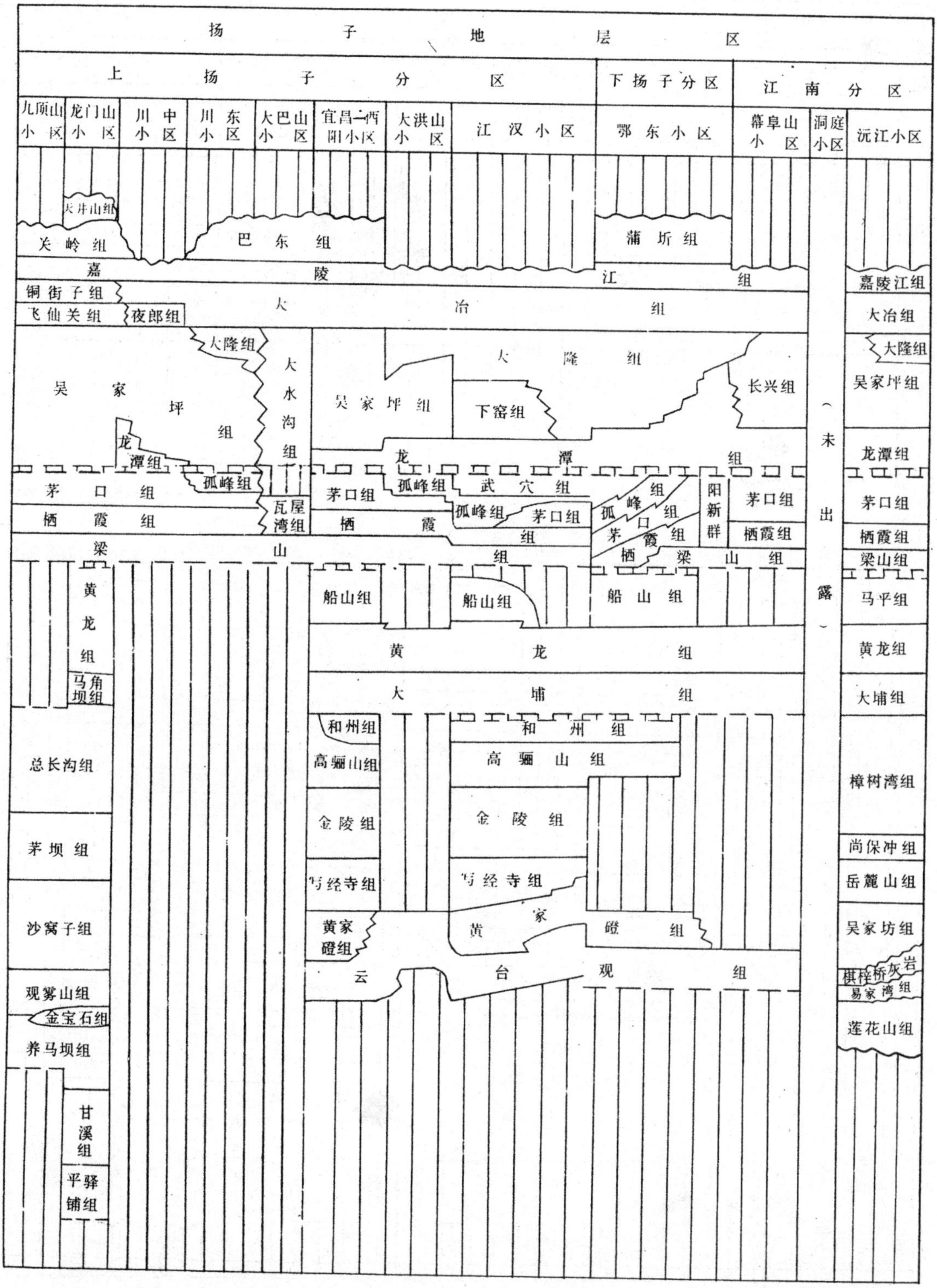

表 5-1(续表)

Table 5-1 (Continued)

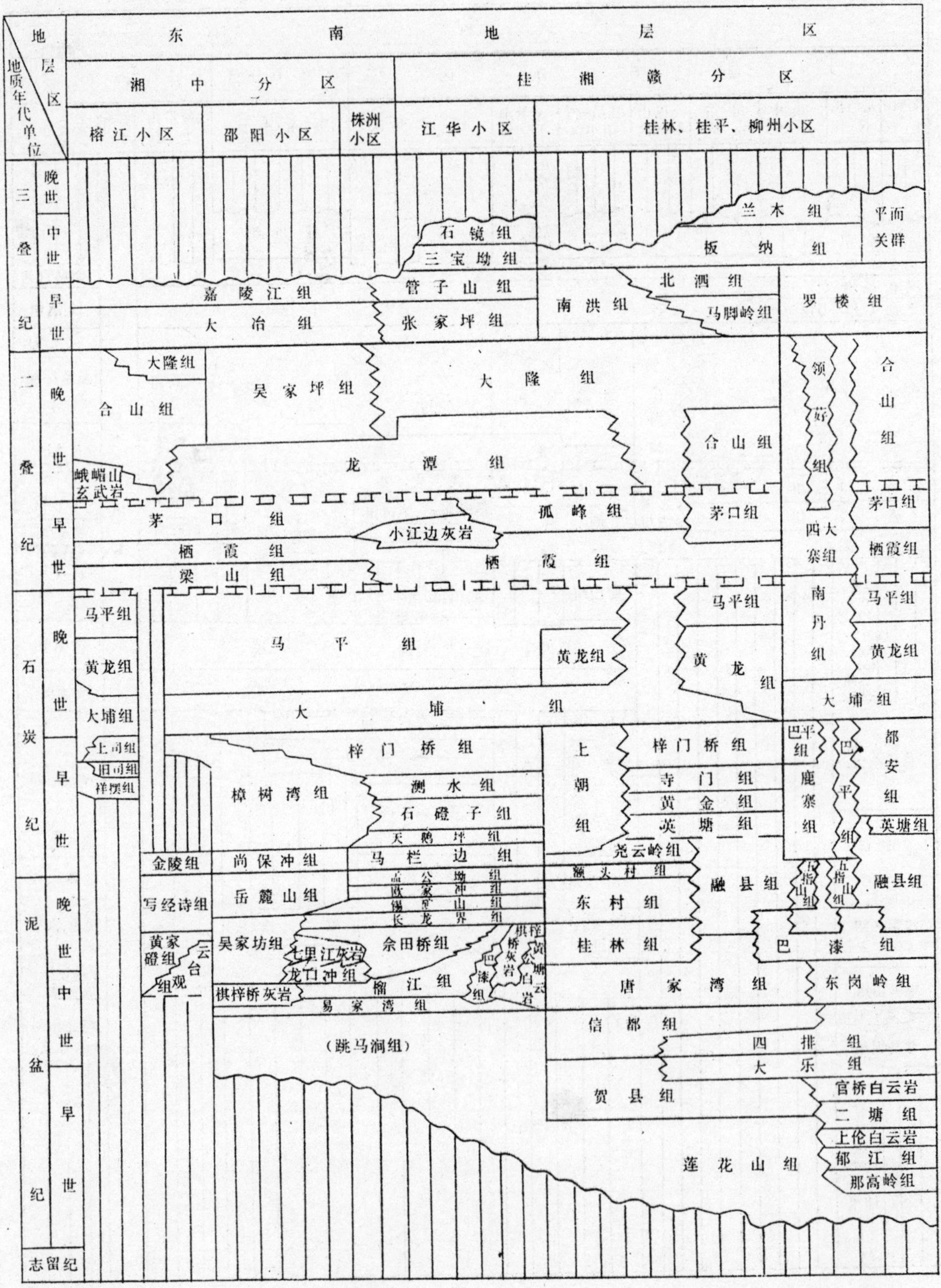

表 5-1(续表)

Table 5-1 (Continued)

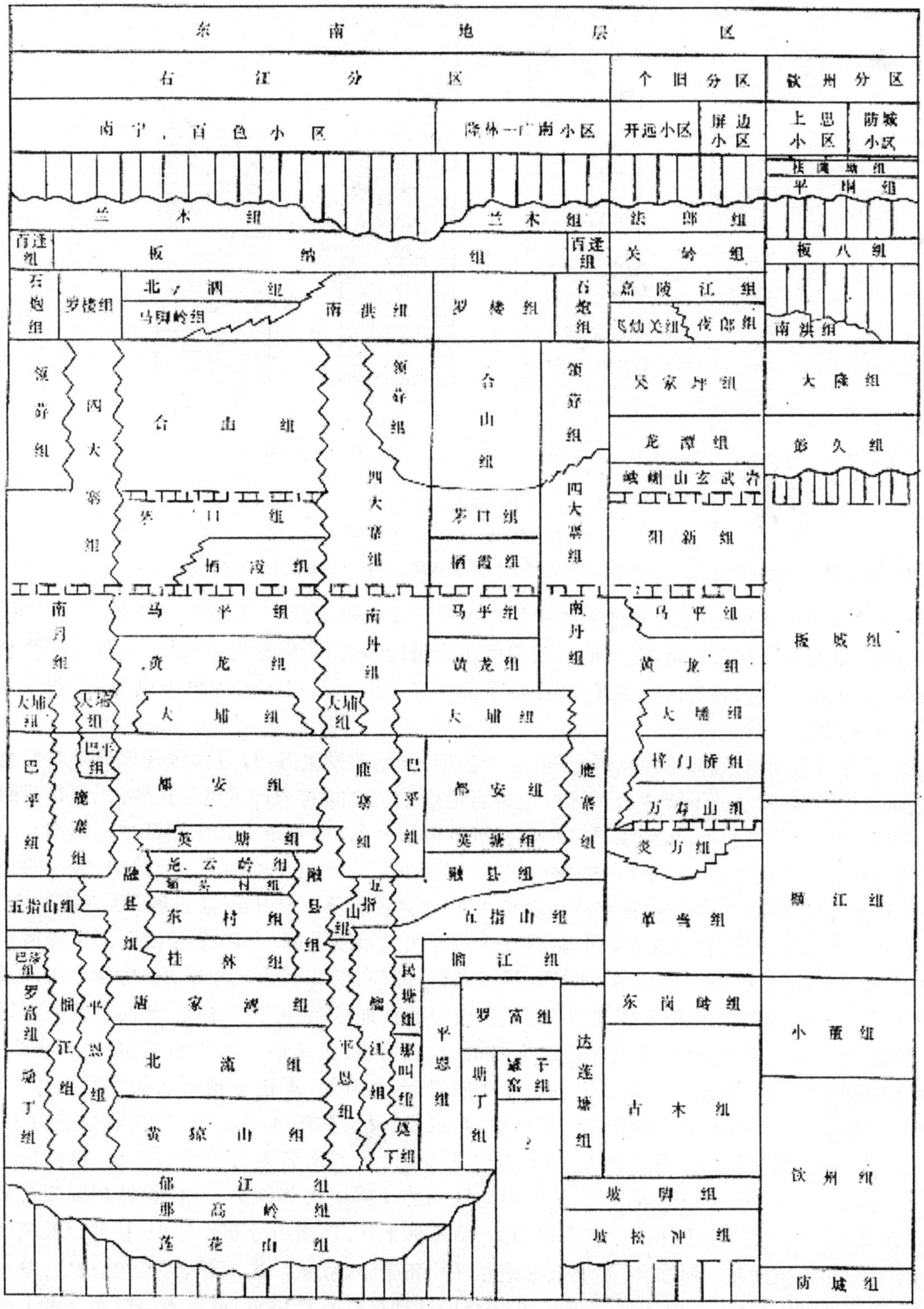

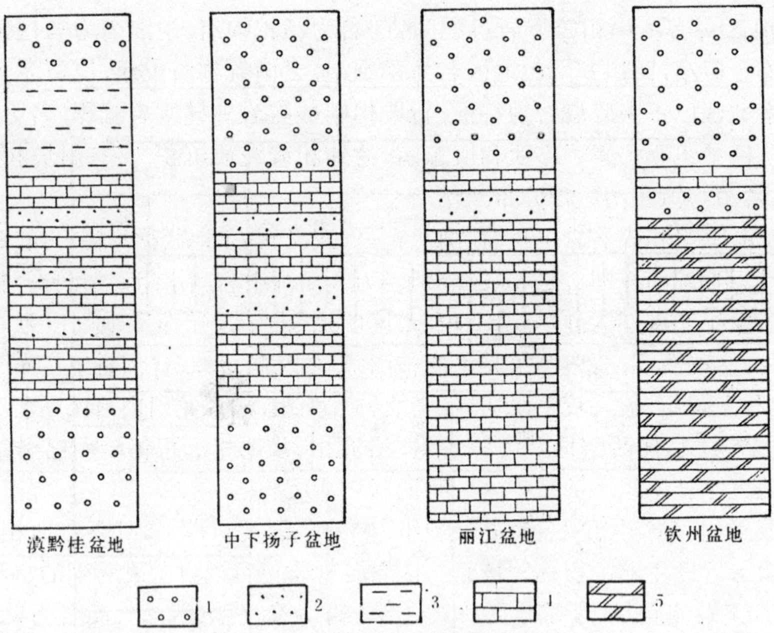

图 5-1　不同盆地的建造序列

（据夏邦栋等，1993，修改）

1. 磨拉石建造；2. 陆屑建造；3. 复理石建造；4. 碳酸盐及硅泥质建造；5. 硅泥质建造

组，贵州名为罐子窑组；斜坡至盆地相碳酸盐岩夹硅泥质沉积，含有丰富的浮游生物，在广西名为平恩组，滇东南称达莲塘组、丽江地区名为莲花曲组；盆地相泥质岩为主沉积，广西南丹等地称塘丁组、钦州地区仍名为钦州组及小董组（下部），在云南丽江地区名为班满倒地组，夹有灰岩和灰质砾岩。

由于海口运动的影响，中泥盆世早期（艾菲尔期）开始即发生海退，且大致在该期早时与晚时之间，大面积的海平面下降造成了区域上岩石地层单位之间的平行不整合接触，无论在前期盆地相抑或台地相沉积上，出现了具滨岸相特征的碎屑岩层，如分布于云南丽江地区的缩头山组、楚雄地区的红崖坡组、昆明地区的海口组等，四川龙门山地区的金宝石组、黔中、黔南的邦寨组、桂北的信都组、湘中南的易家湾组及湖北的云台观组等。从中泥盆世晚期（吉维特期）起，岩相再度明显分异，直至晚泥盆世晚期海平面再次大幅度下降，海陆交互相至滨岸碎屑岩沉积分布在古陆边缘，湖北名为黄家磴组、写经寺组，湘中、湘北名为吴家坊组、岳麓山组以及锡矿山组、欧家冲组；台地相碳酸盐岩沉积，在云南丽江地区名为莲花曲组、干沟组及烂泥箐组，楚雄称曲靖组、寨结山组，昆明等地名为曲靖组、宰格组，曲靖地区则称曲靖组、一打得组、寨结山组和宰格组。其中一打得组夹有较多碎屑岩，云南开远、屏边等地区名为唐家湾组、革当组，广西分布有东岗岭组、唐家湾组、桂林组、东村组、额头村组和融县组，贵州名为独山组、望城坡组、尧梭组、者王组、革老河组、高坡场组及融县组，湖南名为黄公塘白云岩、棋梓桥灰岩、七里江灰岩及孟公坳组等等，四川龙门山地区则称观雾山组和沙窝子组；斜坡相碳酸盐岩夹硅泥质沉积称平恩组（上部），分布于桂西南、滇东南地区，巴漆组分布于桂中、桂北以及湖南等地，民塘组仅出现在广西横县；斜坡至盆地相泥质条带、扁豆状灰岩沉积名为五指山组，分布于滇、黔、桂、湘等地；盆地相硅泥质沉积，在云南丽江地区称长育村组，滇东南、桂、黔南和湘南等地名为榴江组。

早石炭世早期:滨岸相碎屑岩夹少量泥灰岩沉积名为尚保冲组,分布于湘中一带;台地相碳酸盐岩,局部地区夹有滨岸相碎屑岩沉积,黔南名为汤粑沟组,湖南名为马栏边组,湖北松滋、宜昌等地区称金陵组;四川龙门山地区名为茅坝组,云南统称炎方组,广西名为尧云岭组、英塘组,在桂西南地区以不夹碎屑岩为特征;斜坡相碳酸盐岩夹硅质岩沉积,名为横阱组分布于云南丽江地区,巴平组则出露于广西和滇东南;盆地相硅泥质沉积,夹有斜坡相碳酸盐岩称鹿寨组,在广西、黔南与滇东南一带分布。

早石炭世晚期:滨岸相碎屑岩沉积,在湖北宜昌、武汉、鄂东地区称高骊山组,湖南邵阳、源江等地名为樟树湾组,湖南株洲、江华地区分别名为天鹅坪组和测水组,贵州称祥摆组,广西北部亦为测水组,黄金组底部亦为砂、页岩沉积,云南昭通、曲靖及宁蒗等地则以万寿山组称之;台地相碳酸盐岩为主的沉积,石磴子组见于湘中南,广西为黄金组,梓门桥组广布于区内各地,贵州名为旧司组和上司组,但夹较多碎屑岩,湖北称和州组,四川龙门山地区则名为总长沟组;孤立台地碳酸盐岩沉积,桂西南称其为都安组;斜坡相、盆地相沉积仍沿用巴平组、鹿寨组名称,而云南丽江地区水长阱组下部乃为这一时期斜坡相沉积。

晚石炭世:滨岸相碎屑岩沉积名为九架炉组,仅分布于贵州遵义地区;台地相碳酸盐岩沉积广为发育,以白云岩为主的沉积称大埔组。区内各地均可见及以灰岩为主的沉积,在四川龙门山地区称黄龙组,湖北宜昌、鄂东地区称黄龙组、船山组,滇东南、桂、湘名为黄龙组与马平组,云南丽江地区则称尖山营组;斜坡相碳酸盐岩夹硅泥质沉积,在桂、黔南、滇东南地区称南丹组,云南丽江地区名为水长阱组;盆地相硅泥质沉积的板城组,零星见于广西钦州地区。

早二叠世:滨岸相碎屑岩沉积的梁山组,普遍分布于鄂、湘、川、黔、滇等省;台地相碳酸盐岩沉积,分为栖霞组和茅口组,广泛出露于桂、黔、湘、鄂、川等省,瓦屋湾组夹碳质页岩出露于鄂西竹溪和房县南部地区,武穴组分布在鄂东一带,云南则统称阳新组,湖南江华、株洲地区系灰岩与硅质岩互层,名为小江边灰岩;滨岸凹地相硅、泥质沉积,产局限海菊石,名为孤峰组,见于桂中、桂北及湘南、湖北大洪山、大巴山、鄂东、川东等地;四大寨组下部属盆地相硅泥质沉积、中上部为斜坡相碳酸盐岩夹硅泥质沉积,分布于黔南、滇东南和广西大部分地区;盆地相硅泥质沉积称板城组,仅零星出露于广西钦州地区。

晚二叠世:峨眉山玄武岩广布于区内各地;宣威组为陆相含煤碎屑岩沉积,分布于云南昭通及昆明地区,黔西北乌蒙山地区;广西钦州地区名为彭久组,夹有少量滨岸相碎屑岩;海陆交互相含煤碎屑岩夹少量灰岩沉积称龙潭组,区内广泛分布,各省(区)均曾见及,云南楚雄、丽江等地名为黑泥哨组;滨岸凹地相硅泥质沉积,产局限海菊石,名为大隆组,川东、鄂东、黔南、桂北、湘中南及广西钦州地区等都有分布,湖北竹山南部、南漳、保康等地则称大水沟组;台地相碳酸盐岩沉积,云南丽江、鄂、湘、黔北遵义等地名为吴家坪组,桂、滇东南、黔中、湖南榕江地区名为合山组,其夹有煤层,而鄂东区位于龙潭组与大隆组之间的名为下窑组;斜坡相碳酸盐岩夹硅泥质沉积的四大寨组,仅零星分布于广西右江地区;盆地相硅泥质沉积,产开阔海菊石动物,名为领薅组,出露于黔南、桂西南和滇东南。

早三叠世:海陆交互相碎屑岩沉积,东川组以砂岩为主,分布于云南昭通、川西地区;云南丽江地区名为青天堡组,以砂砾岩为主;滨岸相碎屑岩沉积,以泥质岩沉积为主,名为飞仙关组,展现于川中、龙门山、黔、云南昭通、开远等地;广西则名为南洪组,湖南江华地区则划分为张家坪组和管子山组;滨岸相碎屑岩与台地相碳酸盐岩混积,名为夜郎组,出露于贵州遵义、云南个旧地区和川中;铜街子组由碎屑岩夹灰岩等组成,展布于四川龙门山和云南昭通地区;台地相碳酸盐岩沉积,划分为大冶组和嘉陵江组,大冶组以薄层灰岩为主,嘉陵江组则以白云岩为主，分布于川东、黔东北、湘北及湖北大部；黔南以灰岩为主，命名为紫云组；孤立台地碳酸盐岩沉积，划分为马脚岭组和北泗组，主要分布于广西及滇东南；斜坡相碳酸盐岩沉积，为罗楼组，出露于黔南和广西；盆地相碎屑岩沉积，名为石炮组，分布于滇东南、黔南和桂西南。

中三叠世：滨岸相碎屑岩沉积，蒲圻组以紫红色碎屑岩为主，分布于鄂东地区；滨岸相碎屑岩与台地相碳酸盐岩混合沉积，名为巴东组，鄂西、川东均有出露；台地相碳酸盐岩沉积，划分为关岭组和天井山组，前者为白云岩夹灰岩，见于黔西北、川中、川东和龙门山地区，以及云南个旧、昭通地区，后者以灰岩为主，仅出露于四川龙门山；黔中以灰岩为主，由下而上划分为坡段组、垄头组、改茶组；四川盐源划分为盐塘组与白山组，前者以灰岩为主，后者以白云岩为主；云南宁蒗等地称北衙组，以灰岩为主，湖南江华划分为三宝坳组和石镜组，且夹有砂、页岩；斜坡相至盆地相碳酸盐岩与碎屑岩沉积，名为法郎组，分布于黔西与云南个旧地区；盆地相碎屑岩沉积，划分为板纳组或百逢组与兰木组，滇东南和桂西南地区均有大范围出露，黔南则划分为新苑组、边阳组；板八组由流纹斑岩、凝灰岩夹砂泥岩等组成，仅分布于桂南钦州地区。

（二）泥盆纪—中三叠世岩石地层时空特征

“岩石地层单位的地理分布完全受其特殊的岩性特征的连续性和延展所控制（赫德伯格，1979）。”而其时、空展布，单位与单位之间的关系，并非是随机、杂乱，在正常稳定情况下，这种层序、组合是有规律的。正如“Walther 提出不同种类的沉积物，由于沉积环境的侧向变化而在空间上彼此紧挨在一起。因此，不同种类的沉积岩的纵向序列必然记录着那些沉积环境在时间上的重叠（张守信，1992）。”当然，在特定条件下，突发事件的发生不可避免地会影响正常沉积的进程，这是需要加以考虑和识别、认定的。

1. 泥盆纪岩石地层时空特征

志留纪末由于广西运动造山作用除桂南钦州、滇东曲靖等局部地区，继续接受泥盆纪沉积外，海水从华南地区退出，使区内泥盆纪地层与下伏前泥盆纪地层均呈不整合接触。随着泥盆纪自南而北的逐渐海侵，不整合面之上的泥盆纪地层时代越来越新，如在广西南部、中部为早泥盆世，桂北、黔南、湘南、湘中等地区则属中、晚泥盆世。而海侵所到之处，不管时间先后，总是以陆源碎屑物沉积开始，并以滨岸相沉积为主，部分为海陆交互相及局部为陆相沉积。由此可见，由陆源碎屑物组成的地层体是一个穿时的岩石地层单位（图 5-2）。这一特性，也奠定了

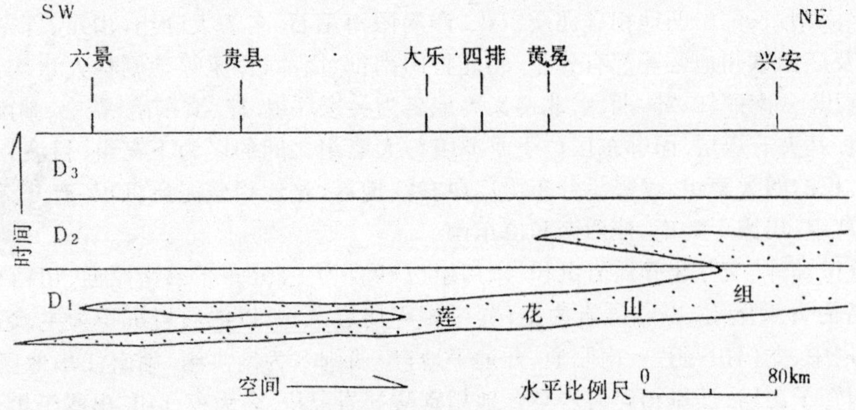

图 5-2 广西横县—兴安地区莲花山组的穿时现象

（据张守信，1975，修改）

泥盆纪岩石地层单位划分的基调。

泥盆纪时在华南海盆中，无论是湘桂海域、黔南海域、抑或其他海域，在空间上从陆缘至海盆中心沉积岩相的展布，总是沿古陆边缘分布陆源碎屑岩，向海方向依次出现白云岩、灰岩相，灰岩相，泥质条带、扁豆状灰岩相，黑色页岩或硅质岩相，或再次出现灰岩相(孤立台地)。在时间上，随着海侵范围的扩大，多次的海侵—海退旋回，碎屑岩相呈之字形推进和在垂向上叠覆；同时再现由碎屑岩相到硅质岩相的排列规律。各地区沉积岩相的展布、组合，则明显地受当地古地形、断裂活动等影响。

华南泥盆纪发育有十余个三级 T—R 旋回，有两次二级 T—R 旋回。从洛赫柯夫期至艾菲尔晚期为第一个二级 T—R 旋回，从艾菲尔末期至早石炭世杜内期早时，为第二个二级 T—R 旋回，中间为中泥盆世艾菲尔晚期的一次大的海平面下降所间隔。后第二个二级 T—R 旋回者为“广西运动后，自鹗头贝层开始东岗岭期(即吉维特期)海侵规模，大于以往任何一时期，海水一直侵没到湖南腹地，由于这一新的推进，致使在广西东北部、广东北部、湖南南部和中部沉积了浅海相的富含珊瑚、层孔虫、腕足动物等的碳酸盐岩(王成源、殷保安，1985)。”与此同时，在广西南部除了在兹利科夫晚期原有已形成的深水硅泥质继续沉积外，其范围亦有较大的扩展。随着第二个二级 T—R 旋回的发展、终结，导致了地区不同、时代不同而垂向上沉积岩相的一致性(图 5-3)。由此亦揭示了岩石地层单位不等时性的实质，如图 5-4、5-5 所示。

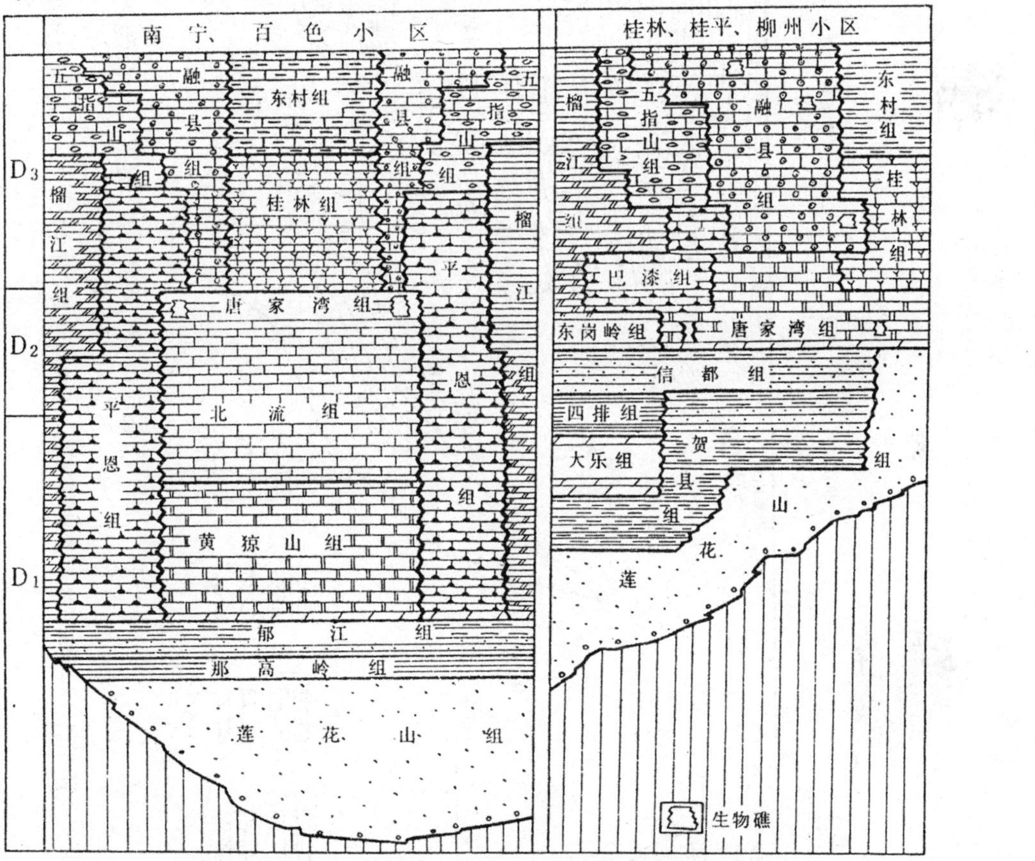

图 5-3　广西不同地区泥盆纪岩石地层单位组合序列图

2. 石炭纪岩石地层时空特征

石炭纪的沉积格架，基本继承了泥盆纪时的特点，江南古陆与华夏古陆，控制了其周围地

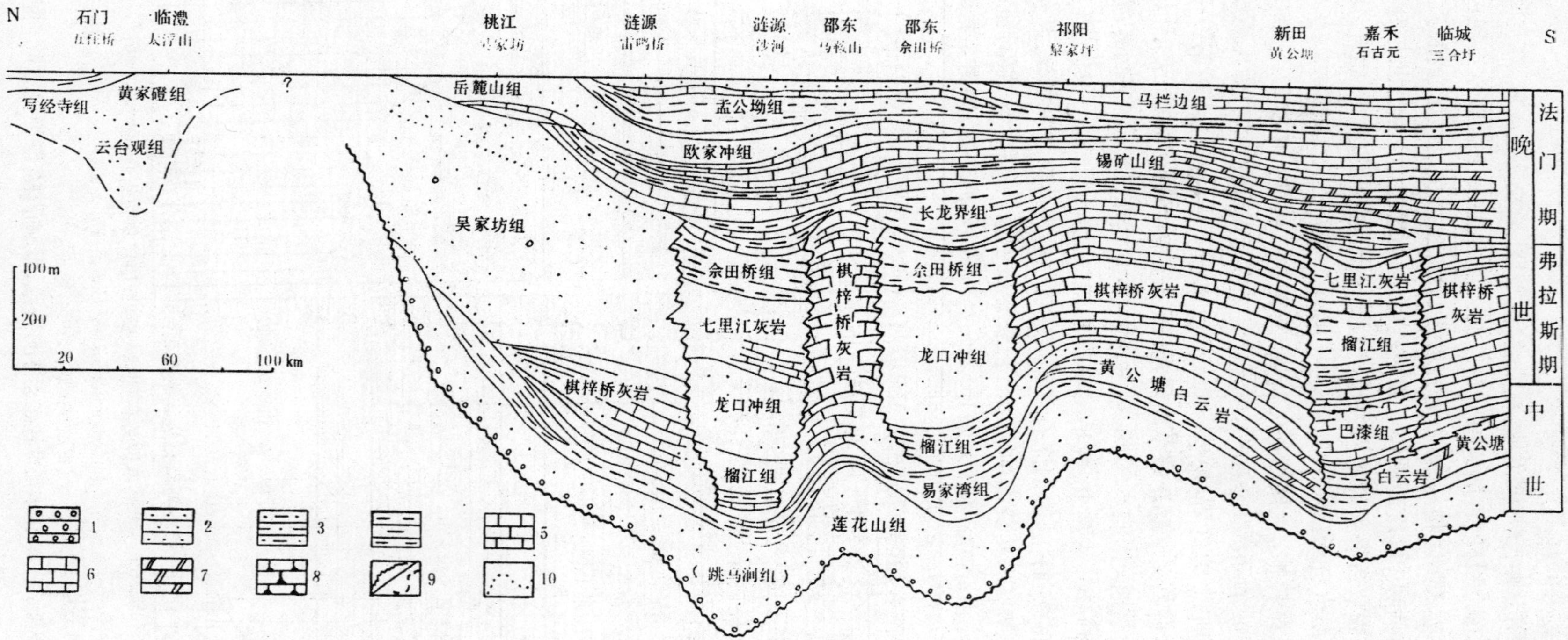

图 5-4　湖南泥盆纪岩石地层横剖面示意图

（据湖南区调所，1994）

1. 砾岩；2. 砂岩、粉砂岩；3. 砂质页岩；4. 页岩、泥灰岩；5. 灰岩；6. 含燧石团块灰岩；7. 白云岩；8. 硅质岩；9. 角度不整合和平行不整合界线；10. 年代地层界线

区的沉积特征，沉积分区明显，上扬子等地区发育河流、湖泊沉积物；中下扬子地区以滨海、浅海沉积为主；华夏古陆山前地区则有较厚的磨拉石堆积；而其余广大地区以浅水碳酸盐岩沉积为主，间以斜坡到盆地相的薄层碳酸盐岩与硅质岩互层沉积和深水硅泥质岩沉积；钦州、玉林一带为古特提斯残留海槽，以硅泥质岩沉积为主。和区域的分布相一致，不同地区沉积岩相在空间上的展现，从古陆至海盆依次形成陆源碎屑岩相、碳酸盐岩相、薄层碳酸盐岩与硅质岩互层相和硅、泥质岩相，并在盆地相中还有孤立台地碳酸盐岩相（图 5-6）。

石炭纪在垂向上即时间上沉积岩相的反复叠覆和侧向堆积的岩石组合序列的再现，明显地受制于海侵—海退旋回。根据中南区各海域沉积岩相的展布和迁移特征，该区发育了 3 个二级 T—R 旋回，和至少 10 个以上三级 T—R 旋回。第一个二级 T—R 旋回，由晚泥盆世法门阶晚期至早石炭世杜内早期；第二个二级 T—R 旋回从早石炭世杜内晚期开始到早石炭世纳缪尔早期（相当于 *Gnathodus binineatus bilineatus* 带下部）；第三个二级 T—R 旋回则为从纳缪

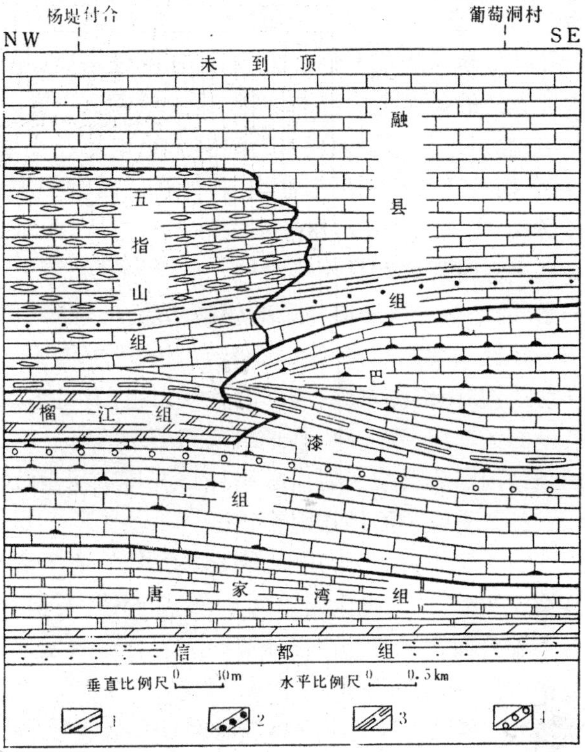

图 5-5　阳朔付合—洞村中、晚泥盆世岩石地层单位时空分布略图

Fig. 5-5 Sketch showing the space-time distribution of lithostratigraphic unites of Middle and Late Devonian from Fuhe to Dongcun in Yangshuo County, Guangxi

1. *Palmatolepis triangularis*；2. *P. linquiformis*；3. *P. punctata*；4. *Mesotaxis falsiovalis*

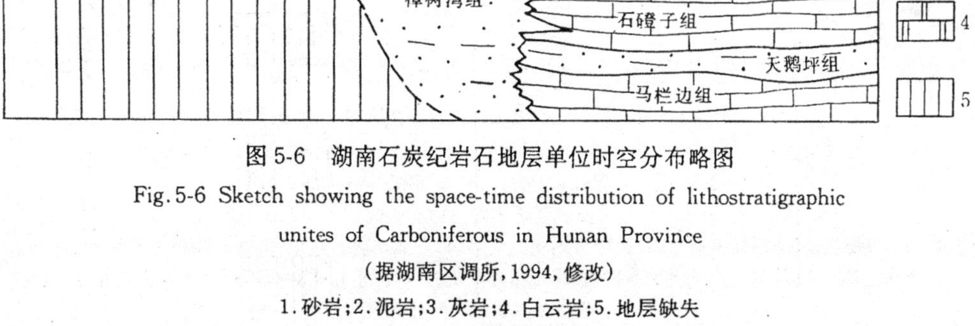

图 5-6　湖南石炭纪岩石地层单位时空分布略图

Fig. 5-6 Sketch showing the space-time distribution of lithostratigraphic unites of Carboniferous in Hunan Province

（据湖南区调所，1994，修改）

1. 砂岩；2. 泥岩；3. 灰岩；4. 白云岩；5. 地层缺失

尔早期(相当于 *Gnathodus b. bilineatus* 带上部)至萨克马尔晚期。伴随中国南方三次大的海侵,首先沉积的总是陆源碎屑物,即使是规模最大的第三次海侵,在中南地区形成巨厚碳酸盐岩及其上超和超覆不整合层序,其底部也是从碎屑岩沉积开始的,如湘北澧县、黔中贵阳以北地区等地的黄龙组底部的砂岩;这一现象在华夏古陆边缘表现最为明显,福建的老虎洞组和黄龙组、船山组其下伏地层均为碎屑岩组成的经畲组。这些陆源碎屑物不仅沉积在浅水陆架台地区,而且还堆积到深水盆地内,如在广西柳州盆地相的鹿寨组之中夹有三角洲相的新圩砂岩段海底扇。随着海侵,这些或由砂页岩组成,或由碳酸盐岩,或由这两者组成的岩石地层单位呈现出穿时现象和具不等时性。由于第二和第三个二级旋回的相似性——都是以碎屑岩沉积开始,而结束于具暴露特征的碳酸盐岩——从而使中南区各地的岩石地层单位具有可对比性和一致性。如归属第三个二级 T—R 旋回的,有滇中宜良的万寿山组,桂北的寺门组,黔南的祥摆组,湖南的测水组,湖北的高骊山组,其组名虽则不尽相同,但它们均为砂页岩含煤沉积;各地的大埔组、黄龙组、马平组或船山组的岩石组合更具惊人的统一性;黔、桂的南丹组与云南的顺甸河组为薄层灰岩夹硅质岩。这与空间上沉积岩相展布相一致的。

3. 二叠纪岩石地层时空特征

石炭纪末,由于黔桂(云南)运动影响,海平面下降海水从中国南方退出,除在深水相区为连续沉积外,广大地区上升为陆,遭受剥蚀,石炭纪与二叠纪地层之间呈平行不整合接触。平行不整合面之上普遍存在陆源碎屑岩含煤岩系或泥质岩。早二叠世早期为晚古生代以来最大海侵时期,随着海水渐次侵没,岩相发生分异。在空间上依次出现碎屑岩(含煤)岩相、碳酸盐岩岩相、薄层碳酸盐岩夹硅质岩岩相和硅泥质岩岩相,如图 5-7、5-8 所示。这种沉积岩相分异

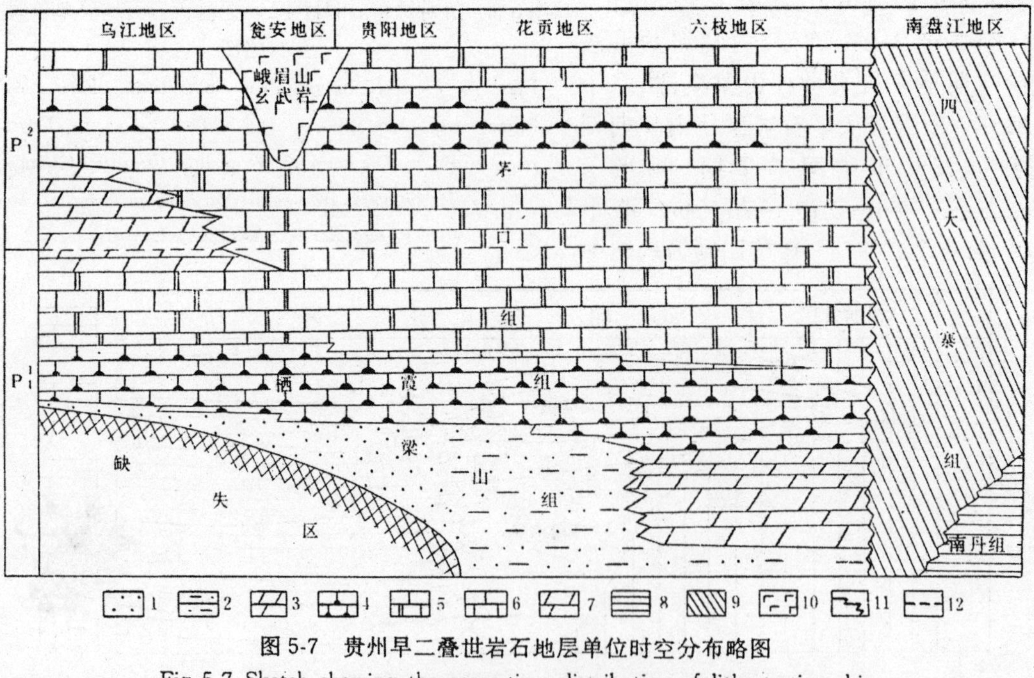

图 5-7　贵州早二叠世岩石地层单位时空分布略图

Fig. 5-7 Sketch showing the space-time distribution of lithostratigraphic unites of Early Permian in Guizhou Province

(据贵州区调院, 1993, 修改)

1. 陆相碎屑岩;2. 滨海相碎屑岩;3. 近岸台地相泥灰岩;4. 台地相燧石灰岩;5. 台地相白云化灰岩;6. 台地边缘相生物灰岩;7. 台地相碳泥质灰岩;8. 深水相含泥灰岩;9. 深水相碳酸盐碎屑岩;10. 玄武岩;11. 岩石地层体界线;12. 年代界线

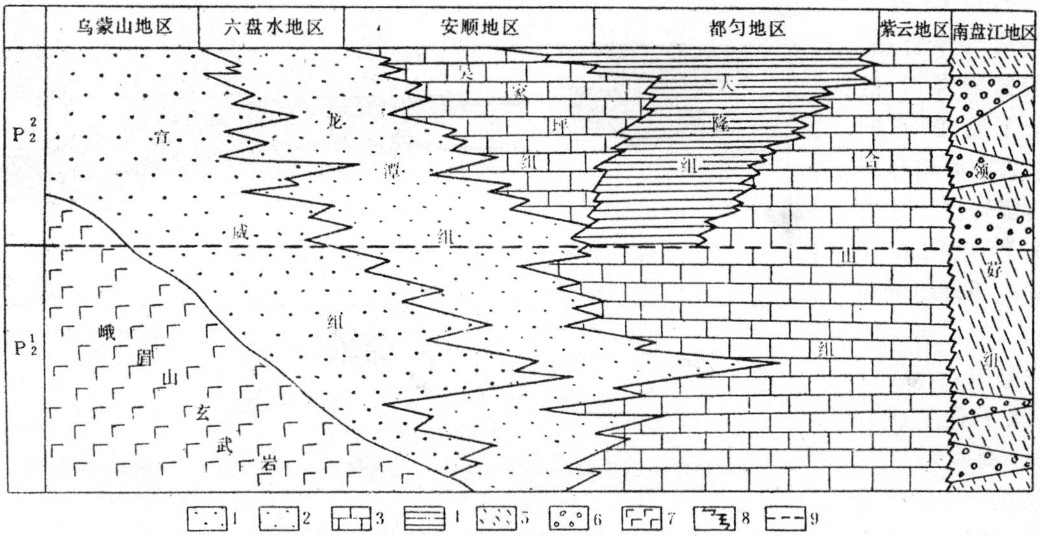

图 5-8　贵州晚二叠世岩石地层单位时空分布略图

Fig.5-8 Sketch showing the space-time distribution of lithostratigraphic unites of Late Permian in Guizhou Province

（据贵州区调院，1993，修改）

1.陆相含煤碎屑岩；2.海相含煤碎屑岩；3.台地相碳酸盐岩；4.台洼相硅酸盐岩；5.深水相浊流碎屑岩；6.深水相浊流碳酸盐碎屑岩；7.玄武岩；8.岩石地层体界线；9.年代界线

在空间上的展布格局，晚二叠世表现尤为明显：东吴运动后，区内全面抬升，造成早、晚二叠世地层之间的平行不整合接触，并大面积伴有玄武岩喷发和基性岩的侵位。而自早古生代以来的钦防海槽此时随即关闭，成为华力西褶皱带的一部分；深水盆地相沉积转为沿云开古陆西侧分布的陆相—滨海相碎屑岩沉积；上、下二叠统之间不整合接触（图 5-9）。晚二叠世多个古陆的存在为陆源碎屑物提供了多元供应区，也奠定了其时的沉积格局。此时，沉积岩相在空间上的展布，是以湘桂盆地为中心，西沿康滇古陆东侧由西向东，东沿华夏古陆西侧由东向西，相向

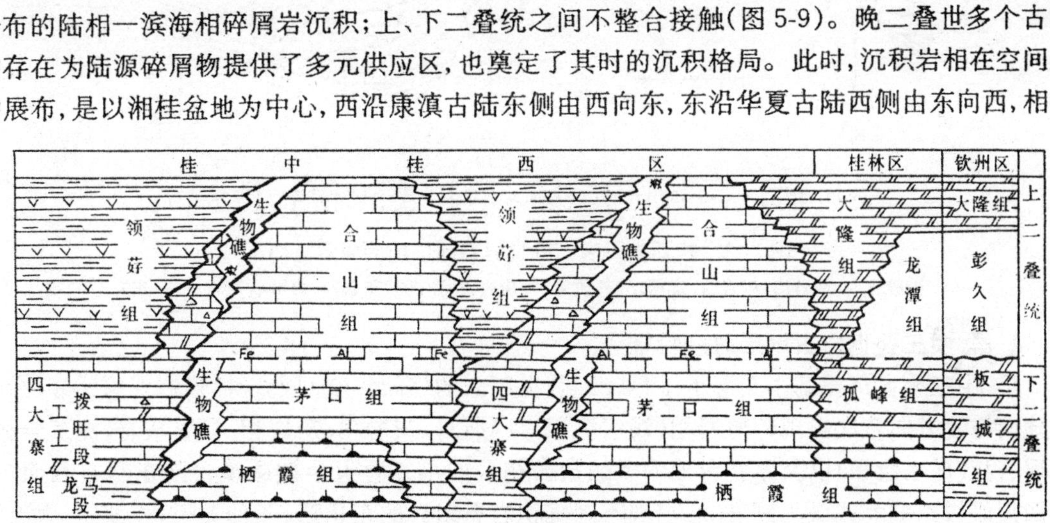

图 5-9　广西二叠纪岩石地层单位时空分布略图

Fig.5-9 Sketch showing the space-time distribution of lithostratigraphic unites of Permian in Guangxi

依次为陆相碎屑岩含煤岩相、滨海相碎屑岩含煤岩相、碳酸盐岩岩相、硅泥质岩岩相，有的地区在滨海相碎屑岩含煤岩相与碳酸盐岩岩相之间，还有硅泥质岩相沉积(图 5-10)。而在康滇古陆与云开古陆间，除了有上述岩相外，尚有斜坡相薄层灰岩夹硅质岩岩相和深水盆地硅泥质岩相，以及孤立台地的碳酸盐岩岩相，如图 5-9 所示。

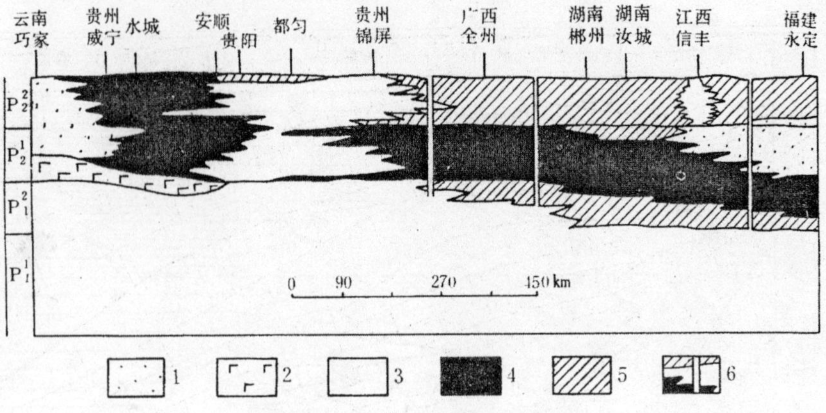

图 5-10　华南二叠纪岩相剖面图

（据周祖仁，1985，修改）

1.非海相煤系；2.玄武岩；3.碳酸盐岩；4.近滨煤系；5.硅泥质沉积；6.剖面中断处

中国南方二叠系旋回结构明显，下二叠统和上二叠统各为一个二级 T—R 旋回，其垂向叠置总的呈碎屑岩含煤岩相—碳酸盐岩岩相—硅泥质岩岩相—碎屑岩含煤岩相(包括陆相和海相)—碳酸盐岩岩相—硅泥质岩相。因此，华南区域大都使用了相同的岩石地层单位名称，如栖霞组、茅口组、孤峰组、龙潭组、合山组、大隆组等等。桂中合山以及黔南一些地区晚二叠世含煤岩系(合山组)，独特之处主要是煤层发育在海相碳酸盐岩之中，然其时空位置仍位于上述沉积岩相系列的碳酸盐岩岩相和孤立台地碳酸盐岩岩相(图 5-11)。

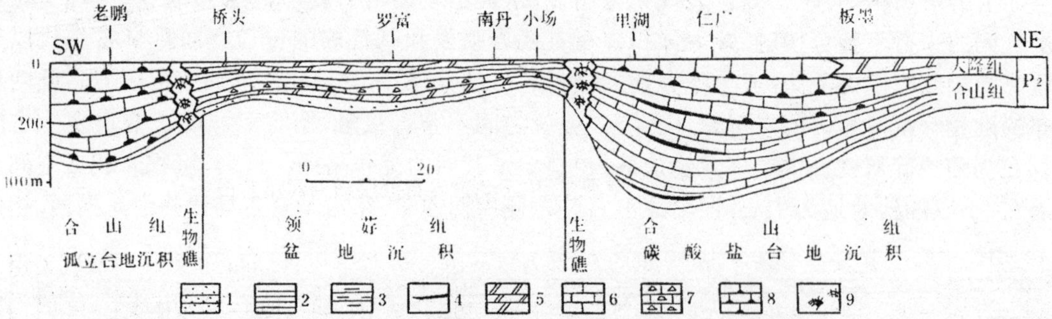

图 5-11　广西南丹晚二叠世岩石地层横剖面示意图

1.粉砂岩；2.页岩；3.泥岩；4.煤层；5.硅质岩；6.灰岩；7.角砾状灰岩；8.含燧石灰岩；9.礁灰岩

4.早、中三叠世岩石地层时空特征

早、中三叠世沉积基本上继承了自晚二叠世以来的格架。空间上岩相分带现象明显，沿着古陆向海盆方向依次出现碎屑岩相(浅水沉积)，碎屑岩、灰岩相，灰岩相，泥质灰岩、泥灰岩相，碎屑岩相(深水沉积)以及孤立台地的碳酸盐岩相。如早三叠世早期康滇古陆东缘自西而东，以四川峨眉到湖北武汉为例，先后出现不同沉积岩石组合的东川组、飞仙关组、夜郎组、大冶组(图 5-12)；同样，在康滇古陆两侧，尽管所使用岩石地层单位名称不同，但其展布特征是一致的(图 5-13)。而从扬子地台朝向滇、黔、桂盆地时则出现了泥灰岩、泥质灰岩相的罗楼组和碎屑岩相的石炮组，以及孤立台地内的马脚岭组、北泗组(图 5-14)。局部地区，如广西中部、北

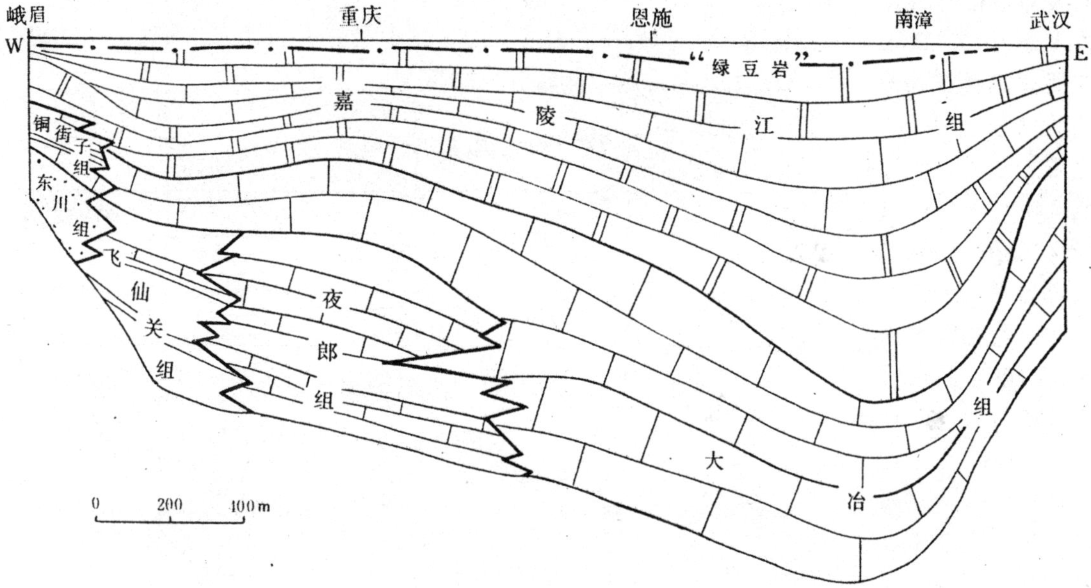

图 5-12　峨眉—武汉早三叠世岩石地层横剖面示意图

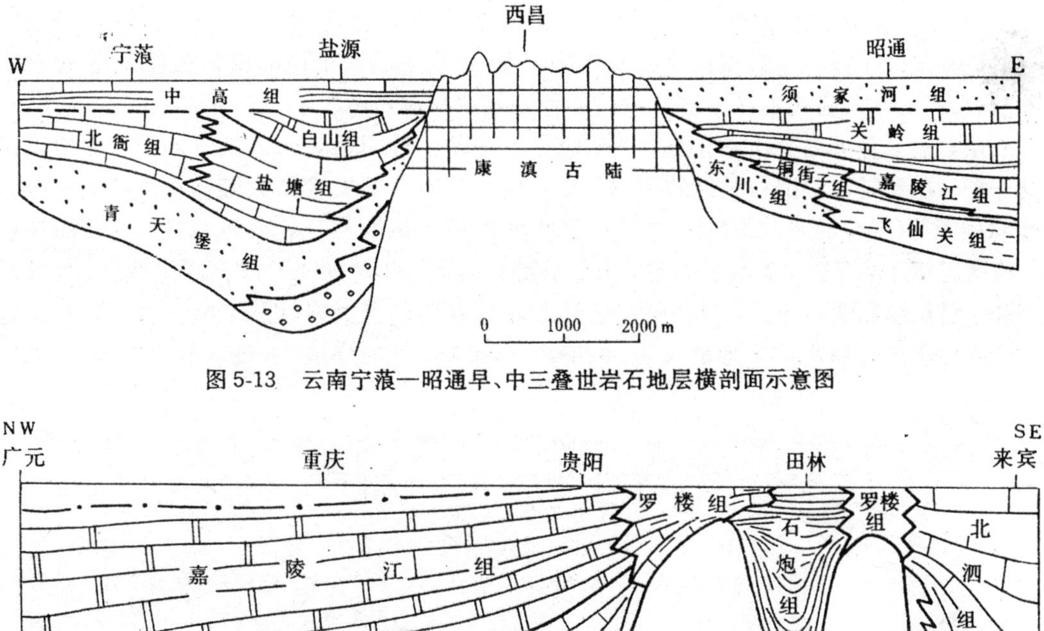

图 5-13　云南宁蒗—昭通早、中三叠世岩石地层横剖面示意图

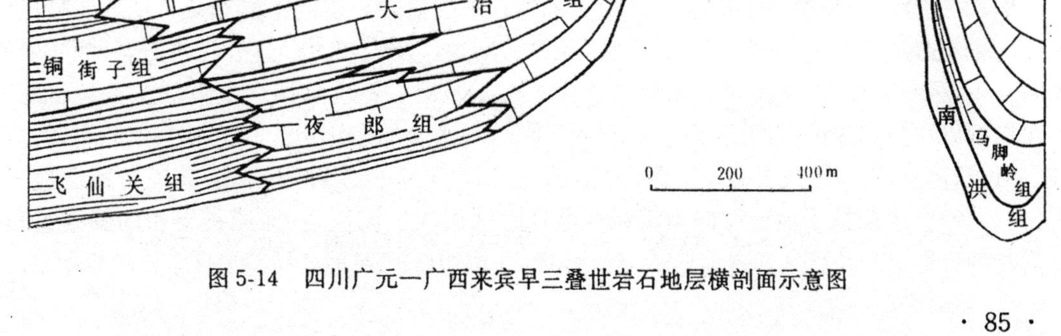

图 5-14　四川广元—广西来宾早三叠世岩石地层横剖面示意图

部地区的碎屑岩相之南洪组，一方面向灰岩相马脚岭组、北泗组变化，另一方面又可朝泥灰岩、泥质灰岩相罗楼组变化(图 5-15)。随着海侵规模的扩大，于早三叠世晚期，除在康滇古陆等周边及滇桂盆地中心外，全区几乎全为碳酸盐岩沉积所覆盖。

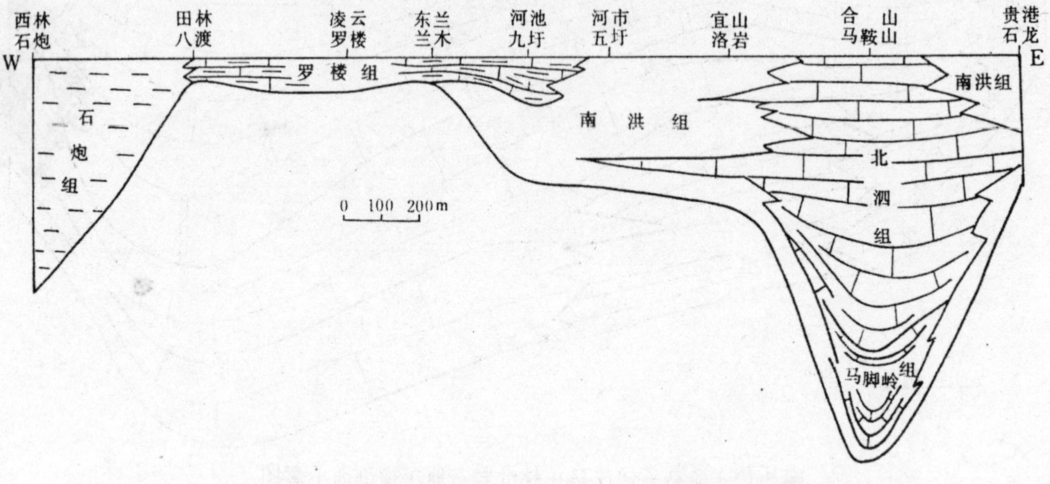

图 5-15　广西西林—贵港早三叠世岩石地层横剖面示意图

据早、中三叠世沉积岩相展布与纵向上变化特征，区内至少可分为 6 个三级 T—R 旋回。海水的进退造成了垂向上即时间上沉积岩相演变，再现了侧向堆积的岩石组合序列，由此产生岩石组合变化，于是各地有了一些相应的岩石地层单位名称。

在早、中三叠世之交，区内各地岩石地层之间有一时间长短不等的间断面：台地边缘为风化平原，在暴露面常沉积脱硅的伊利石粘土岩；台地内部发育了大陆盐湖；盆地边缘为泥质楔状体等等(吴应林等，1994)。并且中三叠世岩相变化恰与早三叠世相反，自西而东依次为：碎屑岩相，碎屑岩与碳酸盐岩混合相，碳酸盐岩相。如从湖北武汉至四川峨眉，先后出现蒲圻组、巴东组和关岭组，而且关岭组底部普遍具有杂色泥页岩(图 5-16)。这一岩石组合特征的转向，陆源碎屑物供应地的增加，似奏出了印支运动的序曲。在扬子地台贵州境内出现

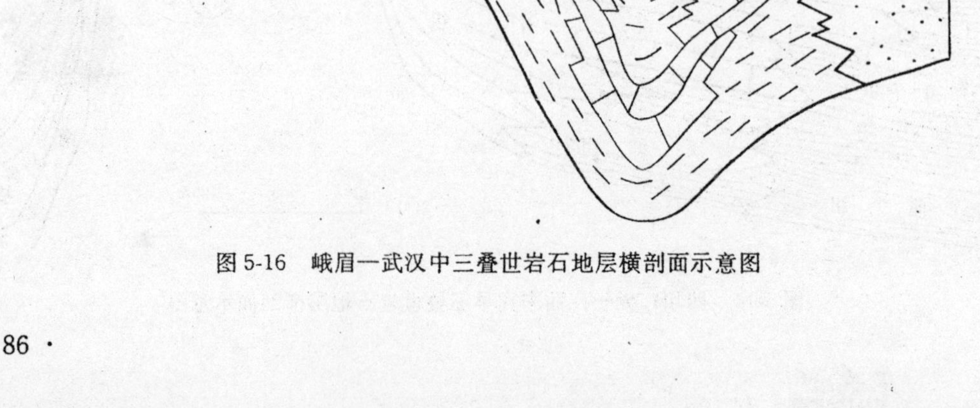

图 5-16　峨眉—武汉中三叠世岩石地层横剖面示意图

了台地边缘相碳酸盐岩沉积的坡段组、垄头组、改茶组。与盆地交接处则形成了一些岩舌和岩楔。而在滇、黔、桂盆地依然是盆地相的碎屑岩相沉积(复理石建造),为板纳组、百逢组、兰木组(图5-17)。岩石侧向堆积的排列次序仍然如故(图5-18)。总的来说,由于中、晚三叠世之间的印支运动,基本上结束了泥盆纪至中三叠世这一自然沉积阶段,晚三叠世开始了中国南方新的沉积阶段。

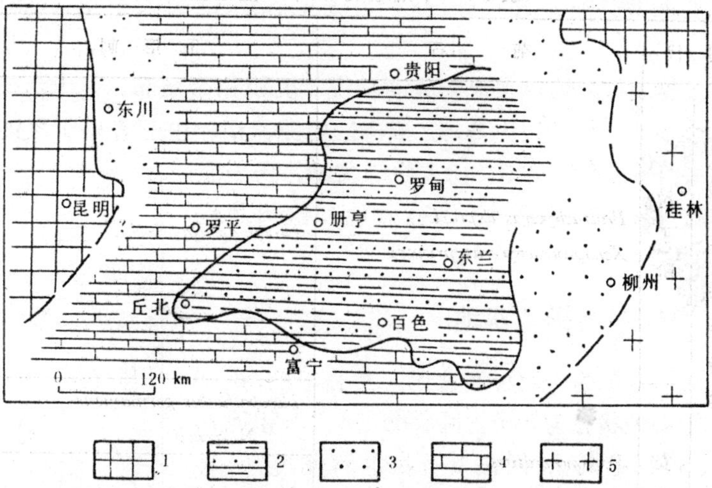

图5-17　南盘江地区中三叠世岩性分布略图

(据苟汉成,1985,修改)

1.古陆;2.复理石盆地;3.碎屑岩;4.碳酸盐岩;5.古生代和中生代花岗岩

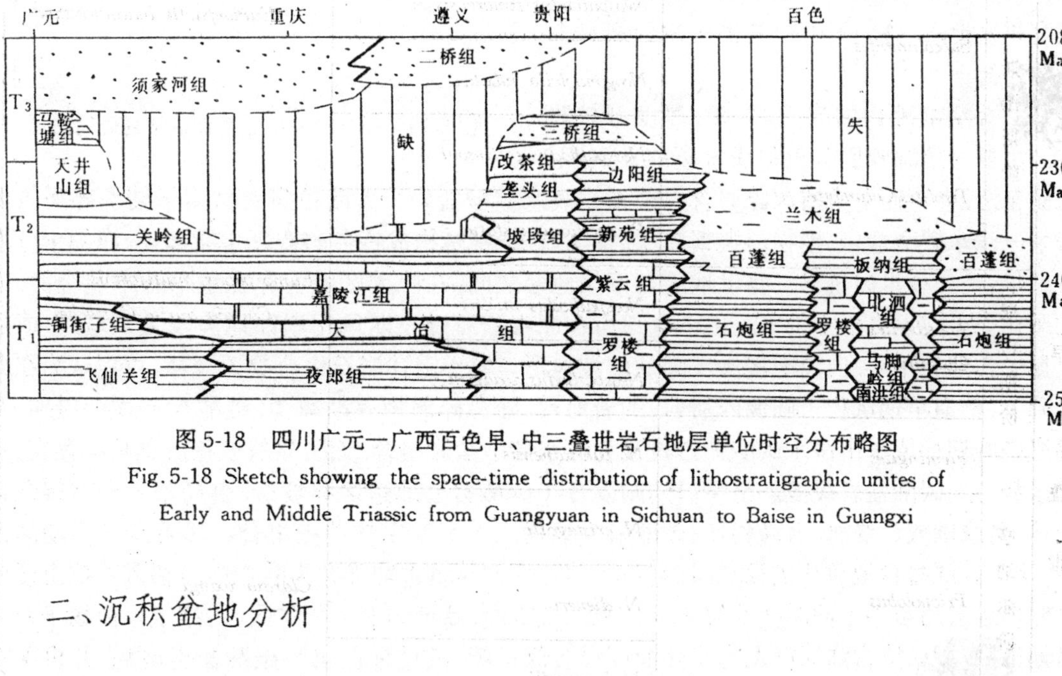

图5-18　四川广元—广西百色早、中三叠世岩石地层单位时空分布略图

Fig.5-18 Sketch showing the space-time distribution of lithostratigraphic unites of Early and Middle Triassic from Guangyuan in Sichuan to Baise in Guangxi

二、沉积盆地分析

志留纪末的加里东运动使扬子板块与华夏板块基本上连接成一个统一的华南板块,但其间华南海洋并未消亡殆尽,于广西钦州一带尚存区区一隅残余洋盆。泥盆纪至中三叠世,除在钦州地区早、晚二叠世地层之间呈不整合接触外,各纪与纪、世与世之间地层,以及它们的内部,在广大的坳陷区一般为整合接触,在隆起区为平行不整合接触。表明这一时期内并无强烈的造山运动,晚古生代至中三叠世地层是一个统一的构造层,并且它们都受到加里东运动形成的基底构造格局的控制。

自早泥盆世晚期始,区内陆壳在拉张机制作用下,开始逐步形成一系列主要为张性的沉积盆地。沉积盆地在发展过程中,尽管各时期各有特色,但由于继承性基底构造的影响,各盆地明显具有共性特征，仅以轮廓、形态、范围大小变化为主，盆地性质的转化仅局部而已。

据晚古生代以来地壳活动情况、沉积相带展布、火山活动情况等，以最大海侵期——早二叠早期沉积盆地为基础，拟将区内泥盆纪—中三叠世阶段的盆地，概略分为7个：上扬子盆地，扬子南缘盆地，扬子西缘盆地，扬子北缘盆地，滇黔桂盆地，湘桂盆地和钦州盆地（图5-19）。

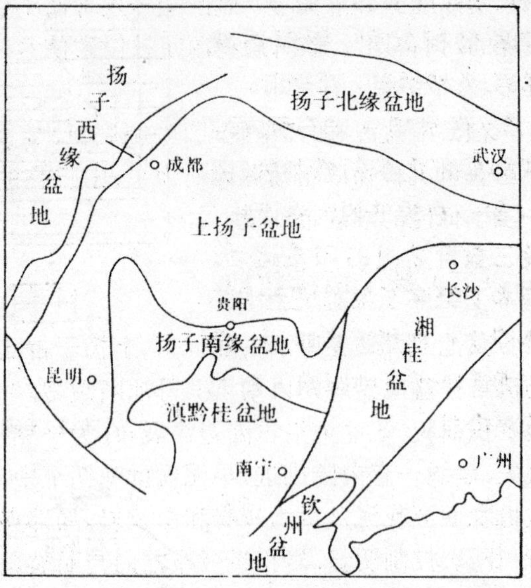

图5-19　泥盆纪—中三叠世盆地划分简图

（一）上扬子盆地

该盆地为一克拉通盆地。二叠纪前，该区处于剥蚀状态为扬子古陆部分，缺少海相泥盆纪、石炭纪沉积，但在早石炭世黔北遵义、息峰、瓮安和习水、桐梓地区形成两个内陆湖盆，沉积了铝土岩、泥岩组合和含铝粘土岩组合。由于长期稳定均衡拗陷，随后古特提斯大洋扩张，引起的扬子大陆边缘伸展，至二叠纪已形成沉积盆地，二叠纪至中三叠世多次经海侵沦为陆表海。

二叠纪盆地内的岩性、岩相、厚度都较稳定。主要为陆源碎屑沉积和浅水碳酸盐沉积，概而言之，自下而上为陆源碎屑含煤岩系—浅水碳酸盐岩—大陆拉斑玄武岩—陆源碎屑含煤岩系—浅水碳酸盐岩，生物门类繁多、数量丰富，特别是构成特色的造礁生物如藻、海绵十分发育。早、晚二叠世以及早二叠世地层与下伏地层之间，在广大区域上存在着平行不整合面，由此风化壳上亦发育铝土岩等。由于盆地所在原古陆经过长期风化剥蚀地势较为平坦，形成以上扬子古陆为中心，向周围缓慢下降的斜坡地形。鉴于上述岩石组合叠覆规律，可以认为在此基础上，栖霞早期沉积了陆源碎屑岩，随着海侵，陆源碎屑物逐渐减少，碳酸盐岩逐渐增加，至栖霞中晚期形成了由浅水碳酸盐岩过渡为深水碳酸盐岩组合，无明显斜坡相沉积特征存在，总的态势为一碳酸盐岩缓坡。至茅口期则发育了碳酸盐台地边缘和坡折，由局限—开阔碳酸盐台地、台缘礁或台缘滩、台缘斜坡、碳酸盐盆地构成一个较完整的相组合。随着东吴运动的发生，这一碳酸盐台地演化进程受阻，且由此引起西部康滇古陆隆升为陆源区。栖霞中期海侵使该时期地层超覆于不同时代地层之上。晚二叠世时，盆地向西有所扩大，占据了以前扬子西缘盆地范围，沿康滇古陆周围发育了陆源碎屑含煤沉积，其他地区仍为碳酸盐岩沉积，并再次重现早二叠世碳酸盐台地发展过程。

三叠纪本盆地范围有所扩大，包括了此前的扬子北缘盆地、扬子南缘盆地和扬子西缘盆地范围。盆地内浅水低能，周缘局部具有高能带。早三叠世盆地为一由西向东倾斜台地，而西侧康滇古陆为最活跃的陆源区，沿古陆两侧有大量陆源碎屑进入盆地，且由于水动力条件微弱，沉积物具有较低的成熟度。盆地内部以内源碳酸盐沉积为主，由于水咸而蒸发量大，局部（川中一带）常形成聚盐盆地，沉积环境由西向东由局限台地（包括局部的蒸发台地）向开阔台地逐步过渡。台地向南形成缓坡，逐步向滇黔桂海盆过渡。中三叠世康滇古陆准平原化，在上扬子台地南缘，早三叠世水下古隆起抬升，并形成江南古陆，陆源物质大量进入盆地。在川东、湘北和湖北大部形成巨厚的滨岸陆屑潮坪沉积。而西部盆地内源占据优势，仍为碳酸盐台地，台地南缘浅水高能，形成一平行台地边缘的台缘浅滩，形成镶边台地。

晚三叠世印支期大规模海退使扬子克拉通盆地大面积上升，沉积作用停止并转入剥蚀阶段，盆地西缘继续保持缓慢沉降，在川西，黔西及滇东南一带形成一南北向狭长的滨岸带，沉积物以陆源碎屑为主，碳酸盐岩发育而不稳定，西缘局部可能已形成滨岸沼泽环境，进入成煤的"预备期"。该时期物源超补偿致使盆地逐步充填，至晚三叠世晚期全面转入陆相成煤环境。

在云南盐源、丽江地区，凹陷幅度巨大，而主要来自康滇古陆的沉积物补偿充足且均衡。早三叠世沉积物以粗陆源碎屑为主，中三叠世以盆内碳酸盐岩沉积为主，沉积环境始终保持在一浅水低能的潮汐带环境。

（二）扬子南缘盆地

其范围大致在康滇古陆以东，上扬子古陆以南，东以冷水江－龙胜断裂与湘桂盆地分界，与滇黔桂盆地界线则以紫云－丹池断裂、弥勒－师宗断裂划分。古陆在盆地西、北侧，控制盆地沉积面貌，该盆地沿古陆边缘展布，为一克拉通边缘盆地。泥盆纪处于海侵时期，随着时间流失，岸线一直向陆推进；早泥盆世晚期至中泥盆世早期为碎屑岩与碳酸盐岩混合沉积；中泥盆世晚期至晚泥盆世为灰岩和白云岩，局部夹少量膏盐与碎屑岩沉积。早、中泥盆世沉积受同沉积断裂控制明显，岩相带展布方向与断裂基本一致，至晚泥盆世，断陷活动趋于稳定，盆地不断充填，沉积分异性差，广大地区发育碳酸盐局限台地。

早石炭世早期（岩关期）古海岸线大致沿滇东石屏、昭通、黔南安顺、都匀、桂北、罗城四堡、龙胜、湘西南洞口等地以南分布，滨岸带上沉积了碎屑岩含煤岩系，浅海陆架上发育碳酸盐岩与碎屑岩混合沉积，以及潮坪相的碳酸盐岩沉积，底栖生物繁盛，生物滩亦较发育。大塘期与岩关期沉积类似，但大塘期中时海平面大规模上升，导致岸线向陆推进，致使大塘期地层超覆至泥盆纪或前泥盆纪地层之上。晚石炭世早期普遍为白云岩沉积，中、晚期则以灰岩沉积为主。总体上晚石炭世逐渐出现海退，晚期海水变浅，岸线向海一侧迁移，海域面积缩小，海岸线退至岩关期所处位置。大部分地区为灰岩或含白云质灰岩组成的碳酸盐局限台地；开阔台地由颗粒灰岩等组成，常可见及核形石灰岩，台地浅滩相亦较发育。

二叠纪，由于晚石炭世末的云南运动（黔桂运动）盆地隆升为陆，二叠纪地层与石炭纪地层呈平行不整合接触。随着早二叠世海侵，底部发育薄层陆源碎屑含煤岩系，随后有富含䗴类、有孔虫、钙藻、珊瑚等碳酸盐岩沉积。生物礁和生物滩发育，台缘斜坡多为薄、中层灰岩夹灰质角砾岩、礁灰岩砾块等。东吴运动康滇古陆再次隆升，成为陆源碎屑物供应地；引起玄武岩浆广泛喷溢；并使海域范围缩少。晚二叠世重显早二叠世沉积特征。总之，沉积以浅水碳酸盐和陆源碎屑为主，沉积序列大致可分为二类：一类为碳酸盐岩—碳酸盐岩含煤—硅质岩、泥岩（或碳酸盐岩）；另一类为陆源碎屑岩—碳酸盐岩—陆源碎屑岩含煤—碳酸盐岩。生物化石较多。地层厚度大，可达 1 000 m 以上。

三叠纪该盆地归属于上扬子盆地，其沉积特征在该盆地已简述。

（三）滇黔桂盆地

该盆地属被动大陆边缘裂谷盆地，泥盆纪拉开，石炭纪延续，二叠纪发展。其范围包括滇东南、黔南及桂西、桂西南地区，四周为断裂带。盆地内以北西向断裂带为主，北东向断裂为次，平行排列，均具有拉张性，使深水盆地内大小不等的孤立碳酸盐台地发育，形成了深水盆地与浅水台地相间的沉积格局。随着海平面升降变化和区域构造影响，早泥盆世晚期至早石炭世为典型台、盆交错时期，以盆地相为主；晚石炭世至早二叠世，盆地中台地相区扩大，盆地相区缩小；晚二叠世后再现前期台、盆交错格局；中三叠世该盆地已成为单一的浊积盆地。盆地的另一特征是火山岩十分发育，早泥盆世至早二叠世以碱性及钙碱性系列的基性火山岩为主，在深水沉积物中产出，分布于盆地南部；晚二叠世至中三叠世为钙碱性及碱性系列的中酸性火山岩，主要分布于西部和南部。

滇黔桂盆地从早泥盆世晚期至早三叠世，由碳酸盐台地、孤立碳酸盐台地和盆地相沉积组成，在空间上其呈横向变化，在时间上则规律叠覆构成旋回。台地主要由各种碳酸盐岩组成，富含底栖生物及藻类化石。台地边缘发育生物礁。泥盆纪以层孔虫生物礁为主，二叠纪海绵、藻礁占统治地位。斜坡相常见滑塌角砾岩等。盆地相在早泥盆世晚期至早石炭世和早二叠世，以硅质岩、硅质泥岩、碳质泥岩沉积为主，浮游生物十分丰富；钙屑浊积岩主要见于晚石炭世和早二叠世地层；火山碎屑浊积岩晚二叠世、早三叠世甚为发育；中三叠世陆源碎屑浊积岩广为分布，岩石以杂砂岩为主，次为杂粉砂岩、泥岩、泥灰岩等，普遍见鲍马序列，底面构造如槽模、沟模、跳模等发育。各地质年代的主要岩石类型等如表 5-2 所示。中三叠世末期的印支运动初幕在本地区影响巨大，大面积的持续上升及海退作用，迅速使滇黔桂盆地关闭，结束了海相沉积历史。

表 5-2　滇黔桂盆地主要沉积岩类型及沉积体系简表

<table>
<tr><th colspan="2">地质年代</th><th>主要岩石类型</th><th>主要沉积体系</th></tr>
<tr><td rowspan="2">三叠纪</td><td>中世</td><td>碎屑岩、火山碎屑岩、泥质岩</td><td>盆地体系、陆架体系</td></tr>
<tr><td>早世</td><td>碎屑岩、碳酸盐岩、火山碎屑岩</td><td>碳酸盐台地体系、盆地体系、陆架体系</td></tr>
<tr><td rowspan="2">二叠纪</td><td>晚世</td><td>碳酸盐岩、火山碎屑岩、硅质岩、碎屑岩</td><td>碳酸盐台地体系、盆地体系</td></tr>
<tr><td>早世</td><td rowspan="2">碳酸盐岩</td><td rowspan="2">碳酸盐台地体系、盆地体系</td></tr>
<tr><td rowspan="2">石炭纪</td><td>晚世</td></tr>
<tr><td>早世</td><td rowspan="2">碳酸盐岩、硅质岩、泥质岩</td><td rowspan="2">碳酸盐台地体系、盆地体系</td></tr>
<tr><td rowspan="2">泥盆纪</td><td>中、晚世</td></tr>
<tr><td>早世</td><td>碎屑岩、泥质岩、碳酸盐岩</td><td>滨岸—陆架体系、碳酸盐台地体系、盆地体系</td></tr>
</table>

（据曾允孚等，1995，修改）

（四）钦州盆地

钦州盆地为加里东运动之后的一个残余海槽，包括玉林、钦州等地，为志留纪与泥盆纪海相地层连续沉积地区。自早泥盆世直至早二叠世发育一套半深海—深海泥质岩、硅质岩为主沉积。富含浮游生物，如早、中泥盆世的笔石、竹节石，与晚泥盆世至早二叠世的牙形刺、放射虫等化石。具水平层理，地层厚度薄，为一个非补偿的缺氧饥饿盆地。

东吴运动使钦州海槽关闭，云开古陆再次隆升，地形差异较大，在云开古陆西侧的钦州地区，有厚达数千米的陆相、滨海相粗碎屑岩快速堆积，主要为砾岩、含砾砂岩、粉砂岩及泥岩等磨拉石建造，含植物化石和少量海相双壳类。与下伏地层呈不整合接触。早三叠世为陆屑海底扇沉积，其上不整合覆盖晚三叠世的造山后磨拉石沉积。三叠纪该盆地为前陆盆地性质。并已属湘桂盆地。

（五）湘桂盆地

为一陆间裂谷盆地，位于扬子陆块与华夏陆块之间，由东西两侧NE、NNE向断裂所控制，南与钦州盆地相接，包括湘中、湘南、桂东和粤西等地。本书所描述范围仅其部分区域。

泥盆纪，区域内发育NE向、NNE向的冷水江－龙胜断裂带、衡阳－灵山断裂带北段、郴州－合浦断裂带北段。由于拉张与挤压相伴生，挤压抬升区形成浅水碳酸盐台地，拉张区形成深水盆地，且相互交错，盆中有台、台中有盆。

早泥盆世隆起无沉积。中泥盆世早期为陆源碎屑物滨岸及陆架沉积。中泥盆世晚期岩相发生分异：隆升区为碳酸盐台地，有生物礁、滑塌及碎屑流沉积，富产底栖生物；拉张区为盆地相，主要为硅质岩、泥岩、瘤状灰岩及浊流沉积，含浮游生物。晚泥盆世早期，海侵扩大，盆地随着扩展；晚泥盆世晚期海水由北向南退出，盆地被充填缩小，沉积物呈现下部硅质泥岩、薄层泥灰岩，上部浅水碳酸盐岩沉积，灰岩向上增多、增厚，具向上变浅的层序。

早石炭世早期以碳酸盐岩为主夹少量砂泥质碎屑岩，以潮坪相沉积为特征；晚期岩性三分，上、下部为灰岩，中部是含煤碎屑岩系，部分地区上部灰岩夹石膏层，系局限沉积环境，局部地区同时亦发育高能环境的碳酸盐台地浅滩相沉积。晚石炭世普遍为碳酸盐岩沉积，为较深水缓坡、台地相，局部地区为局限、浅滩沉积环境。

二叠纪该盆地为一不对称盆地，东部浅而平缓、西部陡且深，沉积序列由下而上为：浅水碳酸盐岩，硅质岩，陆源碎屑岩，硅质岩。盆内早二叠世碳酸盐台地发育，简单可分为由厚层至块状粒泥灰岩、泥粒灰岩等组成的开阔台地；台地边缘由泥粒灰岩、颗粒灰岩、亮晶生物颗粒灰岩、藻灰岩等组成，发育浅滩和生物礁，呈线状分布；台缘斜坡，多数由深色薄一中层泥晶灰岩夹硅质岩组成，具特征明显的滑移、滑塌构造，夹有由碎屑流形成的灰质角砾岩及礁灰岩碎块。碳酸盐台地底栖生物十分丰富。盆地相沉积由硅质岩、硅质泥岩、泥岩等组成，具水平纹层，产有牙形刺、菊石、放射虫等化石，地层厚度小，为缺氧的饥饿盆地沉积。早二叠世晚期，部分地区出现陆源碎屑浊流沉积，盆地开始变浅。晚二叠世碳酸盐台地位置及特征与早二叠世基本一致，生物礁、生物滩甚为发育，以浅色礁灰岩和亮晶胶结的颗粒灰岩为主，台缘斜坡上依然可见大量的滑塌、变形构造。晚二叠世早期是一个海退期，加上茅口晚期盆地已有过沉积物快速填积，故此时盆地范围明显缩小，海水变浅。吴家坪期初时广泛出现含煤陆源碎屑沉积，但随着盆地急速下沉，发展为非补偿性盆地，沉积了硅质岩、粒泥灰岩及少量粉砂岩、泥岩；晚期，盆地有所扩大，仍为非补偿性沉积盆地，主要有硅质岩、硅质泥岩及少量凝灰岩等，水平层理发育，化石有放射虫、菊石、小型薄壳腕足类等。

早三叠世海盆为一浅水陆架环境，沉积物以陆源碎屑为主，局部有塌积角砾岩等重力流沉积出现。显示补偿不足的沉积环境。中三叠世沉积物以内源为主，盆地沉降幅度减慢，逐步进入超补偿阶段，沉积环境由浅水陆架转入潮汐带，印支初幕的上升运动，使湘桂海盆与周边区域同步进入剥蚀期，海相沉积结束。

（六）扬子北缘盆地

泥盆纪时期，该盆地为初始阶段，面积尚小，位于鄂西、川东南地区，东边与下扬子盆地相连，系一陆内坳陷盆地。在陆壳稳定背景下接受沉积，盆内沉积厚度小，无深水沉积，岩相分异性差。早泥盆世至中泥盆世早期无沉积，中泥盆世晚期海侵扩大向北推进，至湖北恩施、宜昌以北，沉积了滨岸相的细砂岩、粉砂岩为主的碎屑岩，与下伏地层呈平行不整合接触；晚泥盆世海平面继续上升，但仍以滨岸相碎屑岩沉积为主，仅在武汉一带有三角洲沉积。

石炭纪由泥盆纪坳陷盆地发展为内克拉通盆地。但其南部、北部及西部仍为古陆，东与下扬子盆地相连，海水自NE向SW侵没。盆内地层厚度薄，岩相稳定，与下扬子盆地连成一片，岩性、古生物群一致，呈现浅水陆表海沉积特征。综观石炭纪沉积，盆地海域中心地区位于三峡—江陵—武汉等沿长江一带，以潮坪沉积为主，包括砂泥坪、混合坪、灰泥坪和白云岩坪。川东地区的白云岩坪很特征，可见石膏和溶塌角砾岩，为蒸发盐沉积。盆地海域外缘，其范围从重庆、万县至武汉、环绕上述中心地区，为从古陆到海相的过渡区，陆相、海滩相、海陆过渡相沉积发育，由于靠近古陆，地层发育不全、或因后期剥蚀保留较少。晚石炭世早期，海水由东南侵入，由于水下隆起，形成较闭塞环境，泥、粉晶白云岩发育；晚石炭世中期，海侵范围扩大，古陆面积显著缩小，中部台地相灰岩（黄龙组灰岩）普遍超覆于泥盆纪和前泥盆纪地层上；晚石炭世的海退趋势，引起海域逐渐缩小，并形成了以核形石灰岩为主的浅滩沉积。综上所述，晚石炭世相序三分显著，即下部潮坪相白云岩、中部台地相灰岩及上部浅滩相灰岩。

二叠纪，盆地位于华南陆块向秦岭海槽的过渡部位，系被动大陆边缘盆地。海水由南向北逐渐变深，形成了由滨岸碎屑岩相→碳酸盐台地（碳酸盐岩组合）→斜坡（钙屑角砾岩、浊积岩组合）→盆地（深水碳酸盐岩、硅质岩组合）格局。早、晚二叠世地层垂向上各自呈现这一沉积演变特征。由于海平面升降，各时期的相带展布位置不一：深水盆地相在栖霞期仅分布于京山、襄樊一带，茅口期扩大至黄石等地，吴家坪期略有缩小，至长兴期，范围最大，可及鄂北大部分地区；碳酸盐台地分布范围大小与盆地相反，呈不断缩小趋势。

三叠纪，该盆地已属上扬子克拉通盆地，有关其沉积特征已在相应盆地中叙述。

（七）扬子西缘盆地

该盆地为一被动大陆边缘盆地。泥盆纪，盆地由西向东发育一系列NNE、NE向断裂，致使盆内隆起、拗陷分异，由陆至海，滨岸—陆架—斜坡—盆地相带展布明显。北部龙门山地区，早泥盆世早期主要为滨岸相碎屑岩沉积；中期普遍为混积型海岸和陆架环境，有砂岩、泥岩夹灰岩组成；晚期发育台地、混积型陆架、混积型海岸沉积，主要有碳酸盐岩组成。中泥盆世早期为滨岸陆源沙滩与碳酸盐岩缓坡与生物礁交替沉积；中泥盆世晚期至晚泥盆世早期则为台地相碳酸盐岩，台地边缘发育生物碎屑滩和线状生物礁群。晚泥盆世晚期，海平面下降、海水变浅，靠近古陆有局限台地白云岩沉积，碳酸盐台地浅滩化，沉积了鲕粒灰岩、亮晶生物屑灰岩及砂屑灰岩。南部金平、丽江地区，泥盆纪与志留纪地层呈连续沉积，早泥盆世为斜坡相碳酸盐岩沉积，主要由薄层灰岩夹块状灰岩、角砾岩等组成；中、晚泥盆世出现由放射虫硅质岩、硅质页岩、黑色页岩等组成的盆地相沉积，同时亦出现钙泥质的碳酸盐岩沉积。

石炭纪仍为被动大陆边缘盆地，继承了泥盆纪的拉张构造环境。由于构造破坏，地层残缺不全，出露部分以碳酸盐岩沉积为主，沉积厚度小。晚泥盆世在碳酸盐岩组成的缓坡基底上，形成了早石炭世早期浅海碳酸盐岩缓坡沉积环境：南部丽江地区的缓坡由粒泥灰岩等组成，呈南北向伸展、东西向分异；北部龙门山地区以泥晶灰岩为特征，在川西北江油出现粉砂岩和砂岩。早石炭世晚期仍为浅海碳酸盐岩沉积环境：南部金沙江及盐源等地为页岩、泥晶灰岩组合的混合坪，以及滨外缓坡沉积；宁蒗、丽江等地为能量较高的泥粒灰岩、颗粒灰岩组合；北部龙门山地区，在灌县龙溪以北，为浅海碳酸盐岩沉积；在宝兴等地沉积了石英砂岩和泥岩。晚石炭世早期，南部地区为碳酸盐岩缓坡沉积，并大致以木里—永胜一线为界，东侧以泥晶灰岩、粒泥灰岩为主，西侧由泥晶灰岩、颗粒灰岩、泥粒灰岩等组成，水体能量从东到西逐渐加大。北部龙门山地区发育粒泥、泥粒灰岩为主的碳酸盐缓坡沉积，仅在宝兴硗碛有陆源碎屑的石英砂岩及少量泥岩沉积。晚石炭世晚期继承其早期沉积特征和沉积范围。

二叠纪沉积特征和发展历程，与上扬子盆地相似。二叠纪栖霞期早时，南北伸展的康滇古陆露出海面，并遭受剥蚀；栖霞期中时沉没于海中成为水下隆起；早二叠世末的华力西运动，使水下隆起再次上升为陆，遭受剥蚀，同时伴随着玄武岩浆的喷发，其覆盖面扩及整个古陆。康滇古陆为东西两侧盆地共同蚀源区，致使该盆地二叠纪地层在岩性、岩相和生物群等存在一致性。扬子西缘盆地与上扬子盆地有着相似的沉积特征和发展历程，此处不再赘述。

三叠纪该盆地已属于上扬子盆地，其沉积特征已如上扬子盆地所述。

三、生物地层特征

自泥盆纪—三叠纪，地处温带、亚热带的华南海域及其所相邻的陆地，生物极其繁盛，大陆上的植物、鱼类抑或海洋的底栖生物与浮游生物均很发育。几十年来，通过古生物学家研究，对于它们的时空变化有了详尽的了解，亦逐步建立了系统化石带(组合)，现择主要门类化石带(组合)列表概述如下(表 5-3—表 5-8)。

四、全球泥盆系－石炭系界线辅助层型——广西桂林南边村剖面简介

1979 年国际地层委员会泥盆系－石炭系界线工作组，给泥盆系与石炭系界线下了一个新的定义，即以牙形刺 *Siphonodella praesulcata* 演化系列内 *Siphonodella sulcata* 的首次出现作为石炭系的开始。又在第 28 届国际地质大会(1989)期间，国际地层委员会确定法国拉塞尔(La Serre)剖面为泥盆系－石炭系全球界线层型(正层型)，同时确认，1988 年泥盆系－石炭系界线工作组选定中国桂林南边村剖面和联邦德国的哈塞尔巴赫剖面为全球界线辅助层型剖面(副层型)。

南边村剖面位于桂林市西北南边村旁，距桂林市中心约 6.6 km，离芦笛岩 3 km。该剖面经广西壮族自治区人民政府批准，已树碑妥加保护。

该泥盆系与石炭系界线剖面主要为灰岩，在界线附近夹有一些页岩。剖面经俞昌民等(1987、1988)研究：界线上下之第 40 和第 48 层属于 L. *Siphonodella praesulcata* 带；第 49 层

表5-3　中南地区早、中泥盆世主要

时代		牙形刺	竹节石	菊石	三叶虫
中泥盆世		Lowermost *Mesotaxis asymmetricus*	*Nowakia regularis*	*Probeloceras applanatum*	
		Klapperina disparilis			
	吉维特期	Upper *Schmidtognathus hermanni-Polygnathus cristatus*			
		Lower *S. hermanni-Po. cristatus*	*N. hongjiaoensis* *N. multicostata*		
		Upper *Polygnathus varcus*			
		Middle *Po. varcus*			
		Lower *Po. varcus*	*N. otomari*		
	艾菲尔期	*Po. xylus ensensis*	*Sulcatonowakia sulcata sulcata*	*Pinacites jugleri*	
		Tortodus kockllianus kockllianus			
		T. k. australis			
		Polygnathus costatus costatus			*Ducuna* (*Illaenula*) *Vietnamica* *Cyphaspides orientalis* *Phacops transversalis* *Plagiolaria nandanensis*
		Po. partitus			
早泥盆世	艾姆斯期	*Po. patulus*	*N. holynensis*	*Anarcestes noeggerati*	
		Upper *Po. serotinus*			
		Lower *Po. serotinus*	*N. richteri*		
		Po. laticostatus/ *Po. inversus*	*N. cancellata*	*Convoluticeras discordans*	
		Po. perbonus/ *Po. gronbergi*	*N. elegans* *N. barrandei*	*Anetoceras-Erbenoceras*	
	布拉格期	*Po. dehiscens*	*N. praecursor* *N. granditubera* *N. longlinensis*		*Gravicalymene maloungkaensis*
		Eognathothus sulcatus	*N. acuaria*		
	洛赫柯夫期				

①本表及表5-4珊瑚据俞昌民等，1979，1982，吴望始等，1981；牙形刺据王成源，1990，1994；竹节石据穆道成，1978；

门类化石带(组合)序列表①

腕足类		四射珊瑚	
	Leiorhynchus kwangsiensis	*Endophyllum-Dialytho-phyllum*	*Kwangsiastraea elegans*
	Emanuella		
	Stringocephalus		
Plectodonta sanglangensis-Paranoronoplia tacet	*Parabornhardtina* *Athyrisina squamosaeformis-Acrospirifer houershanensis* *Xenospirifer fongi*	*Breviseptophyllum kochanens-Utaratuia sinensis*	
Biconostrophia spirifera-Boucotia	*Euryspirifer shujiapingensis* *Otospirifer daleensis*	*Leptoinophyllum guangxiense* *Trypezophyllum cystosum-Cystohexagonria daleensis*	
	Subcuspidella trigonata		
	Howellella luomaiensis	*Lyrielasma guangxiense*	
Dicoelostrophia	*Dicoelostrophia-Rostrospirifer tonkinensis*	*Heterophrentis angusta* *Xystriphylloides nobilis*	
Spirigirina	*Orientospirifer nakaolingensis*	*Chalicidophyllum nahkaolingense* *Eoglossophyllum minor*	

菊石据阮亦萍,1981;其余据侯鸿飞、王士涛等,1988 综合。

表 5-4 中南地区晚泥盆世主要

时代		牙形刺	竹节石	菊石
晚泥盆世	法门期	Upper *Siphonodella praesulcata*		*Wocklumeria* *Clymenia*
		Middle *Siphonodella praesulcata*		
		Lower *Siphonodella praesulcata*		
		Upper *Palmatolepis gracilis expansa*		
		Middle *P. g. expansa*		
		Lower *P. g. expansa*		
		Upper *P. g. postera*		
		Lower *P. g. postera*		
		Upper *Palmatolepis rugosa trachytera*		
		Lower *P. r. trachytera*		
		Uppermost *Palmatolepis marginifera marginifera*		
		Upper *P. m. marginifera*		
		Lower *P. m. marginifera*		
		Upper *Palmatolepis rhomboidea*		
		Lower *P. rhomboidea*		
		Upper *P. crepida*		
		Middle *P. crepida*		
		Lower *P. crepida*		
		Upper *P. triangularis*	*Uniconus glaber-Striatostyliolina*	*Manticoceras cordatum*
		Middle *P. triangularis*		
		Lower *P. triangularis*		
	弗拉斯期	Uppermost *P. gigas*		
		Upper *P. gigas*		
		Lower *P. gigas*		
		Ancyrognathus triangularis		
		Upper *Mesotaxis asymmetricus*	*Nowakia regularis*	*Probeloceras applanatum*
		Middle *M. asymmetricus*		
		Lower *M. asymmetricus*		

门类化石带(组合)序列表

<table>
<tr><th>三 叶 虫</th><th colspan="2">腕 足 类</th><th>四射珊瑚</th></tr>
<tr><td rowspan="4">Dianops-Typhloproetus</td><td rowspan="4"></td><td rowspan="3">Mesoplecta-Tenticospirifer</td><td>Cystophrentis</td></tr>
<tr><td>Caninia dorlodoti</td></tr>
<tr><td>Ceriphyllum elegantum</td></tr>
<tr><td rowspan="2">Yunnanella-Hunanospirifer
Yunnanellina-Tenticospirifere tenticulum</td><td rowspan="2"></td></tr>
<tr><td rowspan="3"></td><td>Eoperegrinella baschkirica</td></tr>
<tr><td rowspan="2"></td><td>Cyrtospirifer
Hypothyridina</td><td rowspan="2">Pseudozaphrentis-Sinodisphyllum</td></tr>
<tr><td>Leiorhynchus kwangsiensis</td></tr>
</table>

表 5-5 中南地区早石炭世主要

时代		牙形刺	有孔虫	䗴
早石炭世	晚期	*Gnathodus bilineatus bollandensis-Adetognathus unicornis* Zone	*Biseriella parva-Neoarchaediscus postrugosus*	*Eostaffella*
		Paragnathodus nodosus Zone	*Endothyranopsis crassus-Cribrospira rara*	
		Gnathodus bilineatus bilineatus Zone	*Quasidiscus eopirillinoides-Lituotubella glomospiroides*	
		Paragnathodus commutatus Zone		
		Gnathodus texanus-G. homopunctatus Zone	*Dainella chomatica-Plectogyra gibbera*	
	早期	*Scaliognathus anchoralis* Zone	*Endothyra tuberculata-Tournayella gigantea*	
		Gnathodus semiglaber-G. typicus Zone		
		Siphonodella isosticha-Upper *S. crenulata* Zone	*Septabrunsiina krainica-Septatournayella segmentata*	
		Lower *Siphonodella crenulata* Zone		
		Siphonodella sandbergi Zone		
		Upper *Siphonodella duplicata* Zone		
		Lower *Siphonodella duplicata* Zone	*Vicinesphaera angulata-Bisphaera malevkensis*	
		Siphonodella sulcata Zone		

①本表及表 5-6，牙形刺据王成源，1990、王志浩等，1989；珊瑚据俞建章等，1983；有孔虫，䗴据陈旭、王建华，1983；

门类化石带(组合)序列表[①]

珊瑚	腕足类	菊石
Yuanophyllum-Kueichouphyllum sinense	*Delepinea comoides-Datangia weiningensis*	*Dombarites-Eumorphoceras*
	Balakhoia yunnanensis	
	Vitiliproductus groberi-Pugilis hunanensis	
Thysanophylloides	*Megachonetes zimmermanni-Delepinea subcarinata*	
Keyserlingophyllum	*Finospirifer shaoyangensis*	*Fascipericyclus-Ammonellipsites*
	Eochoristites chui-Martiniella chinglungensis	*Pericyclus*
Pseudouralinia		*Gattendorfia*

菊石据阮亦萍,1981;其余据王增吉等,1990 综合。

表 5-6　中南地区晚石炭世主要门类化石带(组合)序列表

时代		牙形刺	䗴	珊瑚	腕足类	菊石
早二叠世		*Neostreptognathodus pequopensis*	*Pamirina*			
晚石炭世	晚期	*Sweetognathus whitei*		*Kepingophyllum-Parawentzellophyllum*		
		Neogondolella bisselli	*Sphaeroschwagerina-Robustoschwagerina*			*Properrinites*
		Streptognathodus elongatus			*Dictyoclustus uralica*	
		S. elegantulus	*Montiparus-Triticites*	*Lytvophyllum mengi-Pseudocarniaphyllum*		
		S. oppletus	*Fusulinella* *Beedeina*			
	早期	*S. parvus*		*Arachnastraea-Kionophyllum*	*Mirwoodia sinensis-Choristites mansuyi*	
		Neogondolella clarki	*Profusulinella*			
		Idiognathoides sulcatus parva	*Pseudostaffella*			*Branneroceras-Gastrioceras*
		Idiognathodus primulus-Idiognathoides sinuatus	*Eostaffella postmosquensis*	*Lithostrotionella stylaxis-Carinthiaphyllum exquisitum*		
		Idiognathoides sulcatus-I. corrugatus			*Gondolina weiningensis-Gigantoproductus edelburgensis*	*Reticuloceras* *Homoceras*
		Declinognathodus noduliferus				

表 5-7　中南地区二叠纪主要门类化石带(组合)序列表①

<table>
<tr><th colspan="2">时代</th><th>牙形刺</th><th>䗴</th><th>腕足类</th><th>珊瑚</th><th>菊石</th></tr>
<tr><td rowspan="8">二叠纪</td><td rowspan="4">晚世</td><td>Neogondolella deflecta-N. changxingensis</td><td rowspan="2">Palaeofusulina</td><td rowspan="4">Waagenites barusiensis-Crurithyris pusilla
Enteletina zigzag-Lissorhynchia pseudoutah
Orthotetina ruber-Squamularia grandis
Squamularia indica-Haydenella wenganensis</td><td rowspan="2">Waagenophyllum lui-Lophocarinophyllum
Lophophyllidium</td><td>Rotodiscoceras-Pseudotirolites</td></tr>
<tr><td>N. subcarinata-N. wangi</td><td>Tapashanites-Shevyrevites</td></tr>
<tr><td>N. orientalis</td><td rowspan="2">Codonofusiella</td><td rowspan="2">Plerophyllum guangxiense-P. xintanensis</td><td rowspan="2">Sanyangites
Araxocerars-Konglingites
Anderssonoceras-Prototoceras</td></tr>
<tr><td>N. liangshanensis-N. bitteri</td></tr>
<tr><td rowspan="4">早世</td><td>Sweetognathus hangzhongensis-N. aserrata</td><td rowspan="4">Yabeina
Neoschwagerina
Cancellina
Misellina</td><td rowspan="4"></td><td rowspan="4">Tachylasma elongatum-Paracaninia liangshanensis
Ipciphyllum timoricum-I. elegantum
Polythecalis yangtzeensis
Hayasakaia elegantula
Stylidophyllum volzi</td><td rowspan="4">Timorites-Cyclolobus
Waagenoceras
Kufengoceras
Perrinites-Pseudoholorites</td></tr>
<tr><td>Sweetognathus subsymmetricus-N. prayi</td></tr>
<tr><td>Neogondolella idahoensis-N. serrata</td></tr>
<tr><td rowspan="2">Neostreptognathodus pequopensis</td></tr>
<tr><td colspan="2">晚石炭世</td><td>Pamirina</td><td></td><td></td><td></td></tr>
</table>

①表中䗴据盛金章,1963;牙形刺据王志浩等,1989、王成源,1990;菊石据赵金科等,1978;其余据杨遵仪等,1987 综合。

表 5-8　中南地区早、中三叠世主要门类化石带(组合)序列表①

时代		菊石	牙形刺	双壳类
中三叠世	拉丁阶	*Protrachyceras deprati* *Xenoprotrachyceras prinum*	*Neogondolella excelsa*	*Halobia subcomata-Daonella varifurcata* *Daonella kotoi-D. jilongensis* *D. rieberi-D. indica*
	安尼阶	*Progonoceratites* *Parapopanoceras-Leiophyllites*	*Neospathodus germanicus-N. cockeli*	*D. moussoni* *D. (L.) producta-D. americana* *D. guizhouensis*
			Neogondolella constricta	
			N. regale	
早三叠世	斯派斯阶	*Subcolumbites*	*Neospathodus timorensis*	*Pteria* cf. *murchisoni-Eumorphotis inaequicostata*
			Neogondolella jubata	
		Tirolites-Columbites	*Neospathodus collinsoni*	
			Platyvillosus costatus	
	斯密斯阶	*Anasibirites* *Owenites*	*Neospathodus milleri*	*Eumorphotis multiformis-Claraia aurita-C. stachei*
			Neospathodus waageni	
		Flemingites	*N. pakistanensis*	*Claraia wangi*
	亭纳尔阶	*Prionolobus*	*N. cristagalli*	
			N. dieneri	
			N. kummelli	
	格里斯巴赫阶	*Ophiceras-Lytophiceras*	*Neogondolella carinata*	
			Isarcicella isarcica	
		Otoceras?	*Hindeodus parvus*	

①表中双壳类据陈楚震等，1977，1979；菊石据赵金科，1962，王义刚，1977；牙形刺据王成源，1990。

至50层归中*S. praesulcata*带；第51层和55层(总厚18 cm)置于U. *S. praesulcata*带，其中的*Siphonodella praesulcata*与*Protognathodus kockeli*共生；第56层至68层下部为*S. sulcata*带；从第68层上部到72层下部隶于*S. duplicata*带；第72层上部开始则进入*S. sandbergi*带。泥盆系与石炭系的界线划在灰岩的第55层与第56层之间(图5-20、5-21)。

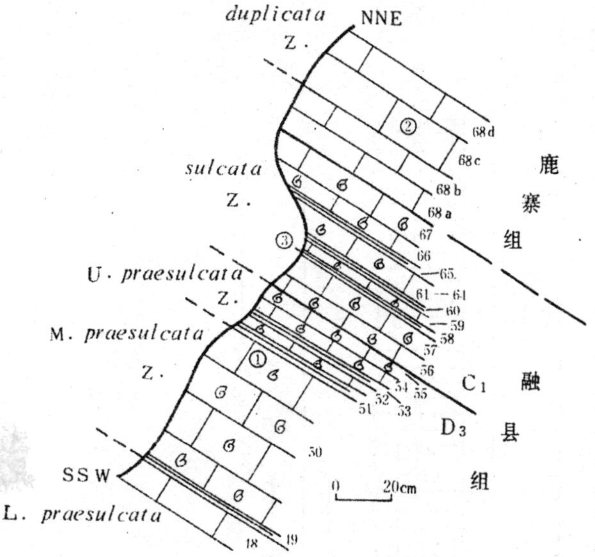

图5-20 桂林南边村泥盆－石炭系界线剖面

①介壳灰岩；②灰岩；③页岩

颇具特色的是剖面产有丰富多样的化石，包含底栖型和浮游型的生物门类化石有：藻类、钙球、有孔虫、四射珊瑚、棘皮动物、苔藓虫、腕足类、腹足类、双壳类、头足类、三叶虫、介形类、牙形刺等。

尤为重要、可贵之处在于：该剖面充分展示出*S. praesulcata-S. sulcata*的进化序列；可以清楚地判明在*S. praesulcata-S. sulcata*的进化序列中*Siphonodella sulcata*首次出现的确切位置；并且泥盆系与石炭系的界线恰位于岩性单一、沉积连续的灰岩层里。

五、泥盆纪—三叠纪二级自然断代划分

本区加里东褶皱带约在400 Ma前与扬子板块拼贴，形成统一的板块，广西运动后这一扩大了的扬子板块(或称南方板块)广泛沉积了泥盆纪到三叠纪地层，随后经印支运动它在中三叠世末期开始发生闭合。晚古生代地壳引张现象，在华南不同地区并不鲜见。表明其是由地壳引张而形成的盆地。碎屑沉积主要堆积在盆地边部，盆地内台盆交错，浅水地台上为碳酸盐岩沉积，深水槽盆中则发育硅泥质沉积，生物群面貌亦随之迥然不同。华南地区从泥盆纪开始进入板内演化阶段，直至三叠纪，由于受到各种作用的影响，这种作用从地层上看，它表现为地层之间的不整合，据此可明显地识别出6个自然沉积阶段，且各自成一整体：①洛赫柯夫期—艾菲尔晚期阶段；②艾菲尔晚期—杜内早期阶段；③杜内晚期—纳缪尔早期阶段；④纳缪尔晚期—萨克马尔期阶段；⑤阿丁斯克期—沃德期阶段；⑥开匹坦期—拉丁期阶段。现就6个阶段分别概述如下：

(一) 洛赫柯夫期—艾菲尔晚期阶段

该阶段为第一个沉积阶段。由于志留纪末的加里东运动，使地壳上升，海水退却，造成地层缺失，大部分地区泥盆纪地层与下伏地层为不整合或平行不整合接触，局部为整合接触，该不整合面即为本阶段的底界面。该界面在华南各地表现不同：

在滇南哀牢山、桂南钦州残留海盆及滇东曲靖地区的断陷湖内继晚志留世之后，连续接受泥盆纪的沉积，其底界面在上述地区相对应的为整合面，其余地区则均有不同程度的缺失。在

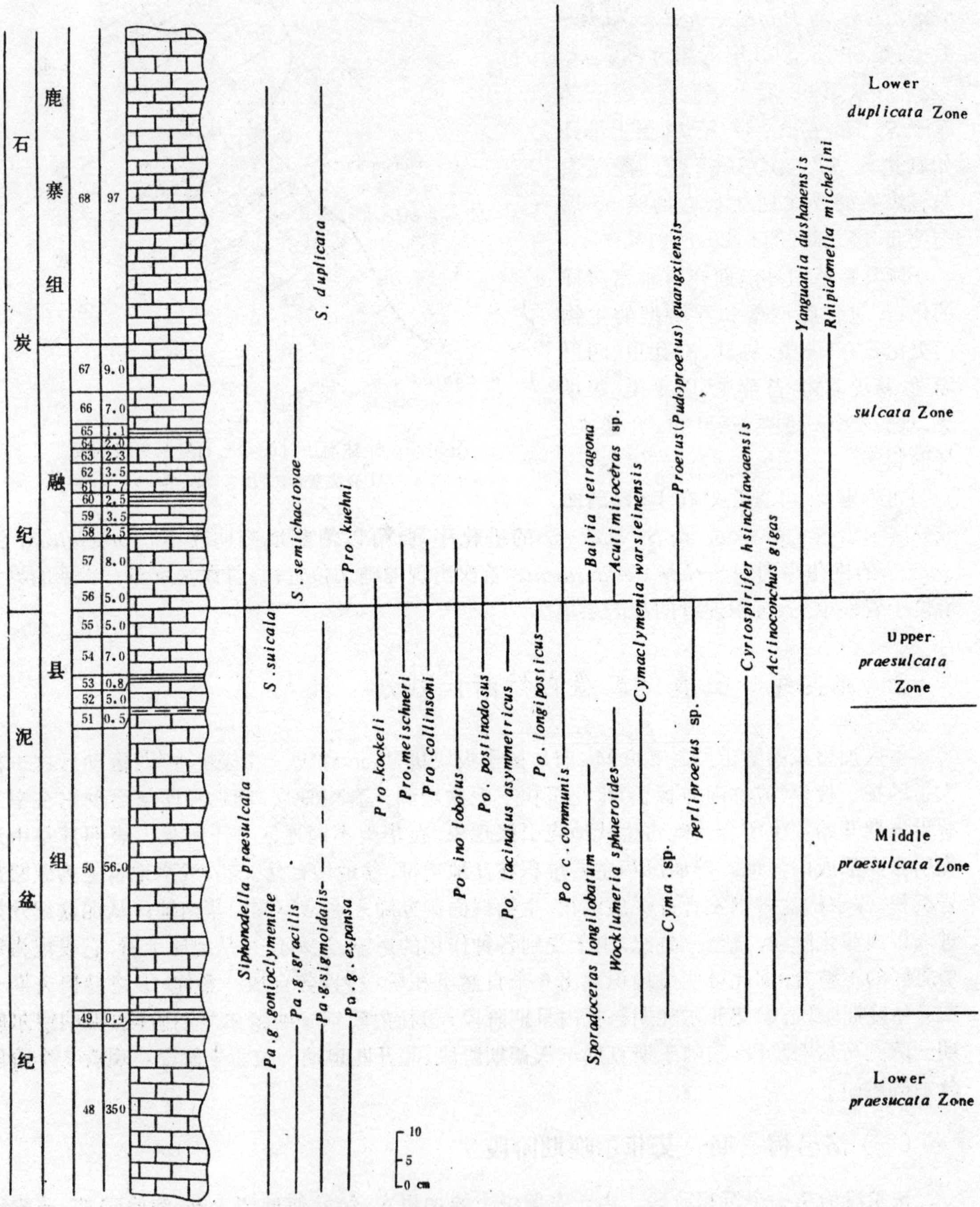

图 5-21 桂林南边村泥盆-石炭系界线剖面主要化石分布图

(据俞昌民等, 1988)

古陆边缘沉积了莲花山组陆相的部分，随着海侵向北、向东西方向推进，莲花山组超覆在不同时代的前泥盆纪地层之上，并且朝古陆方向（海侵方向），其时代越来越新。随着海侵的继续莲花山组之上相继沉积了滨海至浅海环境的砂、页岩及灰岩。与莲花山组相对比在贵州省境内的丹林组也具有相似的超覆现象（图 5-22）。同时，古陆上多数地区在这一阶段遭受剥蚀，未接受沉积。

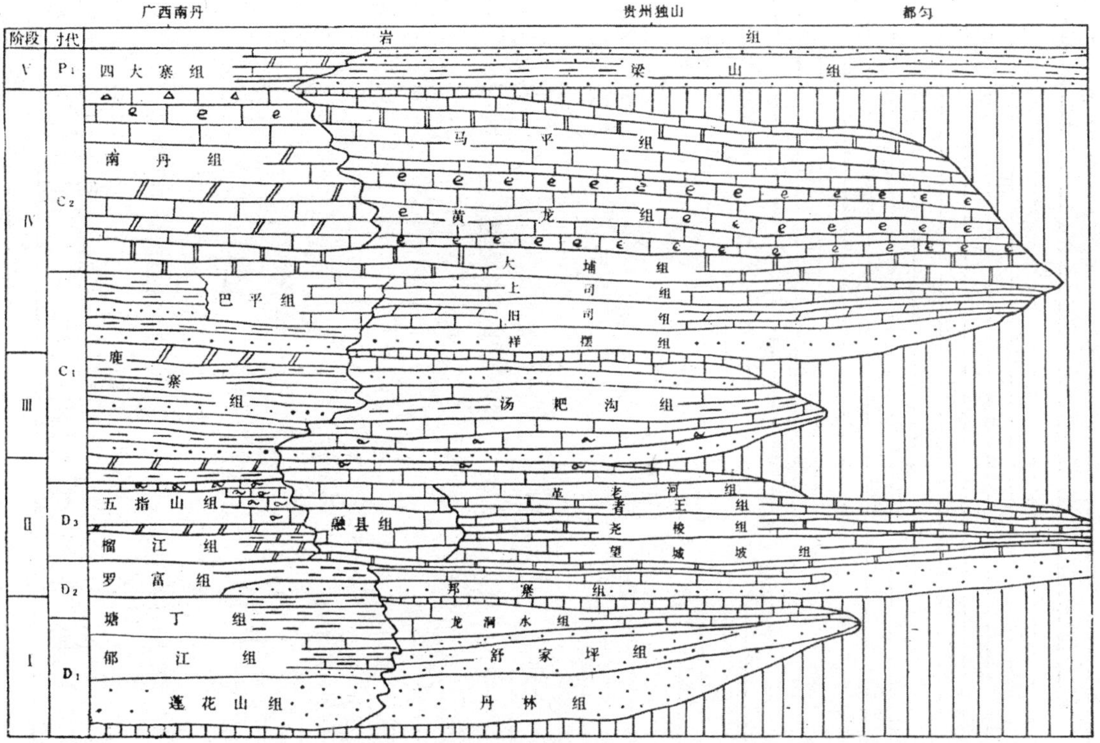

图 5-22　广西西北部—贵州南部早泥盆世—早二叠世二级自然断代划分图

（二）艾菲尔晚期—杜内早期阶段

艾菲尔早期的海口运动，华南发生次一级的海退，造成局部地区地层缺失，艾菲尔晚期地层与下伏地层呈平行不整合接触，该接触界面即是本阶段的底界面。如广西横县六景的台地边缘地带，民塘组底部为一层厚 2～4 cm 的含赤铁矿钙质泥岩，与下伏那叫组呈平行不整合接触，并且其化石带与下伏那叫组牙形刺带不连续，民塘组底部为 *Tortodus k. kocklianus* 带，那叫组中未见 *Tortodus k. australis* 带化石，而在距六景以西 80 km 处的上林西燕台间盆地相剖面上有上述两个化石带产出，亦说明民塘组底部为一沉积间断面，并为该阶段底界面。在广西南丹一带台盆内，罗富组底部为厚数百米的深水三角洲砂页岩，与下伏盆地相的塘丁组的界线就是本阶段的底界面。向北朝古陆方向至贵州独山一带，则为邦寨组滨岸相砂岩覆在龙洞水组浅海相灰岩之上，其底部为含铁石英砂岩与下伏龙洞水组呈平行不整合接触，往北超覆在寒武纪地层之上（如图 5-22）。湘、鄂境内，中泥盆世跳马涧组或云台观组覆在下伏不同层位地层之上（图 5-23），其平行不整合面即为该阶段的底界面。之后海水持续朝古陆推进，直到杜内早期，沉积了一套以碳酸盐岩为主夹碎屑岩的地层。该阶段时限约为 18Ma。

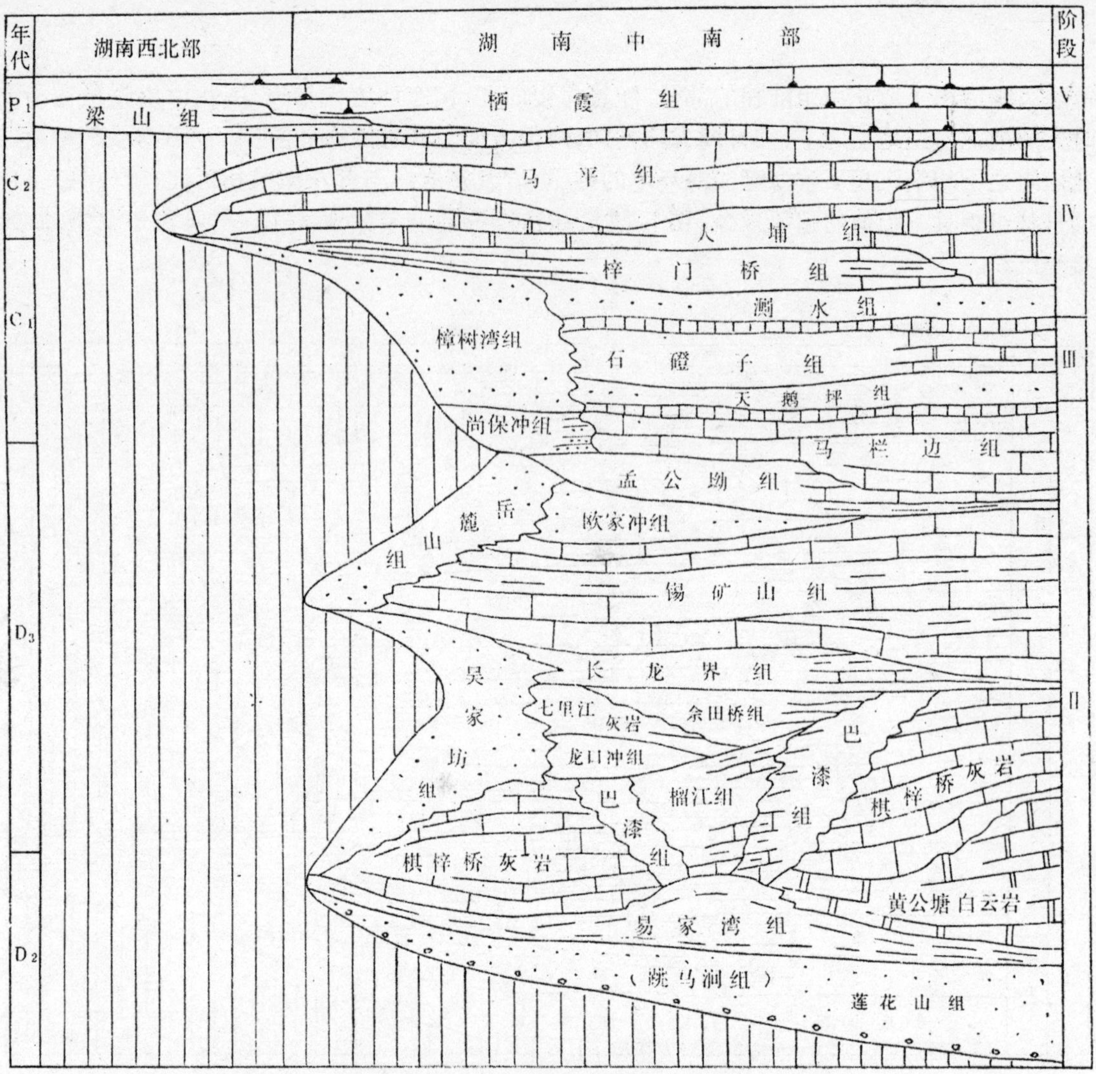

图 5-23　湖南省中泥盆世—早二叠世二级自然断代划分图

（据湖南区调所，1994 修改）

（三）杜内晚期—纳缪尔早期阶段

由于杜内早期的海退，局部地区露出海面，造成沉积间断，杜内晚期又发生海侵，形成平行不整合接触及地层超覆现象，该接触界面即为该阶段的底界面。该界面在华南各地表现不尽相同：在湖南省境内，天鹅坪组相对较浅水的滨海沼泽相砂岩、页岩夹劣质煤层，超覆在马栏边组、孟公坳组浅海相灰岩之上，天鹅坪组的底界即为该阶段的底界面；与此同时，向西北方向的古陆边缘，樟树湾组超覆在泥盆纪不同层位地层之上，其中夹有数层石英砾岩，似有沉积间断存在（图 5-23）。黔南独山一带，汤耙沟组下部的砂岩层超覆在革老河组、者王组之上；向南至桂北南丹一带，为盆地相沉积，该阶段底界面在鹿寨组内部的砂、页岩之中通过，为整合接触界面（图 5-22）。广西北部罗城一带，英塘组底部为一砂页岩段与下伏地层尧云岭组呈平行不整合接触；桂林一带，英塘组与尧云岭组之间为平行不整合接触，其间有一铁质薄层。

（四）纳缪尔晚期—萨克马尔期阶段

纳缪尔初期华南大范围发生海退，早期又开始海侵，大部分地区均沉积了一套含煤碎屑岩，其上下地层均为碳酸盐岩，广大地区纳缪尔早期地层与下伏地层呈平行不整合甚至不整合接触。该不整合面及相应的整合面即为本阶段的底界面，在各地表现为：鄂中，高骊山组为三角洲相的含煤碎屑岩与下伏浅海台地相的金陵组灰岩呈平行不整合接触，而向东北及东南古陆方向，则超覆在写经寺组、黄家磴组及云台观组之上，其上为碳酸盐岩夹少量碎屑岩。湘中南，测水组为含煤碎屑岩与下伏石磴子组呈平行不整合接触，向西北方向则超覆在下伏不同层位地层之上；此外，其上覆地层均出现超覆现象，如图 5-23 所示。广西北部及中部，寺门组含煤碎屑岩平行不整合于黄金组灰岩之上；同时在柳州新圩，陆源碎屑物越过陆架堆积到盆地中，形成新圩砂岩段的深水三角洲相沉积的砂岩扇，其上下地层均为盆地相沉积（图 5-24）。黔南独山一带，祥摆组含煤岩系与下伏汤耙沟组呈平行不整合接触，朝北超覆在早石炭世地层之上，局部地区超覆在泥盆纪及震旦纪地层之上，其上则为一套以碳酸盐岩为主的地层，如图 5-22 所示。

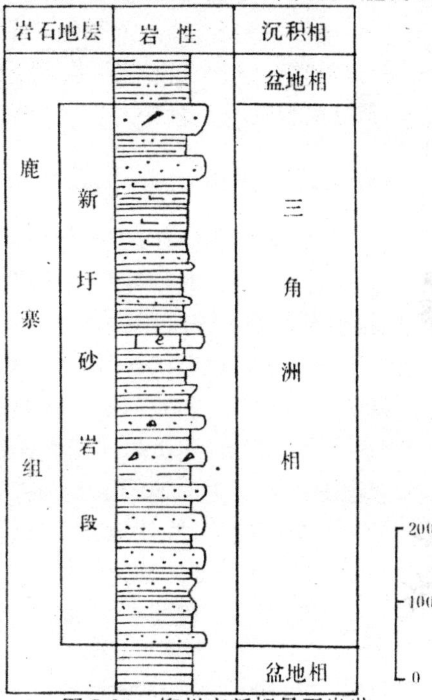

图 5-24　柳州市新圩早石炭世三角洲相剖面结构图

（五）亚丁斯克期—沃德期阶段

由于晚石炭世的黔桂运动，使华南广大地区上升成陆，除部分地区早二叠世地层与石炭纪地层呈连续沉积之外，绝大部分地区均为平行不整合接触（图 5-25），该

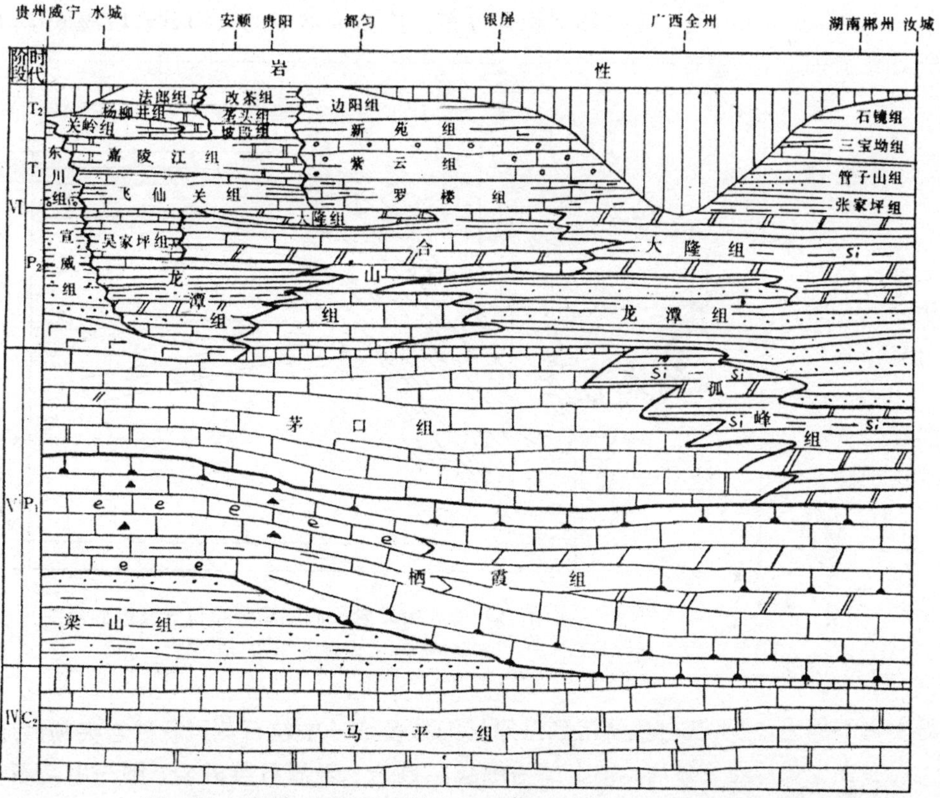

图 5-25　贵州—湖南早二叠世—中二叠世二级自然断代划分图

接触界面及其相对应的整合面即为该阶段的底界面。湘西北及黔北地区，梁山组含煤碎屑岩与马平组平行不整合接触，局部地区前者超覆在泥盆纪地层之上；往南则为栖霞组与马平组灰岩呈平行不整合接触。再往南至黔南及桂西地区，则为深水盆地中四大寨组与南丹组呈整合接触，即其底界面在海盆中对应为整合面。

（六）开匹坦期—拉丁期

早二叠世末的华力西运动，使华南古陆增多，西南有川滇古陆，南为大新古陆、云开古陆，东为华夏古陆。晚二叠世开匹坦期海侵，接受沉积，区内多数地区与下伏地层呈平行不整合接触，该接触界面即为该阶段的底界面。贵阳以西至川滇古陆一带，为一套陆相玄武岩与下伏茅口组呈平行不整合接触，其上即为宣威组陆相煤系地层及龙潭组海相煤系地层。台地上则为合山组灰岩与茅口组和龙潭组与茅口组呈平行不整合接触。与此同时，在桂西等地深水海盆中，则表现为领薅组砂、页岩与四大寨组整合接触。此后一直至中三叠世，海水逐渐加深，沉积一套以碳酸盐岩为主的地层。

中三叠世印支运动，使地壳上升，形成川黔桂陆地，海区范围减少，一个大的沉积阶段结束。

与此同时，在华夏古陆边缘地区，与华南地区相对应的沉积阶段表现更为明显，各个阶段的底界均为明显的沉积间断面，即上、下地层间呈角度不整合或平行不整合接触。

六、一个海侵初期海底扇实例——大山砂岩段海底扇

在华南各地自元古代至三叠纪，发育着一系列深水三角洲，它是由河流携带大量陆源碎屑快速充填深水盆地形成的，呈连续锥形沉积体分布。广西泥盆纪的大山砂岩段海底扇，即是为数众多的海底扇中的典型一例。

（一）时空展布

海底扇分布在桂北南丹芒场、黄江、六寨地区，其中以芒场大山为好，故名大山砂岩段海底扇。其位于罗富组下部，时代为中泥盆世早期早时（图5-26）。

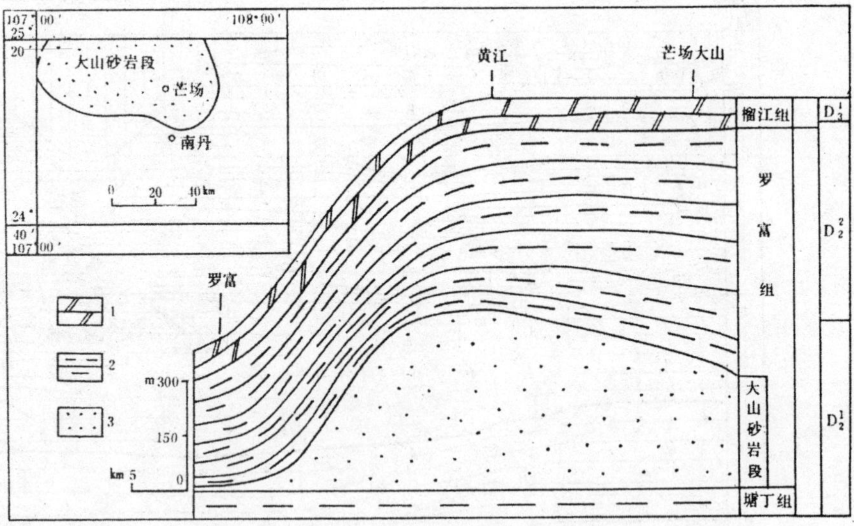

图5-26　广西南丹芒场大山砂岩段海底扇分布位置及横剖面图

1. 硅质岩；2. 泥岩；3. 砂岩

（二）岩性特征

该海底扇下部为浅灰、灰白色薄层到巨厚层细粒及细—中粒石英岩状砂岩夹粉砂质泥岩，中下部为泥岩夹少量薄层细砂岩，中上部为细粒杂砂岩、岩屑石英砂岩、细—中粒石英岩状砂岩夹粉砂质泥岩，上部为浅灰、灰白色薄层到巨厚层细粒及细—中粒石英岩状砂岩夹粉砂

质泥岩。厚 251～417 m。

（三）岩相特征

大山砂岩段海底扇主要由陆源物组成，属深水三角洲沉积，并可进一步分为前三角洲亚相和三角洲前缘亚相。其沉积特征为各亚相、微相交替出现（图 5-27）。

1. 前三角洲亚相

该相为三角洲向海一侧的最前缘部分，沉积界面是在浪基面附近的滨外地带，水动力较弱。主要由黑色泥岩，竹节石泥岩组成，夹少量泥质粉砂岩、含粉砂灰岩、泥灰岩。具水平层理。生物保存好且沿层面排列。富产竹节石、头足类及少量薄壳腕足类和浮游介形类等生物。

2. 三角洲前缘亚相

其沉积界面在浪基面以上至平均海平面之间，主要由浅灰—深灰色薄—厚层状砂岩、粉砂岩、泥岩及少量碳酸盐岩组成，又可划分出远沙坝、河口沙坝、三角洲前缘席状沙 3 个微相。

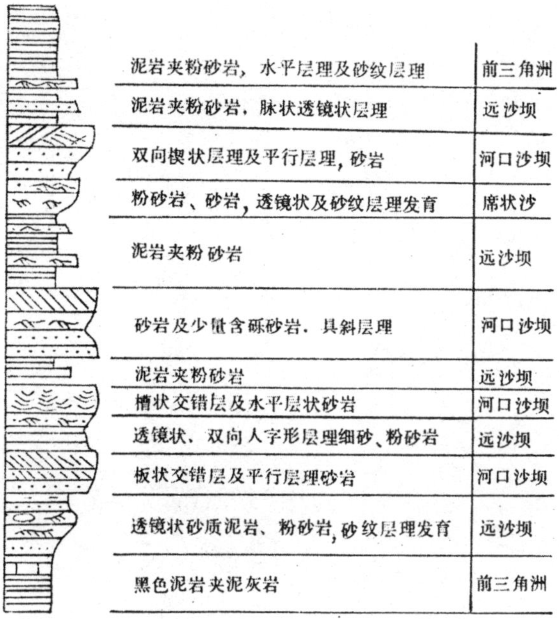

图 5-27　广西南丹芒场大山砂岩段海底扇三角洲前缘相剖面结构图

（据李孝全等，1989）

（1）远沙坝微相　为三角洲前缘倾斜边缘部位上的沙滩堆积，由河流带来的细粒物质组成，主要由灰—灰黑色薄层泥岩组成，夹粉砂岩、细砂岩和灰岩透镜体等。具水平层理、板状交错层理、浪成波痕等。产有竹节石、头足类、介形类等生物。单个砂体厚 13～46 m。

（2）河口沙坝微相　为分流河口的堆积体。具河流和海滩沙特征。主要由浅灰—灰白色、中层—厚层细粒、中粒石英杂砂岩、长石石英杂砂岩、岩屑石英砂岩、石英岩状砂岩和少量含砾石英杂砂岩、粉砂岩、含粉砂泥岩等所组成。碎屑颗粒从下往上变粗。具水平层理，板状斜层理，双向楔状交错层理，偶见槽状交错层理、水底冲刷痕迹等。含生物稀少，仅见个别竹节石、介形虫、介壳碎片和植物碎片。单个砂体厚 12～20 m。

（3）三角洲前缘席状砂微相　为河口沙坝侧向移动而成，沿三角洲前缘呈席状分布，砂体成分纯且分选好。主要由浅灰—灰色、薄—厚层细、中粒石英岩状砂岩，含少量岩屑石英砂岩、粉砂岩、含粉砂泥岩组成。具水平层理、波状层理、板状斜层理、重荷模等。生物稀少，偶见竹节石和植物碎片。单个砂体厚 7～83 m。

（四）沉积物来源

根据大山地区的钻孔资料编制的远沙坝砂岩等厚线图，可知砂体排列方向近似南北或北西向，少数近似东西向（图 5-28），总体看来等厚线呈北西向条带状分布，并大致与盆地轴向一致。似可表明沉积物是来自北东方向的江南古陆。

综上所述，大山砂岩段海底扇具有如下特点：(1)整个剖面结构表现为细砂、粉砂和泥呈韵律互层，具向上砂岩增多、粒度变粗的序列特征；(2)沉积速率快、厚度大，如在南丹黄江一带该海底扇厚达417m，而在其南面不远的罗富则为盆地相沉积，同期沉积厚度仅10m

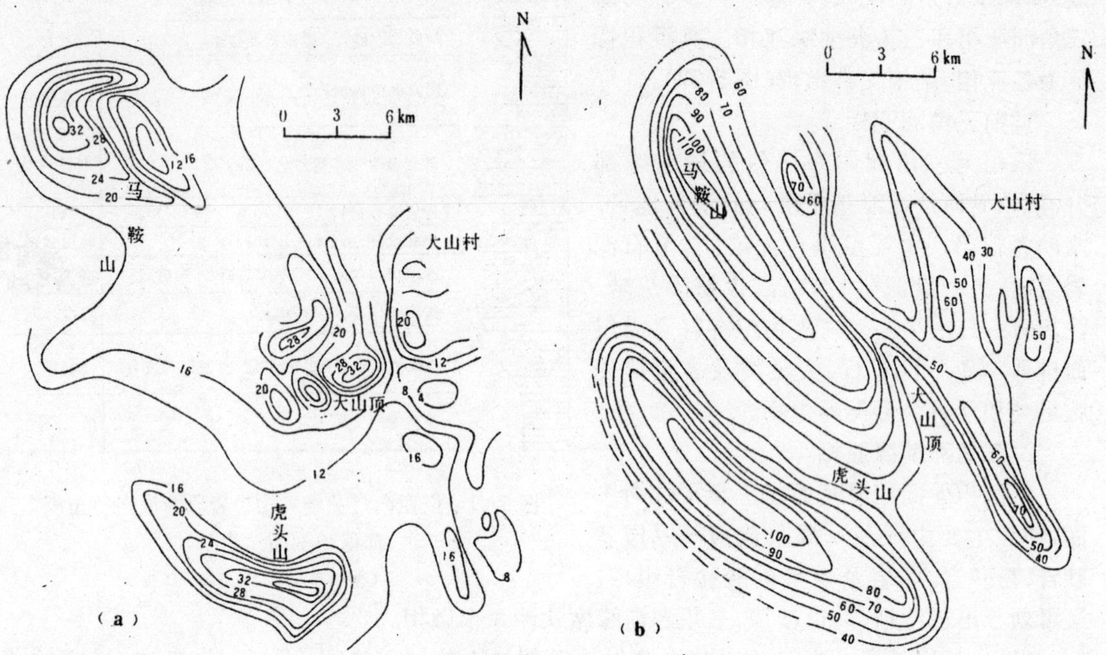

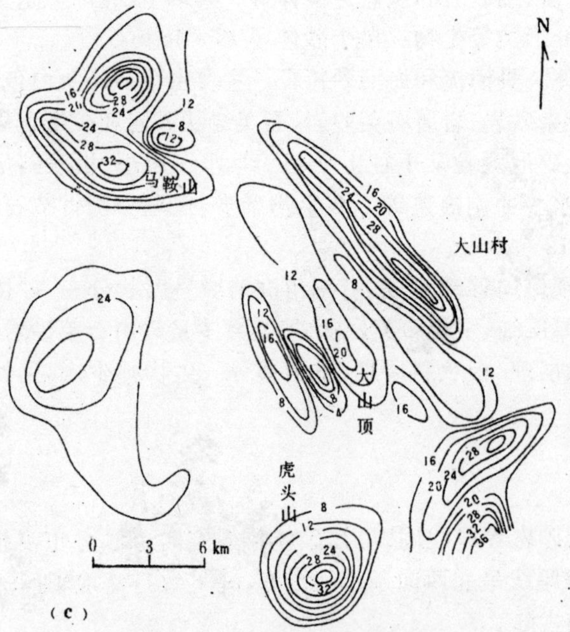

图 5-28 芒场大山砂岩段海底扇下部(a)、中部(b)、上部(c)含矿砂体等厚线图(D_2)

(据李孝全等，1989)

余；两地厚度相差悬殊。其单层亦较厚，一般厚 50～80 cm，部分可达 2～3 m；(3)砂岩扇发育基础是盆地相的深灰色泥岩，上覆亦为盆地相泥岩，属深水三角洲相，为海侵初期低水位的产物(图 5-29)。

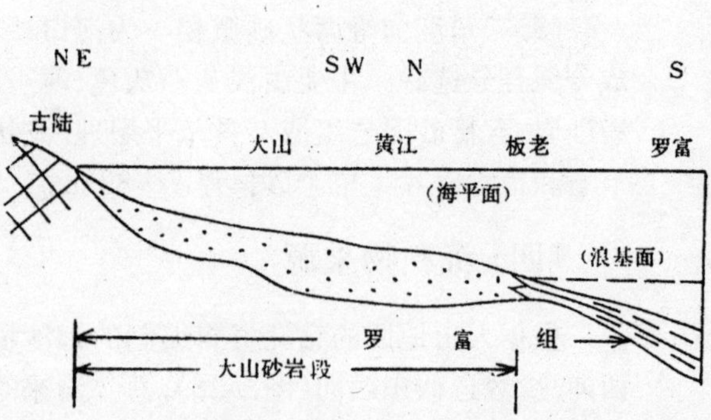

图 5-29 广西芒场大山砂岩段海底扇沉积模式示意图

七、湘桂地区弗拉斯阶(Frasnian)与法门阶(Famennian)界线事件分析

晚泥盆世的 F/F 事件是地质历史上重要的地质事件之一,也是公认的全球性大规模生物集群灭绝事件。这一事件在华南地区从滨岸、碳酸盐台地、斜坡到盆地相区均有发现。湘桂地区晚泥盆世不同相区的地层出露较完全,弗拉斯阶顶部均有一层厚 1～50 cm 的泥质岩层,岩性与上、下地层相差明显,出现地球化学异常,泥岩层上下的地层中生物面貌发生明显变化。各种特征表明,该泥岩层即是"事件泥岩"层。下面就该事件涉及的古生物、岩性、地球化学等主要特征分别加以介绍。

(一) 古生物特征

广西象州马鞍山 F/F 界线附近各种生物发生明显变化,如底栖生物及竹节石。四射珊瑚 *Temnophyllum*, *Disphyllum* 以及 *Pseudozaphrentis* 等已消失;竹节石 *Homoctenus* 也绝迹;腕足类中无洞贝类、五房贝类、齿扭贝类等已灭绝,仅 *Cyrtospirifer* 属残存下来并延伸到法门阶。法门阶则以腕足类小嘴贝科的大量繁盛为特征(图 5-30、5-31)。

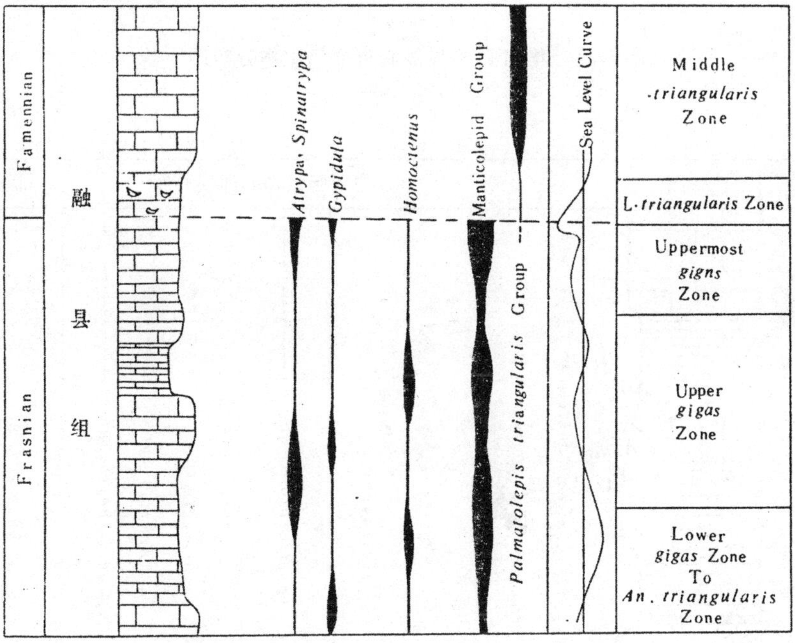

图 5-30　广西象州县马鞍山 F/F 界线柱状图

(据季强,1989)

此外,牙形类一些种群在弗拉斯期末绝灭,很少延续到法门期,而一些新的种群则在法门期开始出现。

湖南祁阳县黎家坪,棋梓桥组顶部事件泥岩层之上开始出现新分子,其上约 3 m 处腕足类 *Cyrtospirifer* 及 *Yunnanellina* 呈爆发式出现(图 5-32),而泥岩层之下的珊瑚、层孔虫及腕足类均不向上延续。广西阳朔县杨堤,五指山组下部的事件泥岩层之下发育竹节石,之上却未见

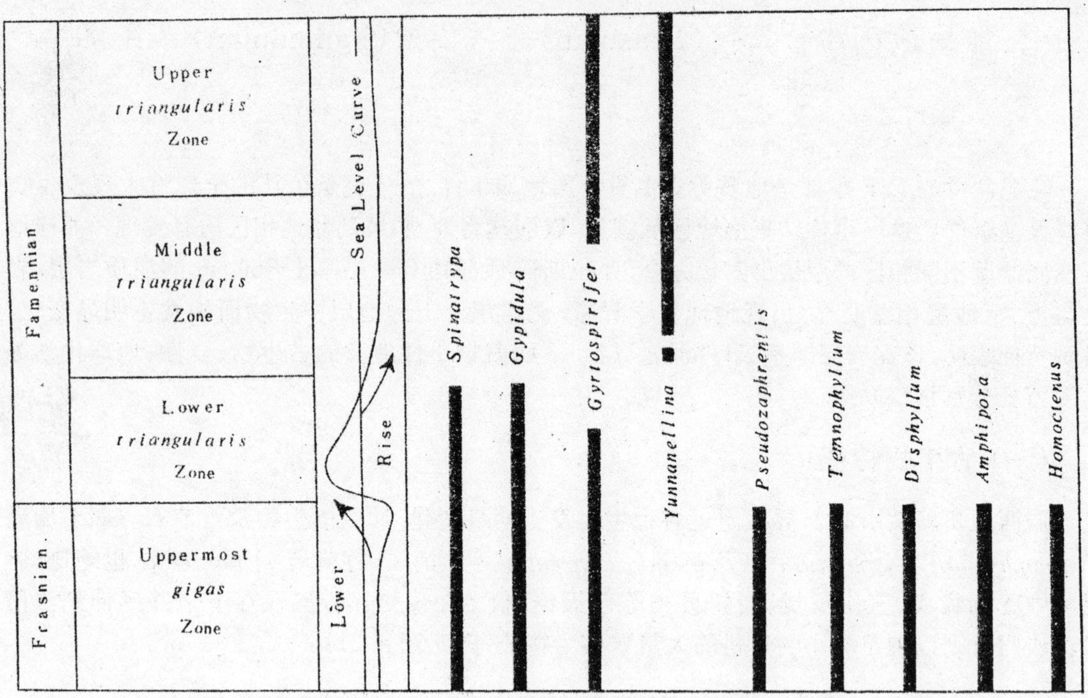

图 5-31　华南 F/F 界线附近底栖生物分布图

（据季强，1988）

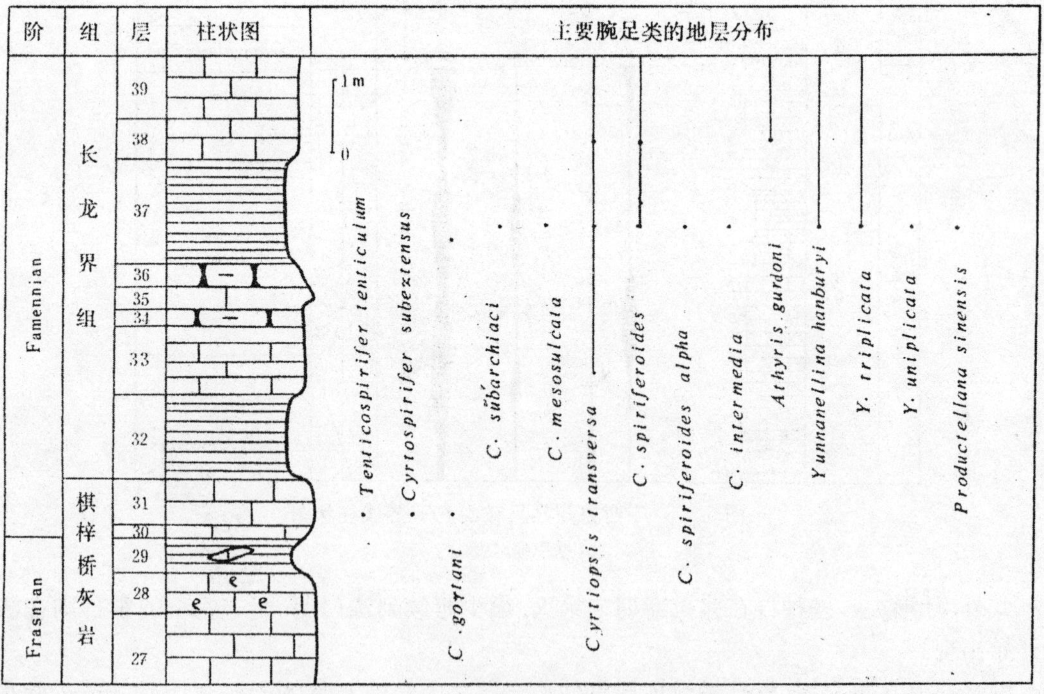

图 5-32　湖南省祁阳县黎家坪 F/F 界线柱状图

（据湖南区调所，1994）

竹节石，说明在此以前全部灭绝；牙形类也发生明显变化。象州县罗秀地区，F/F 界线附近有两层事件泥岩，一层(E 层)在弗拉斯阶顶界上，一层(CD 层)在其下约 2 m 处，如图 5-33 所示。中华分珊瑚、无洞贝类不越过 CD 层；牙形类分布特征如表 5-9 所示。

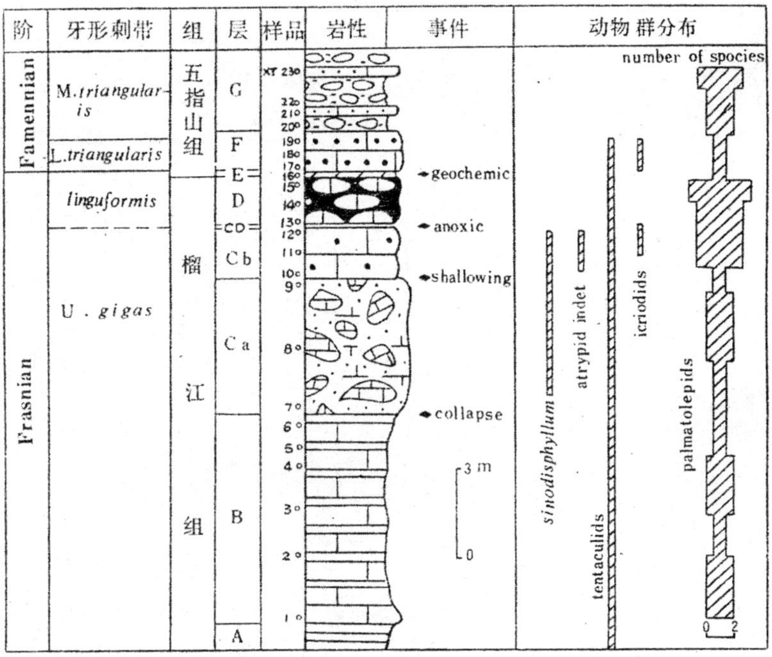

图 5-33　广西象州县罗秀 F/F 界线剖面图

（据侯鸿飞，1992）

（二）岩性特征

F/F 事件的岩性特征各地有所不同，但至少有一层事件泥岩，局部出现两层(图5-34)，且均位于 F/F 界线处。

湘中冷水江市禾清，事件泥岩位于佘田桥组上部，厚度约 30 cm，岩性为灰色钙质泥岩，其上，依次为砂质灰岩、介壳灰岩及长龙界组页岩，其下为生物屑灰岩。

表 5-9　广西象州罗秀剖面牙形类分布表

UNIT	B						Ca			Cb			D			E	F			G			
Sample No.	1	2	3	4	5	6	7	8	9	10	11	12	13	14	15	16	17	18	19	20	21	22	23
Palmatolepis gigas	*				*						*	*			*								
Pa. subrecta	*	*	*		*	*	*	*	*	*	*	*	*	*	*								
Pa. foliacea					*			*			*	*	*										
Pa. linguformis														*	*								
Pa. praetriangularis															*								
Pa. triangularis																	*	*	*	*		*	
Pa. d. delecatula																			*	*	*	*	*
Pa. d. clarki																						*	*
Polygnathus procerus			*				*			*		*		*									
Ancyrodella nodosa	*					*			*	*	*	*	*										
Ancyrognathus asymmetricus											*												
Iorioaus symmetricus											*	*	*										
I. a. alternatus																	*						

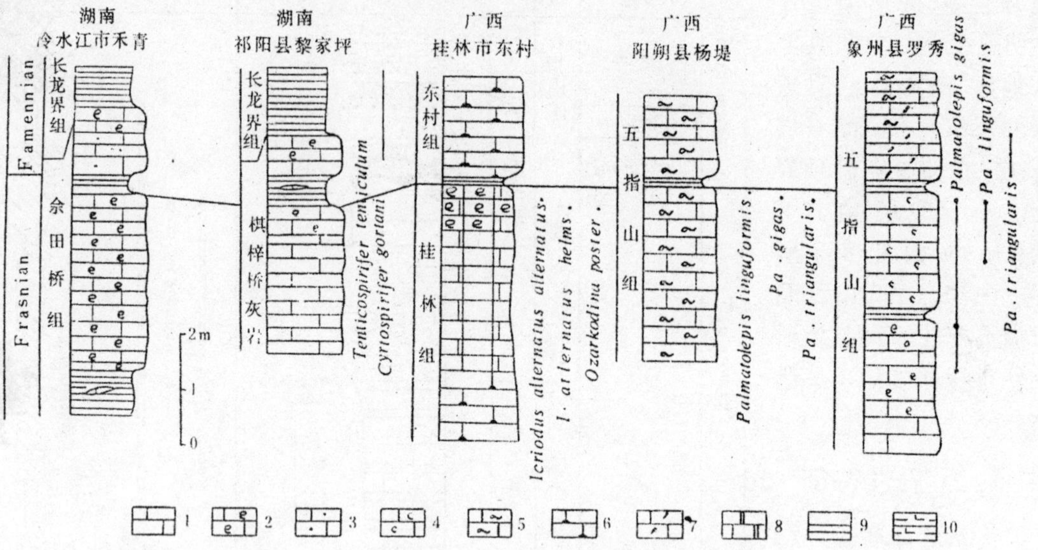

图 5-34　湘桂地区 F/F 事件层柱状剖面对比图

1.灰岩；2.生物屑灰岩；3.砂质灰岩；4.碳质灰岩；5.扁豆状灰岩；6.球粒灰岩；7.碎屑灰岩；
8.灰质白云岩；9.页岩；10.钙质页岩

祁阳黎家坪，事件泥岩层厚约 50 cm，岩性为黑色碳质泥岩夹灰岩透镜体，归属棋梓桥组，其上为厚约 80 cm 灰岩，和长龙界组页岩；其下为生物灰岩、灰岩。

桂林市东村，事件泥岩层为厚 1 cm 左右，位于东村组之底，其上为东村组球粒灰岩，其下为桂林组生物碎屑灰岩。在贵县蒙公于桂林组与东村组之间亦发现有此层泥岩。

阳朔县杨堤，事件泥岩层位于五指山组下部，厚约 3 cm，其上下地层均为扁豆状灰岩。

广西象州县罗秀，有两层事件泥岩，上层位于五指山组底部，为棕色粉砂钙质泥岩，厚 20 cm，上覆五指山组碎屑灰岩、扁豆状灰岩，下伏榴江组灰黑色碳质灰岩，厚约 2 m；其下为黑色泥岩厚约 20 cm，称下层。该层下即为生物屑灰岩(图 5-33)。两层泥岩之间的碳质灰岩，被钙质泥岩包围，灰岩与泥岩的接触面呈波状起伏。

（三）地球化学特征

研究表明，F/F 事件泥岩层为地球化学异常层，该层在湘桂地区可进行区域对比，具有相似性和一致性，对识别和对比 F/F 界线具有重要价值。以下仅就象州罗秀剖面的异常特征作简要介绍。

1.Ir 异常特征

象州罗秀剖面弗拉斯阶与法门阶界线附近有两个 Ir 异常(图 5-35)。一个位于界线以下 2m 处的泥岩层(CD 层)，Ir 异常峰值达到 316×10^{-12}，向上、下急剧变小。另一个位于界线上的钙质泥岩层(E 层)中，Ir 异常峰值达到 226×10^{-12}，向上急剧变小，在下层内则基本没有变化；向下亦急剧变小直到 E 层中部才开始缓慢变小。

2.δ^{13}C 及 δ^{18}O 异常

同位素分析结果如图 5-36 所示。δ^{13}C 值可分为 E 层范围内及其之上、下三部分。E 层内的 δ^{13}C值从0.10‰～－6.57‰不等，平均为－3.1‰；在E层之下的D层内 δ^{13}C平均为

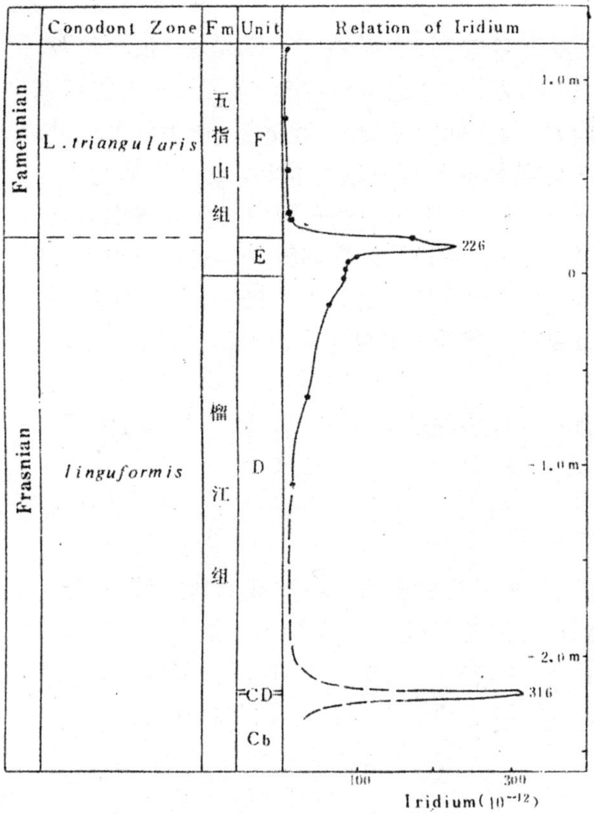

图 5-35 象州罗秀 F/F 界线 Ir 元素丰度图

（据侯鸿飞，1992）

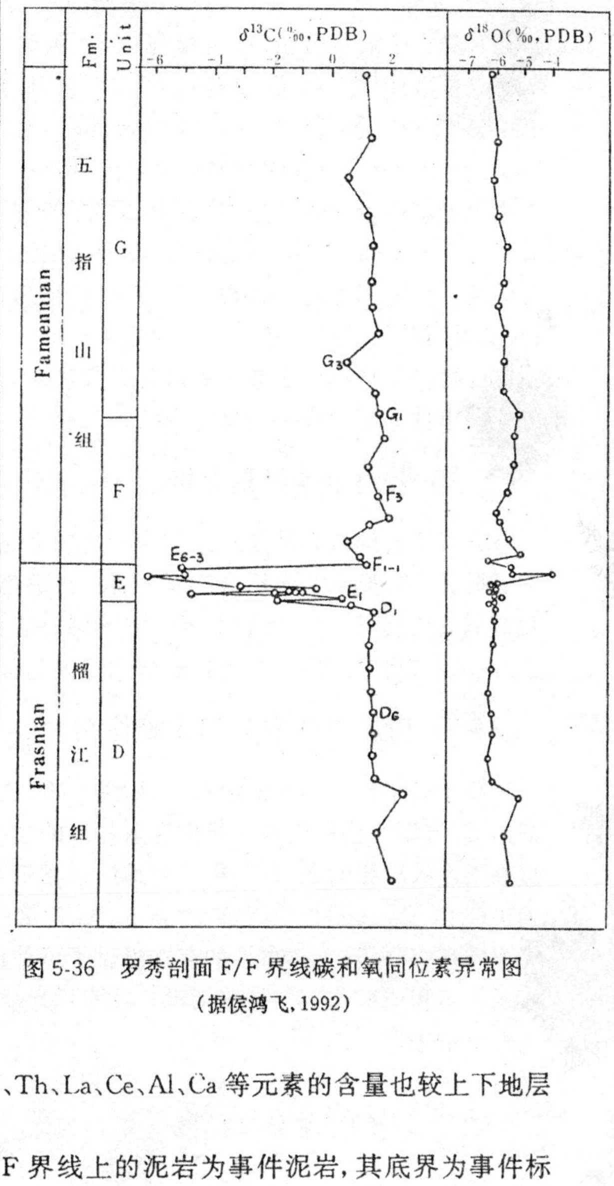

图 5-36 罗秀剖面 F/F 界线碳和氧同位素异常图

（据侯鸿飞，1992）

1.1‰，在 E 层之上的 F、G 层内，$\delta^{13}C$ 平均值为约 1‰，与 D 层相似。$\delta^{13}C$ 在 E 层内的表现为明显的负异常。

同样，$\delta^{18}O$ 负异常值在 E 层内及其上、下地层差别明显，且较小（图 5-36）。

此外，E 层内的 Co、Cr、Cu、Ni、Fe、As、U、V、Th、La、Ce、Al、Ca 等元素的含量也较上下地层大得多。

由上述地球化学特征，均进一步表明了 F/F 界线上的泥岩为事件泥岩，其底界为事件标志界线。

综上所述，湘桂地区 F/F 事件泥岩普遍存在，不同相区均具有生物、岩性、地球化学等特征变化的一致性，可作为区域地层对比的标志层。

八、事件分析

三叠纪时期在正常沉积作用的同时，由于各种外来地质营力的作用，形成各种加载于沉积作用之外的地质事件，对该时期沉积物性质、生物演化的产生较大的影响。

（一）二叠系－三叠系界线事件沉积分析

经过对四川广元上寺界线层型的研究，在连续沉积的二叠系－三叠系界线附近的粘土岩中，亲铁元素 Co、Cr、Ni、Sr、Ba 富集，轻稀土元素含量较高，放射性 Th、U 富集（张学华等，1981），经中子活化分析，Ir 含量高达 $2\pm0.5\times10^{-9}$，Ni/Ir 比值呈线性分布；可与丹麦白垩系－第三系事件粘土对比（徐道一，1983）。与此同时，稳定同位素 $\delta^{13}C$ 和 $\delta^{18}O$ 产生强烈变动，其中 $\delta^{13}C$ 由二叠纪末的正值转换为负值，至三叠纪早期出现三次亏损后，最大值降至 －5.28‰，$\delta^{18}O$ 同步变化，减少幅度达 3‰～4‰（严正，1983），指示了海平面的突变及气温异常。生物灭绝事件也同步发生，繁盛于二叠纪的种群如古䗴、菊石及牙形刺等生物迅速灭绝，为三叠纪 Ophiceratidae 及 *Claraia* 类型的生物组合取代，物种灭绝率之高可达 95％以上，为显生宙最大的一次绝灭事件（殷鸿福等，1984）。更为重要的是界线上的粘土层，经岩石及地球化学分析，其凝灰质物质的聚集指示了火山事件的发生，并为海平面变迁及生物绝灭事件等环境因素的突变提供了依据。多数学者认为二叠系、三叠系界线事件是沉积火山作用，海平面巨变及天外撞击事件的复合作用结果的反映。

（二）火山事件沉积分析

在扬子台地内嘉陵江组上部有一层或多层含钾水云母粘土岩（俗称“绿豆岩”）分布，在川东、鄂西一带，则常为多层含钾凝灰岩。在黔南、桂西的北泗组中，局部也有中酸性火山岩及火山碎屑岩夹层，厚度一般仅数米。在该层位的上下，生物组合面貌有质的变化，多数学者认为下、中三叠统的分界线，粘土岩的形成与火山凝灰物质（主要为火山玻璃）的去玻化作用有关。

（三）与热事件有关的成矿作用

位于扬子台地边缘的滇东南、黔南一带，法郎组中含有锰矿，含锰岩系由碳酸盐岩与碎屑岩组成，沉积在扬子台地边缘向深水盆地的过渡带附近。有人解释黔桂盆地为一自晚古生代以来新生的拉张盆地，在与扬子台地的过渡带存在受断裂控制的缓坡，为深部含锰热液提供了通道（刘宝珺，1993）。据锰矿物高 Si、Ba 含量测试，$\delta^{18}O$ 值计算古水温，矿物包体测温及稀土元素特征等分析，为热事件的存在提供了可信的证据。同时，锰矿点沿断裂带分布的规律，也指示了沉积成矿作用与拉张活动及热水循环事件紧密相关。这一事件发生的时间，大体在中三叠世的末期。

九、二叠纪生物礁概述

中南地区晚古生代的生物礁十分发育，而二叠纪是一个重要的成礁期，二叠纪的生物礁广泛分布于区内，并进行了较深入的调查研究，从而获知，其主要特征是成礁期长、分布广泛，且类型多样。

（一）礁体的时空分布

广泛分布于鄂、湘、川、黔、滇、桂等地，其中川东、鄂西地区和滇黔桂及南盘江地区为两大堤礁群区，桂西南为环礁集中地。

礁体形成总的始于早二叠世早期，止于晚二叠世晚期，以早二叠世晚期和晚二叠世晚期最为发育。具多旋回式发育特点。成礁时间一般都在高水位体系域期间，且后期时值海退，如广西隆林祥播礁，其礁体“具有大量渗滤灰泥，表明它经常处于暴露的大气渗滤带（范嘉松等，1990）。”

（二）礁体的特征

1.生物特征

二叠纪时区内属古特提斯海海域，气候温暖，各类生物繁盛，主要为海绵-藻礁体，造礁生物由海绵、水螅、钙藻等组成，主要粘结生物为蓝绿藻，附礁生物有腕足类、腹足类、有孔虫等。最主要的造礁生物为海绵，包括硬海绵类、纤维海绵类和串管海绵类，它可单独形成格架，也可与其它生物共同组成格架。早二叠世生物礁以串管海绵为主，晚二叠世晚期则以纤维海绵为主。藻类为最主要粘结生物，数量最多的是古石孔藻，它起着粘联、包覆各类造架生物作用。

2.礁岩特征

礁灰岩最基本类型有：骨架岩、粘结岩和障积岩三种。

(1)骨架岩　分布在礁核中，礁坪中可见及。由海绵、水螅等做骨架，为蓝绿藻包覆粘联。

(2)粘结岩　发育在礁坪。由蓝绿藻捕获、吸附灰泥、粘结造礁生物碎屑、礁砾而成。

(3)障积岩　见于礁坪和潮下弱水流环境之中。主要由单体或枝状海绵等直立生长、捕集灰泥或生物碎屑而成。

（三）礁的类型

区域性的岩相古地理格局控制了生物礁的分布与形态，华南二叠纪生物礁其形态主要为：点礁、堤礁（台地边缘礁）、环礁（图 5-37）三种类型。

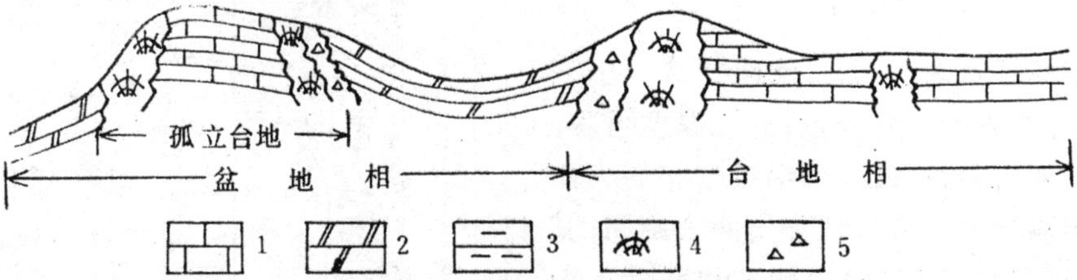

图 5-37　华南二叠纪生物礁模式示意图

1.灰岩；2.硅质岩；3.泥岩；4.生物礁；5.斜坡相沉积岩

1.点礁

分布于碳酸盐台地内部。以川东南重庆北碚晚二叠世晚期生物礁为代表（图 5-38）。礁体一般呈圆丘状，可分出礁核和礁翼。其规模小，厚度薄。礁核以障积岩为主，少量为骨架岩，造礁生物主要为海绵、水螅。

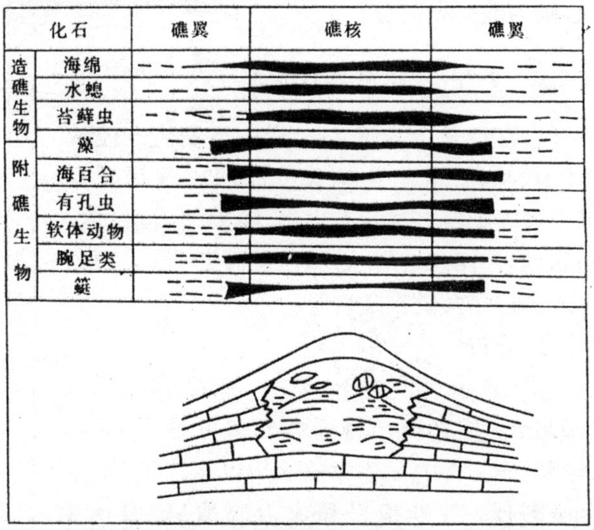

图 5-38　四川北碚晚二叠世生物礁化石分布及横剖面示意图

（据王立亭等，1994）

2.堤礁（台地边缘礁）

沿碳酸盐台地边缘分布。北部分布在川东开县红花至湖北利川见天坝一线，以见天坝礁体为代表；南部分布在南盘江地区，以桂西的隆林祥播礁体为代表。礁体呈线状展布，可分为礁前、礁核和礁后相。其规模较大，具一

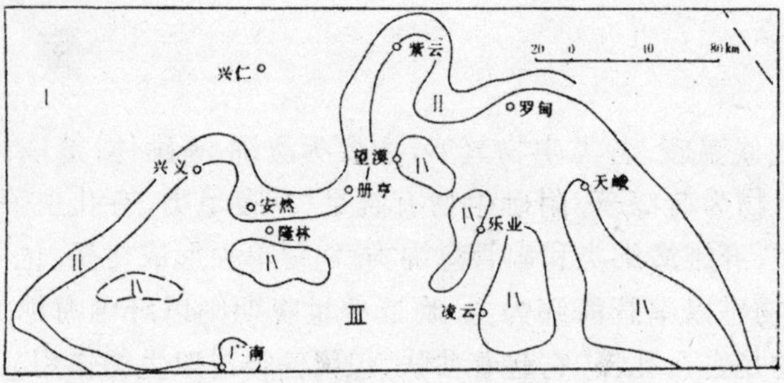

图 5-39　南盘江地区早二叠世沉积相分布图

（据范嘉松等，1990）

Ⅰ.台地沉积区；Ⅱ.台地边缘沉积区；Ⅲ.盆地沉积区；Ⅳ.孤立台地

定的高度和厚度。礁核主要由骨架岩、粘结－骨架岩、骨架－粘结岩组成，造礁生物为海绵、水螅等，粘结生物主要为蓝绿藻（图 5-39 及图 5-40）。

3.环礁

礁体沿着深水盆地中的孤立碳酸盐台地边缘分布，主要出露于广西隆林、西林、凌云、乐业、东兰、巴马、田东、田阳、宁明等地（图 5-41），以凌云地区生物礁为其代表，环礁两端的礁体如图 5-42、5-43 所示。当中有一个泻湖，湖中有小的陆地或者没有，故在与礁体时代相当的地层中有石膏层等产出。生物礁相带发育，礁核以粘结岩、粘连－障积岩为主，造礁生物以海绵、水螅为主，粘结生物为蓝绿藻。

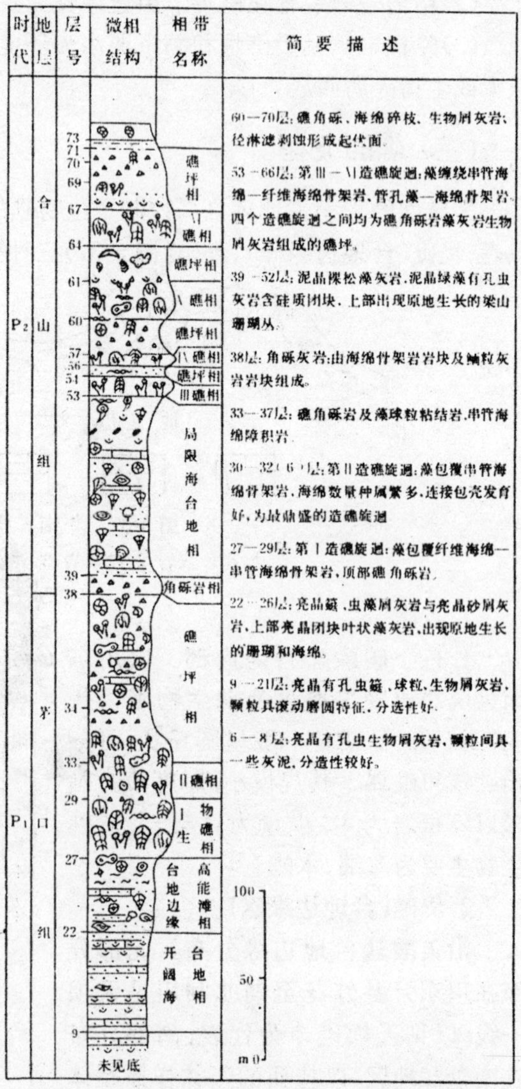

图 5-40　广西祥播二叠纪生物礁沉积相剖面图

（据范嘉松等，1990）

十、桂南早、中三叠世火山岩

三叠纪海相火山活动在桂南凭祥—东兴一带很活跃，形成了一套分布较广，厚度可观，独有特色的钾质型、钙碱系列铝过饱和的火山岩。据火山活动特征可以划分出两个旋回，其中早三叠世（第一旋回）以中酸性和酸性火山岩为主，少量为中—基性。中三叠世（第二旋回）则为酸性火山岩。

（一）早三叠世火山岩

岩石组合为玄武安山岩—英安岩—流纹岩（图 5-44），岩石化学成分属钾质型钙碱系列。岩石类型有玄武安山岩、英安岩、流纹岩、角砾熔岩、淬碎熔岩、熔结角砾凝灰岩、火山角砾岩、凝灰岩、沉凝灰岩等。

1.分布

集中分布于凭祥—崇左一带，出露面积近 450 km^2。按其产出特征和分布可分三个区：(1)凭祥、大青山及凭祥—龙州以东，广布巨厚的中酸性—酸性熔岩和火山碎屑岩，厚达 1 018～2 099 m 以上。(2)崇左县江州一带主要沿江州复向斜和陆磨岭复向斜翼部呈层产出，以英安岩为主，流纹岩次之。(3)以上两地区外围的北泗组中，有厚达数十米的熔岩及数十至百余米不等的火山碎屑沉积岩呈夹层产出。

2. **火山岩层序**

据火山岩发育较好的板扣剖面、叫隘剖面、国宝剖面、菖蒲剖面早三叠世第一火山旋回可划分出两个亚旋回，其间或有沉积岩夹层，或在火山岩相上有明显的变化。

第一亚旋回火山岩产出于下三叠统南洪组下部（或罗楼组）、北泗组下部，为一套中一基性或中酸性火山岩，其中以英安质火山岩为主，厚度大，分布广。而玄武安山质火山岩，厚度小，

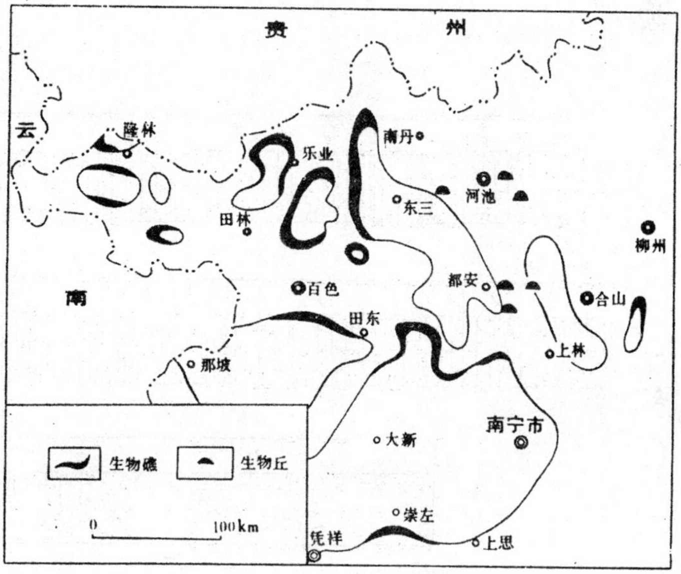

图 5-41　广西早二叠世生物礁露头分布图
（据周怀玲、张振贤，1994）

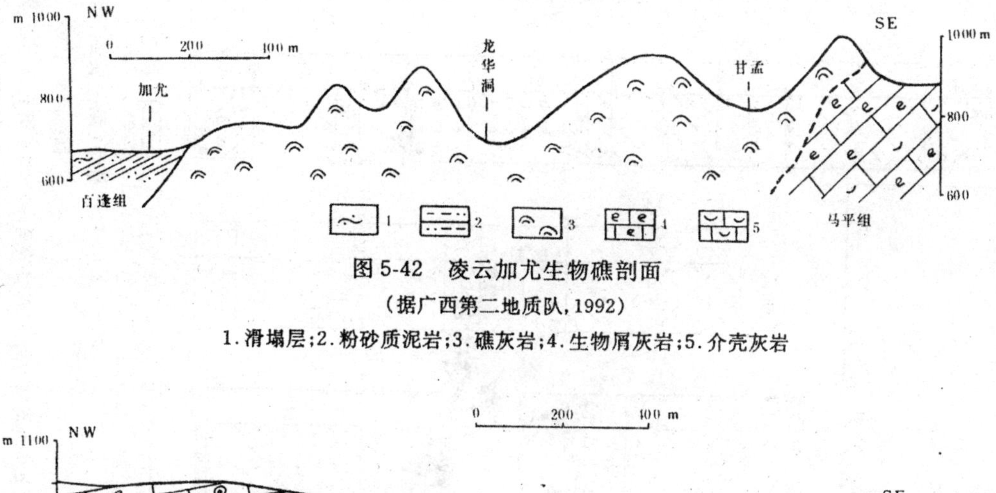

图 5-42　凌云加尤生物礁剖面
（据广西第二地质队，1992）
1. 滑塌层；2. 粉砂质泥岩；3. 礁灰岩；4. 生物屑灰岩；5. 介壳灰岩

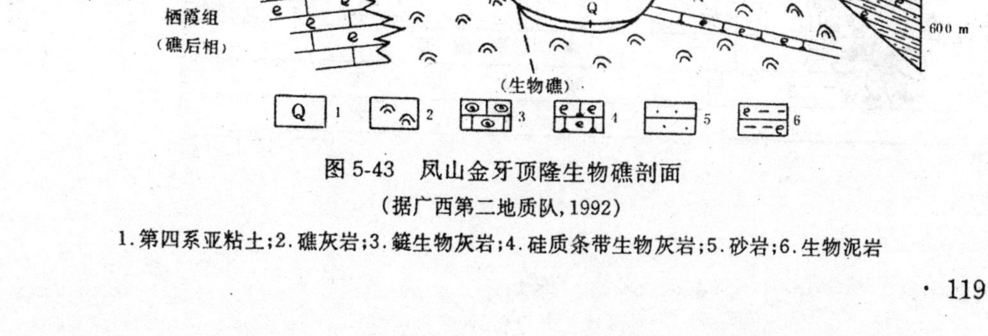

图 5-43　凤山金牙顶隆生物礁剖面
（据广西第二地质队，1992）
1. 第四系亚粘土；2. 礁灰岩；3. 鲕生物灰岩；4. 硅质条带生物灰岩；5. 砂岩；6. 生物泥岩

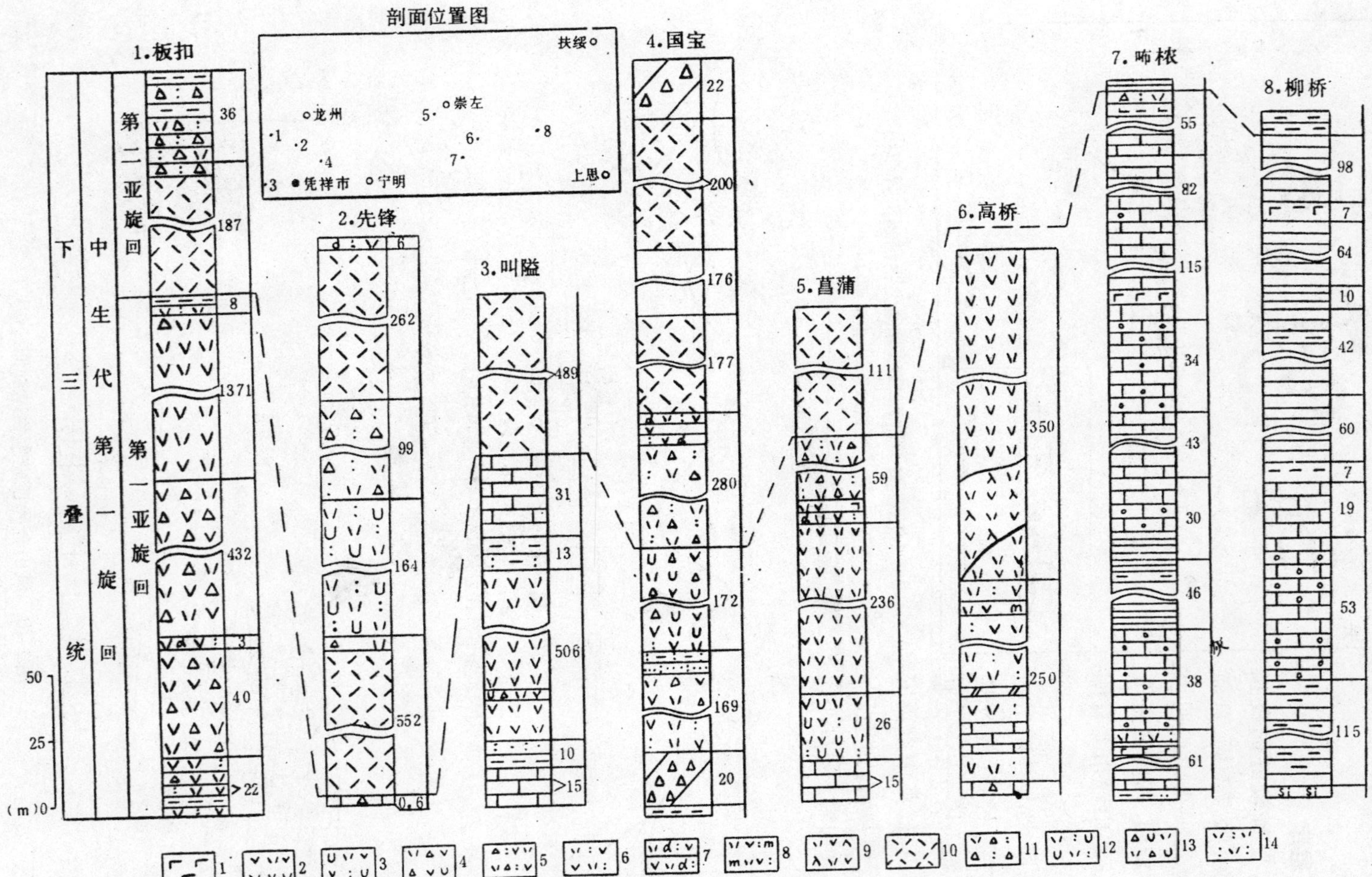

图5-44　早三叠世(第一旋回)火山岩柱状对比图

(据杨丽贞,1995)

1.玄武岩;2.英安岩;3.英安质凝灰熔岩;4.英安质角砾岩、角砾熔岩;5.英安质角砾凝灰岩;6.英安质凝灰岩;7.英安质沉凝灰岩;8.英安质熔结凝灰岩;9.英安玢岩;10.流纹岩;11.流纹质角砾凝灰岩、凝灰角砾岩;12.流纹质凝灰熔岩;13.流纹质角砾熔岩;14.流纹质凝灰岩

仅分布于两个地区。主要见于崇左以南陆磨岭向斜北翼咘梂一板利一柳桥，其次见于隘口北东祖公一带。

第二亚旋回火山岩产出于北泗组(或南洪组)上部，为流纹岩及流纹质火山碎屑岩，在酸性岩浆喷溢过程中有强烈的爆发作用，因此在流纹岩的顶底部，有大量的凝灰角砾岩、角砾凝灰岩和角砾熔岩产出。在龙州县板角一带，见有一层熔结凝灰岩。产于流纹岩之下的一套较厚的火山碎屑中，出露厚约 150～250 m。

(二) 中三叠世火山岩

为流纹岩高钾钙碱系列。产出的岩石类型有流纹岩、碎斑熔岩、凝灰熔岩、淬碎熔岩、凝灰角砾岩。

1. 分布

集中分布于两个地区。一为凭祥 - 东门大断裂南侧，那关山 - 陆磨岭向斜一带，呈层状产出，近东西向展布，断裂延伸达 40 km，出露面积近 50 km^2，以那关山一带的侵出相碎斑熔岩出露面积最大。另一为十万大山东南麓，灵山 - 藤县断裂带南端的垌中 - 小董断裂带上。在垌中一板八一扶隆一带呈带状展布，出露长达 60 km 左右(图 5-45)。火山碎屑岩，熔岩和侵出相的狮头山岩体出露面积近 170 km^2。

2. 火山岩的层序

第二旋回火山活动产物以熔岩、远火山口相火山碎屑岩、火山碎屑沉积岩及侵出相的碎斑熔岩为主，火山岩在各地发育程度不一。那关山剖面，在百逢组中厚达 200 多米，由一套沉凝灰角砾岩、凝灰岩、凝灰质砂岩和凝灰质泥岩组成许多个由粗到细的韵律。咘梂剖面火山碎屑岩可明显地分出两大层，柳桥剖面仅见一层厚 7 m 的酸性熔岩。板八一带的火山岩厚度最大，在酸性熔岩中断续有火山碎屑岩夹层。

(三) 与大容山一十万大山岩带侵入岩的对比及成因联系

凭祥、崇左、东兴一带三叠纪火山岩与大容山一十万大山岩带 S 型花岗岩在空间分布上密切共生，在形成时间上，二者基本上是同时的，大容山一十万大山岩带形成于晚二叠世末至晚三叠世早期，火山岩形成于早三叠世至中三叠世。具有共同的岩石化学特征，富铝，ALI ＞1.1(ALI 为铝硅比)，稀土元素球粒陨石标准化曲线显示“S”型特征，δEu 为 0.34～0.57，与我国华南 S 型花岗岩 $\delta Eu < 0.6$ 一致。$^{87}Sr/^{86}Sr$ 初始值较高，＞0.7156，普遍含继承锆石。其源岩是上部地壳的变质岩，是地壳深熔不同阶段的产物。由此可见火山岩与花岗岩是同源异相的产物。

(四) 火山岩形成的构造环境

凭祥地区发育早、中三叠世厚度巨大的中酸性和酸性火山岩，据火山岩化学特征、特殊痕量元素及稀土元素特征进行判别，其形成于岛弧环境(杨丽贞，1995)。右江盆地是一个发生于早泥盆世，消亡于晚三叠世末、向东南方向开口的拗拉槽(夏邦栋等，1992)。在其发展的晚期，开口端应出现一个新生的造山带，其最初的表现是一个新的岩浆弧或火山弧(Hoffman 等，1974)。显然，凭祥地区早、中三叠世火山岩即是这一岩浆弧的西端部分。另右江盆地中三叠世复理石建造也发育于这一拗拉槽演化的晚期，隆起带的不断隆升与剥蚀，成为复理石堆积的物源区，据夏邦栋等(1993)对该复理石沉积时的古水流方向研究，认定在复理石沉积时，碎屑

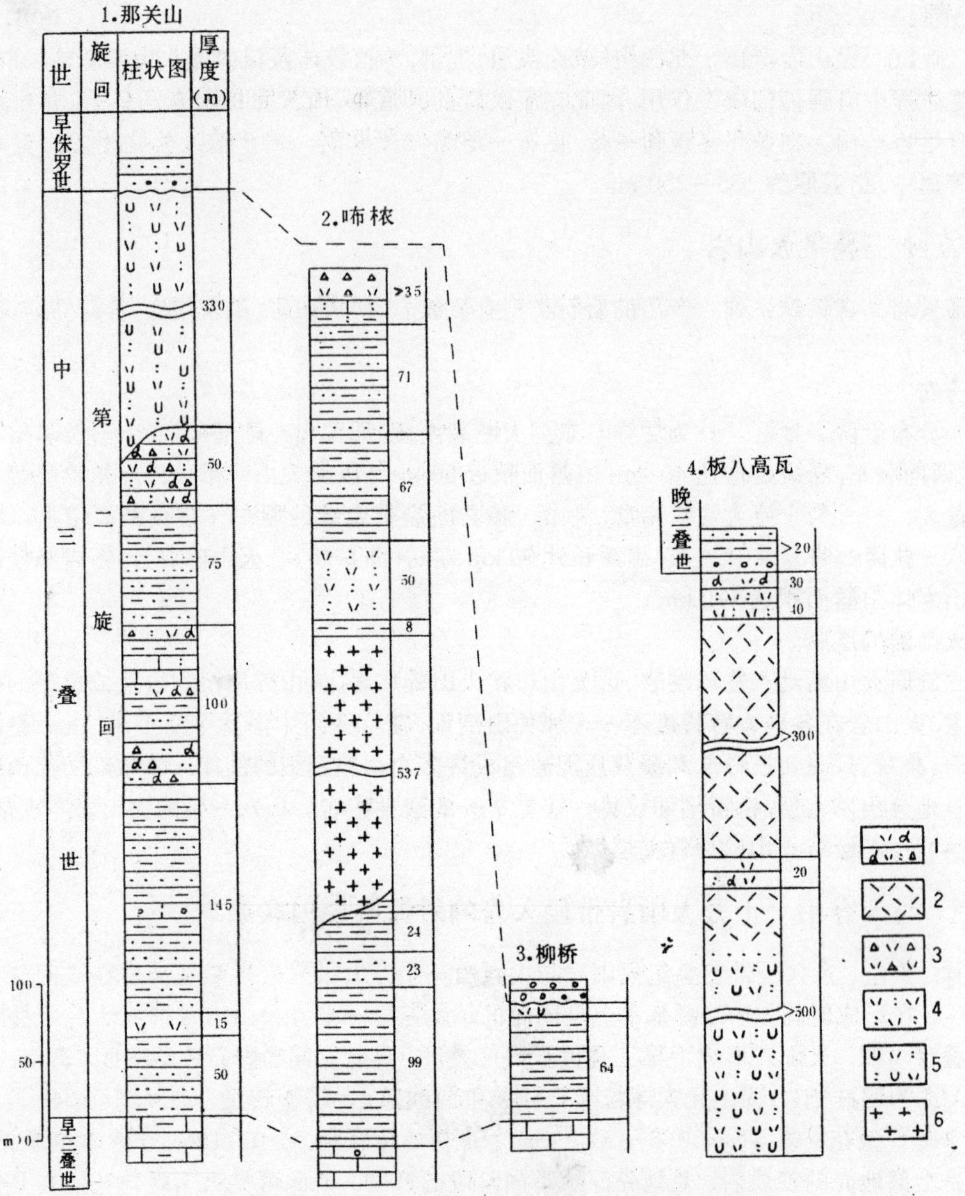

图 5-45　中三叠世(第二旋回)火山岩柱状对比图

(据杨丽贞,1995)

1.流纹质沉凝灰岩;2.流纹岩;3.流纹质火山角砾岩;4.流纹质凝灰岩;5.碎斑熔岩;6.花岗斑岩

物(含有大量来自火山岩的和花岗岩的石英颗粒)是来自盆地之东南的隆起带,该盆地与大陆岛弧有关,应属于弧后盆地。无疑,这从另一方面也证明了桂东南(包括凭祥)地区,有一个具岩浆弧基本特征的新生隆起带存在。

第六章

晚三叠世—侏罗纪

一、区域地层

本区晚三叠世至侏罗纪地层发育、出露完整，其岩石地层单位序列（表6-1）及其时空展布特征（图6-1），已构划出区域总体地层格架。

（一）晚三叠世早期的海相地层序列

晚三叠世海侵的范围仅位于扬子台地西缘及南缘，台地内其他地域及周边在中三叠世以前接受海侵的地区，随印支运动初幕的大规模造陆运动，均终止了海相沉积阶段，地层缺失普遍而范围广阔。海相晚三叠世地层的地理分布范围，大体以广元—成都—宜宾—贵阳—线以西地区发育，多分布于“康滇地轴”的两翼。在东翼的黔西、滇东南一带，沉积物以灰、黄等色泥、页岩为主，各地程度不等的夹有砂岩及泥灰岩，一般富含海相双壳类为主的生物群，并有少量菊石及牙形刺伴生，厚150～460 m不等，最厚可达1 000 m以上，统称把南组。整合覆于法郎组上部（赖石科段）钙质砂、页岩之上。在黔中一带，岩性由灰绿、黄灰色砂、泥岩及灰岩、泥灰岩组成，碳酸盐含量增高，仍富含双壳类化石，整合于改茶组灰岩或边阳组砂、泥岩之上，厚0～350 m，称三桥组或平寨组（云南丘北）。上述把南组、三桥组等单位就其岩石组合，生物组合及相序沉积特征分析，前者属陆架相沉积，后者为滨岸相沉积。

在四川龙门山前缘为一套灰色页岩夹砂岩、粉砂岩及生物碎屑灰岩，含丰富的菊石、海相双壳类、腕足类及六射珊瑚等多门类生物群，厚32～254 m，多整合或平行不整合于下伏天井山组块状燧石灰岩之上，称马鞍塘组。在峨眉山及其邻近地区为一套深灰色泥岩夹泥灰岩，含有浮游双壳类及菊石生物群的地层，厚仅0～40 m，称垮洪洞组，平行不整合于关岭组白云岩之上。在分布范围上，马鞍塘组及垮洪洞组均局限而零星，前者为滨岸相，后者为陆架相，岩性及沉积环境均有显著差异。

在“康滇地轴”西翼的盐源、丽江地区，晚三叠世早期为一套以灰色砂岩、粉砂岩及泥岩为主，夹大量生物碎屑灰岩，富含菊石及双壳类生物群的地层，厚200～600 m，称中窝组，整合或平行不整合于白山组或北衙组碳酸盐岩之上，属滨岸环境中的产物。在云南祥云地区连续沉积了一套厚度大于2 000 m的灰、绿等色砂岩、泥岩为主的沉积物，下部夹灰岩及泥灰岩透镜体，称云南驿组，上部夹大量中、基性火山碎屑岩、火山质砾岩、角砾凝灰岩等，称罗家大山组，均富含海相浮游双壳类及菊石等化石，沉积物具有半深水陆架的特征，由于受出露条件的限

表 6-1　中南区晚三叠世一

Table 6-1 Sequence of the lithostratigraphic unites

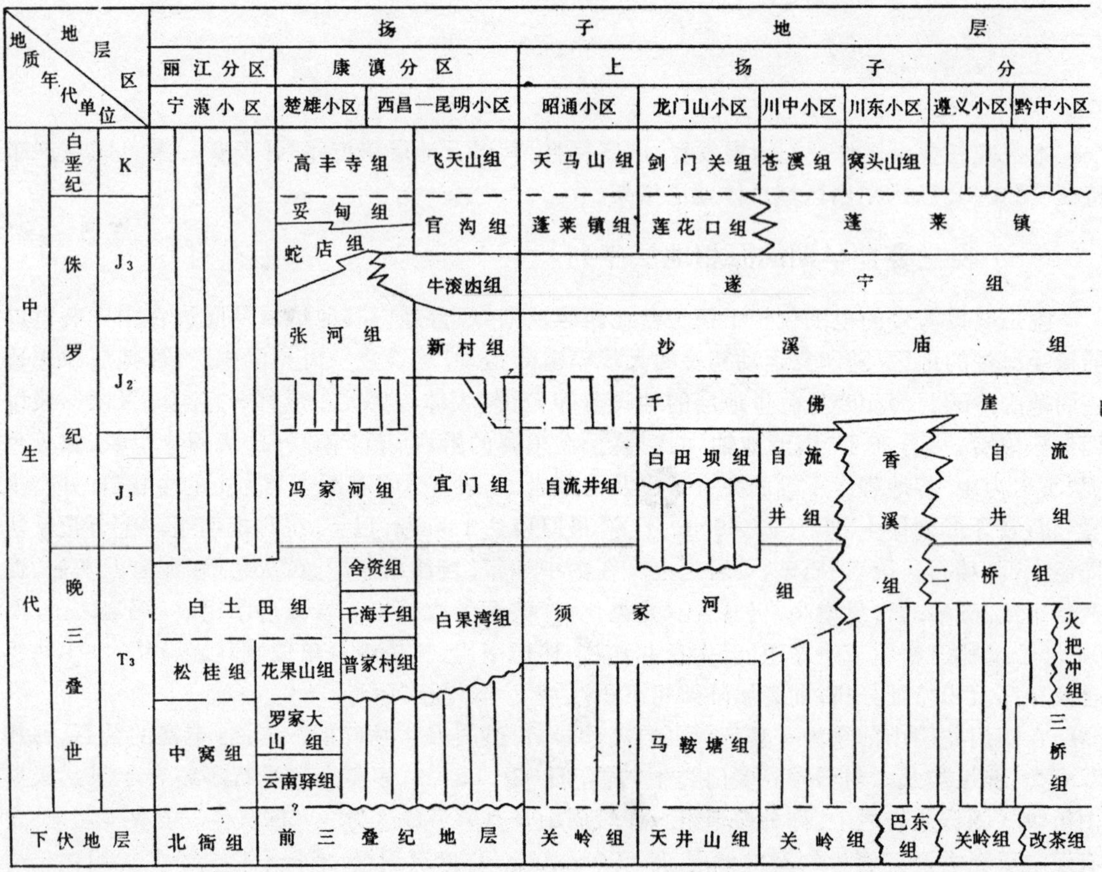

侏罗纪岩石地层单位序列表

from Late Triassic to Jurassic in Central-South China

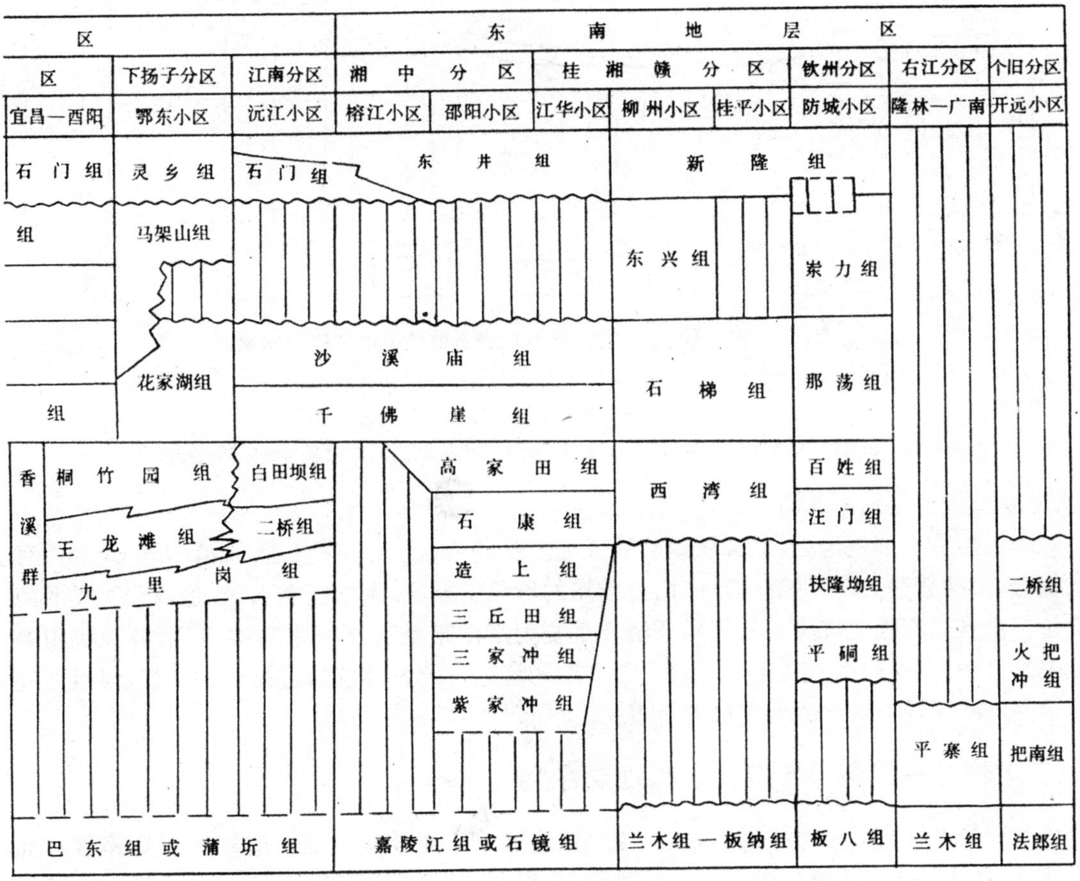

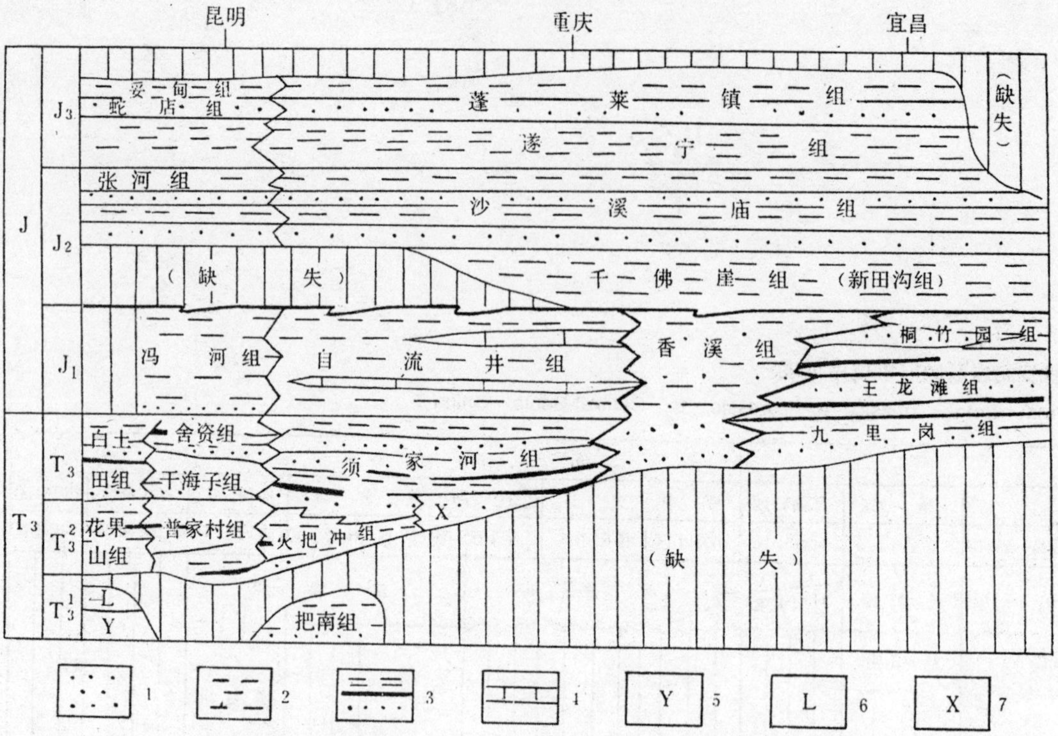

图 6-1 上扬子克拉通晚三叠世—侏罗纪岩石地层单位时空分布略图

Fig.6-1 Sketch showing the space-time distribution of lithostratigraphic unites from Late Triassic to Jurassic in the Upper Yangtze Craton

1.砂岩;2.泥页岩;3.含煤岩系;4.灰岩;5.云南驿组;6.罗家大山组;7.须家河组底部海相段

制,其下伏地层及接触关系尚不清楚。

综观区内晚三叠世地层特征,陆源碎屑成为主要的造岩组分,在接近"康滇古陆"两侧占有较大优势,层间普遍夹有碳酸盐岩,多由生物屑的堆积所形成,生物门类众多,但以双壳类及菊石含量丰富且研究程度较高。其沉积环境亦主要为滨岸带及近岸浅水陆架,尽管各地沉积物厚度差别悬殊,上述相似的特征也反映了印支期初幕之后的大规模海退过程中,残留海域在逐步充填并向陆相环境转化的地层序列特点。

(二)晚三叠世至早侏罗世含煤地层序列

在晚三叠世早期海相地层沉积之后,区内普遍进入了海陆交互相—陆相的含煤碎屑岩沉积时期,而海陆交互相环境主要出现在早期,并分布于"康滇古陆"两侧,这一格局具有与下伏地层相似的特点。在本区范围内,可划分为5个大的成煤盆地(图6-2)。

1.盐源－丽江成煤盆地

分布于"康滇地轴"西缘,沉积物以灰、黄绿等色砂、泥岩为主,偶夹碳质页岩、煤线及煤层,厚度达1 000 m余,常平行不整合于下伏中窝组之上。下部含有以海相底栖双壳类为主的生物群,称松桂组或花果山组(祥云),厚度可达500～1 000 m余。上部含植物、叶肢介及半咸水双壳类生物群,称白土田组,厚度达800～2 000 m左右。该组属河流沼泽相沉积物,具有较发育的由粗至细的韵律层,在区域上可超覆于老的海相地层之上,一般与上覆陆相红层(冯家河组)整合过渡,在四川盐源地区上覆地层已被剥蚀殆尽。

2. 康滇成煤盆地

北起于四川二郎山一带，南止于云南哀牢山断裂带，呈南北向延伸。该区含煤碎屑岩地层普遍发育且缺失下部的海相夹层，不整合超覆于前三叠纪古老岩系之上。该盆地可划分为三个相似但互有区别的沉积区。

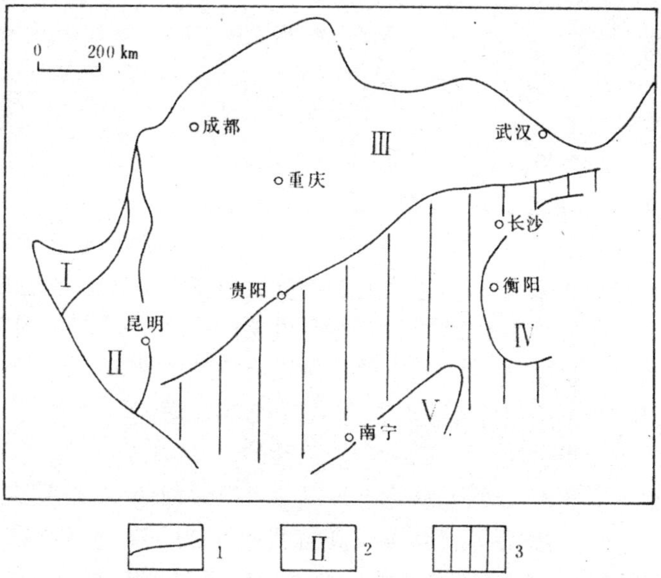

图 6-2 晚三叠世—早侏罗世成煤盆地分布示意图

1. 区划边界；2. 盆地编号；3. 沉积缺失区；Ⅰ. 盐源－丽江成煤盆地；Ⅱ. 康滇成煤盆地；Ⅲ. 上扬子成煤盆地；Ⅳ. 湘赣成煤盆地；Ⅴ. 桂东成煤盆地

北段攀西地区称白果湾组，岩石组合为一套灰、黄绿色石英砂岩、粉砂岩及泥岩不等厚互层，夹块状砾岩、碳质页岩及煤层，含有植物、孢粉、淡水双壳类及介形类生物群，厚度 120～1 600 m 余，由南向北不整合或平行不整合超覆于前震旦纪变质岩系、灯影组白云岩、峨眉山玄武岩及海相三叠纪地层之上，其上为红层整合覆盖。中段分布于攀枝花一带，昔称“那拉箐煤系”（曾繁礽，1945），其后由下而上划分为丙南组、大荞地组及宝顶组 3 个组级单位，总厚达 3 000 m 以上。其中，丙南组为紫红等色砾岩及砂岩为主，大荞地组及宝顶组均为灰、灰绿色砂、砾岩、粉砂岩及泥岩组成频繁韵律互层，夹数十层可采煤层及不稳定的薄层石灰岩，含有丰富的阔叶植物占有优势的植物群，面貌原始而古老，前人称“大幕地植物群”（徐仁，1979）。平行不整合超覆于阳新组或峨眉山玄武岩之上，其上仍由红层整合覆盖。南段元谋、楚雄、昆明一带昔称“一平浪煤系”（王恒升等，1936），后人由下而上划分为普家村组、干海子组及舍资组 3 个组级单位，总厚在 2 000 m 左右。岩性为一套灰、灰绿色砂、砾岩、粉砂岩、页岩夹煤层，下粗上细的韵律结构发育，富含植物及淡水双壳类生物群，不整合于元古界苴林群或昆阳群之上，与上覆红层仍为整合过渡关系。以上三套地层序列均超覆于古老地层之上，且均与上覆侏罗纪红层连续沉积，其间有厚度不等的岩性过渡层，岩性组合特征亦相近似，均属准平原化的河流沼泽相沉积。在剖面结构、厚度、含煤性及生物组合总貌上尚有明显区别。

3. 上扬子成煤盆地

盆地范围大体在丘北—兴义—贵阳—怀化一线以北，包括了川东、滇东、黔北、湘北及鄂西广大地区。区内含煤碎屑岩地层在区域上有明显的变化，一般平行不整合覆于中三叠世海相地层之上，在广元—重庆—贵阳一线以西地区，一般平行不整合或整合于晚三叠世早期海相地层之上，煤系下部常存在厚度不等的海相或海陆交互相层段。

在四川盆地西部黔西及滇东一带，为一套深灰、灰黑色砂、砾岩、粉砂岩、页岩夹碳质页岩及煤层组成的地层，具较明显的下粗上细韵律结构，厚数百米至 3 000 m 余。下部以含海相双壳类化石为主，称火把冲组，上部以含植物及孢粉为主，并有少量淡水双壳类化石伴生，称须家河组。火把冲组在滇东、黔西地区发育，最厚可达 1 000 m，由南向北减薄，在四川境内仅数十米至 100 m，并入须家河组中作为一个段级单位（昔称“小塘子段”）（图 6-1），须家河组平行不整合于关岭组白云岩、垮洪洞组泥岩或整合于把南组、马鞍塘组砂、泥岩之上，与上覆侏罗纪红层均为整合过渡关系。在川南、黔北地区主要为一套以黄灰色块状砂岩为主的地层，夹有少量泥页岩及煤线，称二桥组，厚度一般小于 500 m，含有植物及淡水双壳类化石，平行不整合覆于关岭组之上。在黔中地区，该组平行不整合于三桥组灰岩之上，与上覆红层仍为整合过渡，煤系下部的海相段缺失。在川东鄂西及鄂东南地区含煤碎屑岩系可分三段，下部及上部以粉砂岩、泥页岩为主，夹煤层及碳质页岩，中部以长石石英砂岩为主，在大巴山前缘相变为块状砾岩及含砾砂岩。在泥页岩中普遍含有丰富的植物及孢粉化石，并有淡水双壳类伴生。厚度约 420～2 000 m 余不等，由西向东厚度由薄变厚。该套地层在川东称香溪组，在鄂西称香溪群，由下而上划分为九里岗组、王龙滩组及桐竹园组。该群(组)一般平行不整合于巴东组或蒲圻组紫红色粉砂岩之上，与上覆千佛崖组或花家湖组杂色砂、泥岩均为整合接触。二桥组及香溪群(组)均为陆相含煤碎屑岩系，其下部均无海相段存在。

需要指出的是，在四川盆地北部的广元、江油一带，在这套含煤岩系的中上部存在一小范围内发育的不整合面，其上有厚达数米至数十米之石英质砾岩，其下伏的煤系地层有明显缺失，且与上覆煤系成微角度或高角度不整合接触，下部煤系为须家河组，上部煤系称白田坝组，前者沿龙门山向南渐相变为一套厚逾千米的砾岩为主夹砂、泥岩的不等厚互层，前人称“赵公山砾岩”(朱森，1942)，白田坝组向南渐变为以紫红色泥岩为主的自流井组，向东与须家河组合为一体，演变为香溪组。以上相变均反映近陆源区的特征(图 6-3)。

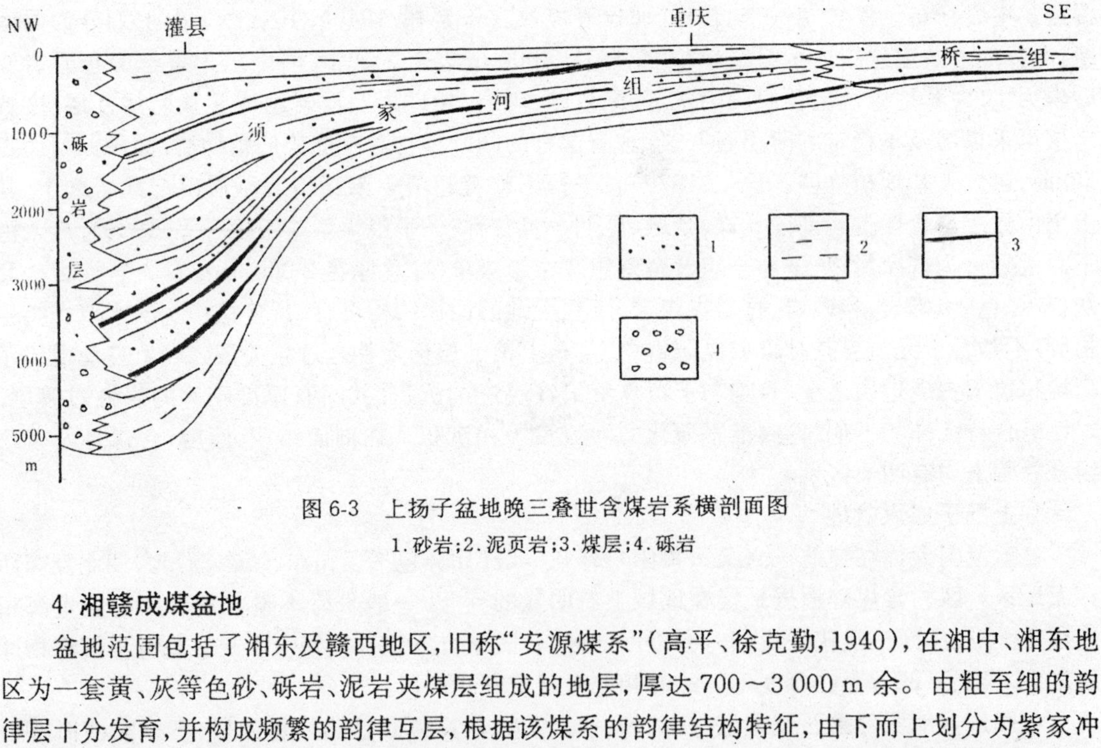

图 6-3　上扬子盆地晚三叠世含煤岩系横剖面图

1.砂岩；2.泥页岩；3.煤层；4.砾岩

4.湘赣成煤盆地

盆地范围包括了湘东及赣西地区，旧称“安源煤系”(高平、徐克勤，1940)，在湘中、湘东地区为一套黄、灰等色砂、砾岩、泥岩夹煤层组成的地层，厚达 700～3 000 m 余。由粗至细的韵律层十分发育，并构成频繁的韵律互层，根据该煤系的韵律结构特征，由下而上划分为紫家冲组、三家冲组、三丘田组、造上组、石康组及高家田组等 6 个组级单位，各组间均以岩性相区别，均为整合接触关系。区域上下部地层有不同程度的缺失。上述各组均含有丰富的植物，淡水或半咸水双壳类及叶肢介等生物群，常不整合覆盖于吴家坪组石灰岩之上，其上常为白垩纪地层(如罗镜滩组紫红色砾岩或砂岩)不整合超覆。

5. 桂东成煤盆地

在桂东全州—柳州—钦州一线以东星散分布着多个成煤盆地，含煤地层称西湾组，该组岩石组合可划分为上下两部分，下部为棕红、紫红色角砾岩，砾石成分多为硅质岩、砂岩及部分白云质灰岩，厚度一般不足百米。上部为灰黑等色碳质灰岩、泥质灰岩，夹有泥岩及煤层，顶部偶夹浅紫灰、灰白等色砂岩及泥岩，含有植物及孢粉化石，并有介形类及淡水双壳类化石伴生，厚度大于 300 m。在区域上西湾组均不整合于早志留世砂、泥岩或晚石炭世白云质灰岩之上，与上覆石梯组紫红色砂岩或含砾砂岩均为整合过渡，其间可存在数十米厚的岩性过渡层。

（三）侏罗纪红层的地层序列

在晚三叠世至早侏罗世含煤岩系沉积之后，各地区在不同时期逐步进入巨厚的陆相红色地层沉积阶段，且发育程度各不相同，大体上西部最早进入这一阶段，由西向东形成时期逐渐滞后。综观中南地区地层序列的发育特征，可划分为 5 个沉积区，各区的发生与发展与成煤盆地有着一定的继承关系(图 6-4)。

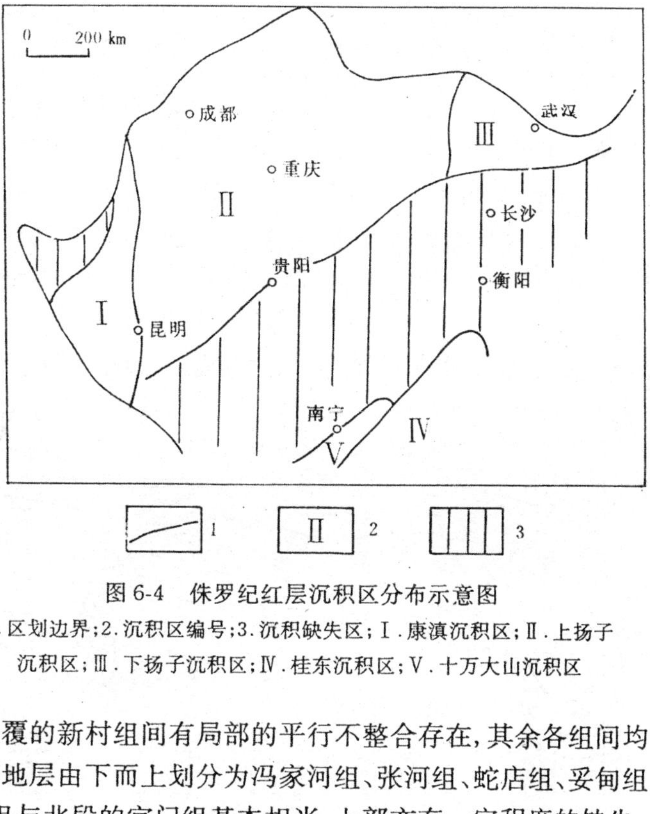

图 6-4 侏罗纪红层沉积区分布示意图

1. 区划边界；2. 沉积区编号；3. 沉积缺失区；Ⅰ. 康滇沉积区；Ⅱ. 上扬子沉积区；Ⅲ. 下扬子沉积区；Ⅳ. 桂东沉积区；Ⅴ. 十万大山沉积区

1. 康滇沉积区

沿"康滇地轴"呈南北向分布，其范围与该区成煤盆地基本一致。沉积物以巨厚的紫红色泥岩与砂、泥岩互层为主组成两套不等厚的韵律互层，沉积环境目前多认为属湖泊—河流相(以蛇曲河为主)。在该地区北段四川攀西地区由下而上划分为宜门组、新村组，牛滚凼组及官沟组 4 个组级单位，其中宜门组及牛滚凼组以紫红或鲜红色泥岩为主，夹少量不稳定的砂岩及生物介壳屑灰岩，其余两组以砂、泥岩的不等厚韵律互层为主，在区域上宜门组的上部常有缺失，与上覆的新村组间有局部的平行不整合存在，其余各组间均为整合接触。在滇中的该区南段，该套地层由下而上划分为冯家河组、张河组、蛇店组、妥甸组等 4 个组级单位(图 6-5)，其中冯家河组与北段的宜门组基本相当，上部亦有一定程度的缺失，并与上覆张河组间呈平行不整合接触。其他各组间均为整合过渡，但与北段各组并不完全对应，其中牛滚凼组以鲜红色泥质岩为主的岩性出现在张河组的上部，而覆于其上的大套以砂岩为主的层段为划分蛇店组的主要依据，该地区在地层序列的划分上不完全一致，但序列的特征仍十分相似并易于对比。这套地层在北段厚近 3 000 m，至南段 2 500～5 000 m 余，岩性基本稳定，普遍含有相当数量而组分相似的淡水双壳类、介形类、叶肢介、轮藻以及少量植物及孢粉，更为重要的是，这一时期盛产以恐龙为主的脊椎动物群，成为我国乃至全球最为发育也是研究程度较高的层位。这套红层直接整合覆于晚三叠世的含煤碎屑岩系之上，上部地层在区域上有不同程度的缺失和间断，以平行不整合关系为白垩纪不同时期沉积物所超覆。

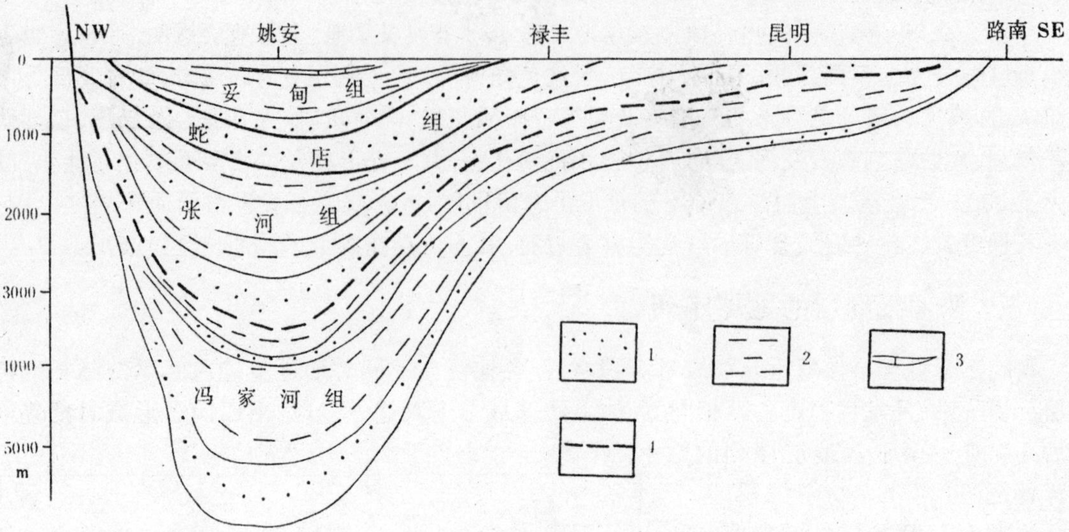

图 6-5 滇中沉积区侏罗纪红层横剖面图

1.砂岩;2.泥岩;3.灰岩;4.平行不整合

2.上扬子沉积区

该地区范围包括滇东、四川盆地、黔北、湘北及鄂西等地,该区侏罗系红层稳定而厚度巨大,一般达3 000 m以上,在地层序列上仍与康滇地区相似,岩性一般由紫红、黄绿、灰黑等色泥页岩与砂、泥岩互层组成两个巨大的沉积旋回,在四川盆地及相邻的滇东、黔北及湘北,由下而上划分为自流井组、千佛崖组、沙溪庙组、遂宁组及蓬莱镇组共5个组级地层单位(图6-6),

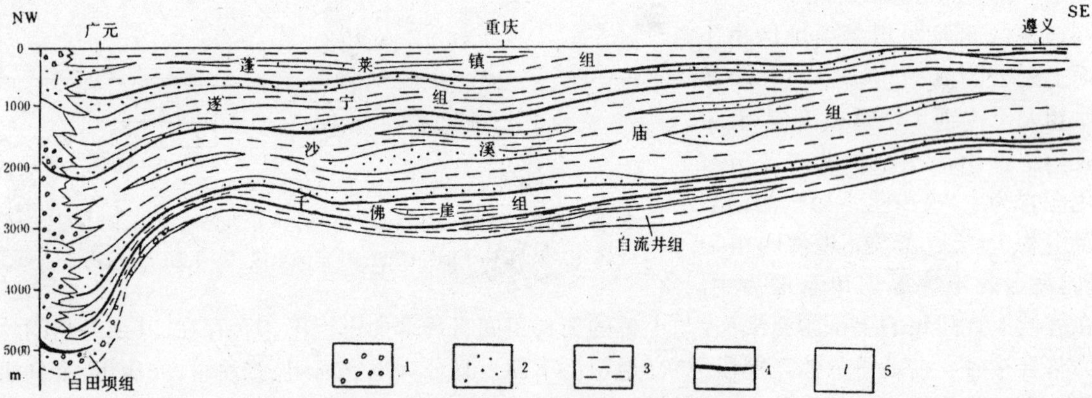

图 6-6 上扬子沉积区侏罗纪红层横剖面图

1.砾岩;2.砂岩;3.泥页岩;4.煤层;5.莲花口组

其中自流井组、千佛崖组及遂宁组均以泥页岩为主,夹有少量砂、粉砂岩及生物屑灰岩,属湖泊相沉积。沙溪庙组及蓬莱镇组以砂、泥岩不等厚韵律层组成,属蛇曲河相。各组间一般均为整合接触,仅在沿华蓥山至贵阳一线以西地区千佛崖组有不同程度的缺失,缺失程度由东向西加剧,部分地区全部缺失(表6-1),沙溪庙组直接平行不整合超覆于自流井组之上,该线以东地层层序基本完整。在四川盆地北部及鄂西地区相当自流井组的地层已相变为香溪组的一部分(上部),千佛崖组以黄绿色为主的泥页岩,夹细砂岩及灰岩透镜体的地层为沙溪庙组所整合覆盖，厚度在300～570 m之间。在这套巨厚而相对稳定的红色地层中盛产淡水双壳类、介形类、轮藻及叶肢介等门类生物群，以恐龙为代表的脊椎动物亦大量出现，尤以沙溪庙组分布普遍，产出层位较为集中。该套红色岩系直接整合覆于晚三叠世至早侏罗世含煤岩系之上，在区域上上部地层有不同程度的缺失，在四川盆地及相邻地区，上部蓬莱镇组部分缺失，并为早白垩世地层平行不整合覆盖或缺失盖层，在湘北及湘中地区，沙溪庙组及其以上地层均遭受大规模剥蚀，残留厚度仅100～1 000 m余，并为晚白垩世地层不整合超覆。

值得指出的是：在上扬子西缘的龙门山地区，这套巨厚的以红色砂泥岩为主的地层相变为一套厚达数千米的以砾岩、砂砾岩为主的岩系，韵律结构仍十分发育，砾石成分沿龙门山前缘有较大变化，前人曾称之为"灌县砾岩"、"踏水桥层"（赵家骧等，1945），前者可直接覆于须家河组含煤岩系（大邑朱店子）或其相变的"赵公山砾岩"（朱森，1942）之上。在广元及其以南局部地区，相当蓬莱镇组的地层相变为千余米的一套以石英岩砾石为主的巨厚砾岩夹砂、泥岩互层，前人称"莲花口砾岩"（侯德封等，1939），现称莲花口组。这些粗粒沉积物的堆积反映出上扬子地区陆相红色盆地接近陆源区的特征，具有山前磨拉石的性质。而沉积物的时空形态多呈扇形透镜状，具有冲积扇的特点。

3. 下扬子沉积区

该地区范围指鄂东的鄂城、蒲圻一带，以及相邻的荆当盆地，侏罗纪沉积物为一套紫红色夹黄绿等杂色粉砂岩、泥岩、灰绿色页岩及长石砂岩，韵律结构仍很发育，厚度在1 000 m以上，称花家湖组。该组下部以泥岩为主，上部砂、泥岩多呈互层出现，整体岩性与上扬子地区的千佛崖组及沙溪庙组较为相似。该组整合于含煤岩系香溪群（旧称"武昌群"）之上，顶部出露不全面，上覆地层性质不明，含有少量淡水双壳类化石，这套地层相当于上扬子区侏罗纪红层的东延部分，层序不甚完整。

除上述红层的主体部分在区内分布较广泛外，在鄂东大冶、鄂城一带尚有一套火山岩系分布，称马架山组。该组下部为流纹质角砾岩及流纹质角砾集块岩，上部为霏细岩为主，具流纹构造，共厚350～550 m。这套以酸性为主的火山岩系可不整合于岩浆岩体（闪长岩）之上，也可不整合覆于花家湖组之上或贯入该组之中。含有少量植物化石，尚缺失可靠的测年数据。马架山组与上覆早白垩世灵乡组为不整合接触，后者以底砾岩的分布为界线。

4. 桂东沉积区

在全州—柳州—钦州一线以东存在一系列规模不大的沉积盆地，如钦灵、大洲、钟山等盆地，沉积了厚度不大的侏罗纪红层，基本岩性以紫红色长石石英砂岩、粉砂岩为主，夹少量含砾砂岩及泥岩，具较发育的韵律结构，含有以淡水双壳类为主的生物群，厚度330～1 000 m余。由下而上划分为石梯组及东兴组，前者分布范围广泛，在桂东各小型盆地中均有分布，并整合覆于西湾组含煤碎屑岩系之上，在桂东南局部可不整合超覆于志留纪地层之上，上部地层缺失较多，可为早第三纪六呷组不整合超覆。后者主要分布于桂南东兴、钦州等盆地，一般整合于石梯组之上，未见顶，其他盆地该组多缺失。

5. 十万大山沉积区

分布于桂南钦州以西的十万大山地区，为一分布范围局限的山间盆地，沉积物堆积厚度巨大，达3 000～10 000 m余。基本岩性为一套紫红、紫灰色砂、泥岩的不等厚韵律互层，由下而上划分为平硐组、扶隆坳组、汪门组、百姓组、那荡组及岽力组6个组级单位，延续时限包括晚三叠世及整个侏罗纪。各组均以紫红或杂色砾岩，含砾砂岩或块状砂岩为底，向上以紫红色砂、泥岩频繁韵律交互，下粗上细的正向粒序发育。其中，下部平硐组及扶隆坳组中砾岩及含砾砂岩较发育,次级韵律结构也较频繁,汪门组至崇力组等 4 个组均以砂、粉砂及泥岩组成的正向韵律层为主,局部以泥岩占优势,如那荡组,偶夹有少量黑色泥岩及劣质煤线,如崇力组,各组岩石组合总貌较为相似。各组程度不等的含有淡水双壳类、叶肢介、植物及孢粉,下部平硐组中含有一定数量的咸—半咸水双壳类种群,如 *Plagiostoma*, *Posidonia*, *Neoschizodus* 等,预示着这套红层下部有海相夹层存在。在十万大山地区,巨厚红层的底界为一不整合面,覆于中三叠世早期以凝灰质熔岩等火山岩为主的板八组之上,与上覆白垩纪红层(新隆组)间多呈整合接触,在钦州、邕宁及上思部分地区为平行不整合接触。在该套红层中各组间一般均为整合过渡,多以层厚的砂、砾岩作为划分各组界线的标志,其中汪门组除一般与下伏扶隆坳组为整合接触外,在钦州、上思的局部地区也可不整合超覆于早石炭世、中三叠世不同岩石地层或印支期辉石花岗斑岩之上,在沉积盆地的边缘地区这种超覆多见。

二、沉积盆地分析

(一) 古构造背景及盆地演化规律

扬子克拉通以西的古特提斯大洋在二叠纪、三叠纪历经了扩张、闭合、迁移运动,陆壳产生了分离与拼合,印支运动初幕发生的中三叠世末期,受到古特提斯洋扩张所形成由西向东应力场的作用,扬子克拉通内普遍隆起上升,造成大面积的海退并结束了海相地层的沉积史。在晚三叠世早、中期,仅在扬子克拉通的西缘,有范围极为局限的残留海盆,继续存在沉积作用。至晚三叠世中、晚期,随古特提斯的关闭、上升及全球同期产生的陆内汇聚及挤压,在扬子克拉通周缘产生了强烈的褶皱-冲断作用,造成了盖层与基底间的剥离与滑脱,形成了西缘龙门山褶皱-冲断带及北缘大巴山褶皱-冲断带。随盖层的卷入形成的构造负荷不断增大,陆壳产生强烈拗曲,并形成沿褶皱-冲断带平行分布的巨型凹陷,即四川前陆盆地。在印支期以后,随龙门山冲断带不断向东逆冲推覆及扩展,前陆盆地西缘充填物逐步卷入冲断带,盆地亦由西向东迁移,范围不断萎缩,燕山早期,在湘鄂一带广布的盆地也随着地壳的上升而消亡。

在扬子克拉通西南缘,由于红河-哀牢山断裂带两翼陆壳的拼接,产生由南向北的挤压作用,与扬子克拉通西缘东西向应力场的结合部产生近东西向的拉张作用,形成以康滇地轴为轴心,两翼大体由金河-程海断裂带及小江断裂带所挟持的巨型沉降盆地,这是以古老地层为基底,内部沉降幅度巨大但不同步的断陷盆地,在物源周期性补偿的条件下,沉积物厚度甚大。

在华南褶皱带范围内,中三叠世末期的印支运动主幕造成了大面积地壳上升,在印支及燕山期间沉积作用停止,进入了剥蚀夷平并准平原化,仅在桂东及十万大山地区,在局部陆内拉张作用影响下,形成了一些规模不大的断陷盆地,如大洲、钦灵等盆地,其展布方向与区域断裂带的走向大体一致。其中以十万大山盆地规模较大而沉降开始最早,约始于晚三叠世中晚期,在桂东一般均始于早侏罗世,各盆地的沉降幅度、充填物性质及补偿条件均各不相同。

(二) 沉积环境分析

1. 海相残留盆地

在中三叠世晚期,印支运动造成扬子克拉通范围内的大面积海退,而普遍缺失晚三叠世海相沉积,仅于晚三叠世早、中期在扬子克拉通西缘及康滇地轴两翼有小范围的残留海盆地分布,在龙门山前缘,残留盆地平行龙门山褶皱-冲断带呈带状分布,连续性差。鉴于近陆源且处于海退阶段的末期，加之地壳沉降幅度在前陆盆地形成的初始阶段，一般幅度较小，均形成一系列滨岸浅滩，水浅而波浪作用较弱，沉积物以陆源细砂和泥为主，平行岸线由生物碎屑构成的席状砂体常见，沉积物厚度也不大，仅100 m余。

在康滇地轴西翼的丽江地区，晚三叠世早、中期与古特提斯洋间处于开放状态，盆地沉降幅度大，来自康滇古陆的陆源补偿充足，并基本达到补偿均衡状态。沉积环境以滨海一浅海相为主，沉积物以粒度不同的砂为主，波浪作用能量较高，沉积物的成熟度一般也较高，厚度可达100～1 000 m。其中不乏以生物碎屑浅滩出现的碳酸盐砂体，颗粒结构常见，在云南祥云地区尤为发育。此区在生物组合的面貌上与特提斯型相似，特别是以 *Halobia* 为主的浮游双壳类及菊石，可与西欧阿尔卑斯及珠峰地区对比，表现出同属于一生物地理区系的特征。

康滇地轴东翼，在滇东、黔西地区残留海盆分布范围较大，并可沿扬子克拉通南缘延伸至黔中及川南局部地区，晚三叠世早期仍以滨海一浅海相为主，偶有陆架环境出现，陆源碎屑以细砂及泥为主，局部可出现少量由双壳类及腕足类构成的浅水砂体，波浪作用为主，能量不高，偶有表现高能的颗粒灰岩（鲕、豆粒）出现，生物组合面貌具特提斯与环太平洋混合类型，与丽江地区有一定差异。沉积物厚度一般在百米左右，最厚可达近千米。

2. 海陆交互相一陆相含煤碎屑岩沉积盆地

晚三叠世中、晚期，随着扬子克拉通全面的上升，其西缘的前陆盆地已进入剧烈沉降及充填时期，西南缘的断陷盆地也开始活动，在湘鄂一带由区域性断裂带相互间隔的一些规模不等的断陷盆地也逐步发育（如安源盆地），沉降幅度及充填物性质各不相同，但总的规律是充填物均为陆源碎屑，并全面进入成煤时期。在扬子克拉通边缘地区，康滇地轴两翼成煤早期均经历了一段历时不长的海陆交互的沉积环境，一般以滨海相（前滨一后滨）砂、泥浅滩、滨岸沼泽相为主，或陆相（河流相为主）环境中有海相夹层存在，具有三角洲相的特征，如火把冲组、花果山组、松桂组及须家河组底部的海相段。这些海陆交互相环境的出现和分布范围多与晚三叠世早、中期残留海盆有着直接的继承关系。

在扬子克拉通内部，在海相环境结束之后，大面积开始了巨厚陆相含煤碎屑岩的充填时间，强烈地凹陷为来自以康滇古陆及西部造山带的大量陆源碎屑提供了堆积的空间。沉积环境一般以河流相为主，其中曲流河是主要类型。沉积物常由河道一堤岸沉积一洪泛平原（漫岸）沉积物组成旋回式沉积体系，沉积物粒度也构成不同级别的下粗上细的韵律结构，韵律层的底部常常可见到代表河道高能条件下，水底冲刷作用形成的沉积间断面及滞留堆积物，并与韵律层一起构成不同级次的充填实体。由于河道摆动的不稳定性，这些充填实体在三维空间中也是不规则、不稳定的。在温暖湿润的气候条件下，具有繁茂植被的洪泛平原上形成的漫岸沼泽环境对成煤作用创造了有利的条件。在扬子克拉通西缘，由于龙门山冲断带的逆冲及前陆盆地的凹陷，在冲断带的前缘，常周期性的堆积巨厚的砾质或砂砾质冲积扇，堆积厚度可达3 000 m以上，反映出前陆盆地前渊带剧烈的沉降幅度。随着远离冲断带，以砾岩为主的粗屑物质相变为冲积扇的扇缘细屑物质，沉降幅度也迅速减小。

虽然在扬子区内含煤碎屑岩沉积阶段具有普遍的意义，但进入成煤期的时限并不一致。康滇地轴由于在海相沉积阶段均以古陆的形式存在，而在晚三叠世中期即已进入陆相成煤期，其两翼仍处于海相成煤期中，在扬子克拉通西缘，陆相含煤岩系的堆积限于晚三叠世晚期沉积。在扬子克拉通内，由西向东，由南向北，堆积的开始时间延迟，直至上扬子克拉通的北缘（自四川广元经大巴山前缘至鄂西），沉积作用始于瑞替晚期而终止于早侏罗世晚期，这一穿时的特征反映出扬子区内随时间的推移，成煤时期及含煤盆地由西向东、由南向北转移的特点。

在东南地层区内，于湘赣接壤地区安源盆地发育在呈 NE－SW 向的断裂凹陷带中。以湖泊相环境为主，由滨湖—沼泽环境交替出现，并有滨湖河流三角洲分布，沉积物总体粒度偏细，由河流携入的部分粗屑组分（如砾和粗砂）常构成下粗上细韵律层的下部组分，泥岩组分一般占较大比重，含煤层发育但欠稳定，反映出滨湖泥坪沼泽化的不稳定性。该盆地凹陷幅度较大，陆源补偿基本平衡，沉积物厚度可达数千米，沉积作用时限自晚三叠世早期至早侏罗世晚期，延续时间较长。在桂东地区，由一系列规模不大，由区域断陷带控制的沉积盆地同样沉积了以湖泊相为主的沉积物，环境以山间小型浅水湖泊为主，盆地凹陷幅度较小，沉积厚度仅数百米，沉积物补偿不足，常由盆内碳酸盐进行补偿，故碳酸盐岩夹层增多，以砾岩、砂砾岩为主的山麓粗屑物质多堆积在盆底，并构成含煤岩系的基底，煤层多不稳定。含煤岩系中有少量红色碎屑岩夹层分布，局部有中、酸性火山岩分布，表现出局部干旱、氧化的古气候条件及火山活动的特征。该区盆地发育时期仅限于早侏罗世。

3. 红色碎屑岩沉积盆地

在含煤盆地演化结束后，区内普遍在相似的古构造背景上，发育了陆相红色碎屑岩沉积盆地。在早侏罗世初期，扬子克拉通西缘及西南缘在区域构造活动的控制下，率先进入这一时期。由于青藏高原的不断抬升及龙门山冲断逆冲推覆日趋加剧，大量物源进入克拉通盆地的西部，四川前陆盆地及康滇地轴两侧的断陷盆地剧烈沉降，充填作用加速进行。

在扬子克拉通的西缘，红色岩系堆积厚度均达数千米，基本环境的演化经历了湖泊—河流两个大的更替期，沉积物构成了两个大的旋回。湖泊相以滨湖—浅湖环境组成，沉积物以红色的泥为主，砂体多成厚度不大的席状体，且多沿湖盆外带分布，以双壳类等为主的生物屑堆积成介壳层，常形成介壳灰岩或砂岩，由河流带入的砂体多分布于滨湖相带内，能量一般不高，浅湖相沉积物多以泥为主，常呈黑色或杂色，反映出湖盆水体相对闭塞及还原环境的特点。另外，上述不同相带在盆地内具有环带状的构造，粗碎屑物质多分布于盆地西侧近陆源的位置。较典型的湖泊相以自流井组为代表，冯家河组、宜门组、千佛崖组、遂宁组及牛滚凼组均具有相似的特征。河流相以蛇曲河为主，主要特征为自河道—堤岸及漫岸沉积—洪泛平原微相系列均完整发育，河道沉积物多以成熟度不高的砂岩为主，底冲刷面及滞留沉积物发育，在时空上均成规模不等的巨大透镜体或楔状体，横向极不稳定，反映出河道游荡频繁的不稳定性。堤岸沉积以粉砂或频繁的砂泥交互层出现，稳定性更差。洪泛平原以泥质沉积为主，多为垂向加积形成，亦可见厚度不大的席状砂体，并与泥组成韵律层，在一定程度上表现出湖泊相的特点（或称洪泛湖）。由以上不同相带沉积物构成的沉积序列在时空上均具稳定性差的特征，在粒序上普遍为下粗上细的正粒序，河道砂体底部的冲刷面有时规模大，构成对下伏沉积物的强烈剥蚀与冲刷。这一环境的典型代表为沙溪庙组，其他如新村组、张河组、蓬莱镇组、官沟组及妥甸组也具有相同的特征。

由于扬子克拉通西缘龙门山冲断带脉动性的活动，大量粗碎屑陆源物质由山间河流带入盆地，沿龙门山前缘堆积了巨厚的，以砾和砂为主的冲积扇，以粗的砾石构成扇顶的筛积物，扇缘一般向盆地散开，形成砂泥夹砾石的正粒序韵律层。扇体在时空上均呈相互叠加的不连续透镜体，沿龙门山常成雁行排列。

以上沉积环境的演变在扬子克拉通西部具有规则的旋回性，递变也基本连续，层序发育完整，其发展时间包括了整个侏罗纪。在东部扬子克拉通及东南地层区内，该层序不完整，上部层序随地壳上升及褶皱，剥蚀作用加剧而缺失，而红色盆地发育的起始时期也随前期含煤盆地结束时限的延迟而晚于扬子克拉通西部。该地区红色盆地的发展时期仅局限于中侏罗世。

在华南褶皱带南部的广西境内，发育着两个性质及时限完全不相同的红色盆地。在十万大山及其以北的桂南盆地，沉降幅度达数千米，红色堆积物沉积起始时间最早，在晚三叠世中、晚期，连续持续至侏罗纪末，沉积物以砂泥岩组成具有正粒序的频繁韵律层，总的岩石粒度较细，为一山间湖泊相沉积物，早期湖泊水浅，周缘有河流作用影响，形成规模不大的滨湖砂体，常有砾石不稳定分布，多属近湖盆边缘洪积相产物（如滨湖三角洲），局部厚度巨大，层序中多级次韵律结构发育，常由砾—砂—泥或砂—泥组成小的韵律层，冲刷面发育。中部常有碳酸盐岩夹层出现，上部粒度变粗，预示湖盆发育晚期经收缩而更近陆源的演化趋势。值得指出的是，早期（晚三叠世）红层中出现的双壳类中有咸水—半咸水分子存在，如 *Posidonia*，*Plagiostoma*（平硐组），推测湖盆在形成早期可能与广海相互连通，可能有海相夹层，但时间较为短暂。在桂东地区，在加里东褶皱带的基底上分布的少量孤立的小型红色盆地，一般沉降幅度不大，沉积物厚度不足千米，在早侏罗世含煤盆地的基础上，于中侏罗世开始进入红色碎屑岩沉积时期，结束于晚侏罗世，时间相对短暂。该区沉积环境以山间河流相为主，沉积物以砂、泥质为主，下粗上细的韵律结构仍较发育，局部（钦州）有少量砾石出现，沉积物特征表现出河流规模较小，能量不高的特点。

（三）扬子克拉通西缘砾质冲积扇分布特征

在晚三叠世至侏罗纪时期，扬子克拉通西缘随龙门山褶皱－冲断带的不断上升、剥蚀作用剧烈，其前缘的四川前陆盆地经历了强烈的陆内拗陷阶段，沉降幅度巨大而相对稳定。在盆地的西缘，龙门山前山带，沉降幅度发育极不均衡。晚三叠世时期，在灌县一带的龙门山中段前缘，沉积了厚达 3 000 m 以上的巨厚含煤岩系，沉积物中发育了来自龙门山褶皱－冲断带的以砾石为主的陆源物质，周期性的形成砾质冲积扇。沉积物正向粒序发育，冲刷作用强烈、堆积速率高，显示了盆地边缘沉降剧烈，补偿均衡的特点。龙门山北段及南段沉降幅度相对较小，北段在晚三叠世末于盆地边缘地带发生相对的上升及褶皱运动，致使穿时的煤系地层间产生了不整合（即相当于须家河组与白田坝组间的不整合）。在一定程度上反映了盆地西北缘在近褶皱－冲断带边缘受上冲应力作用所发生的塑性变形特征。

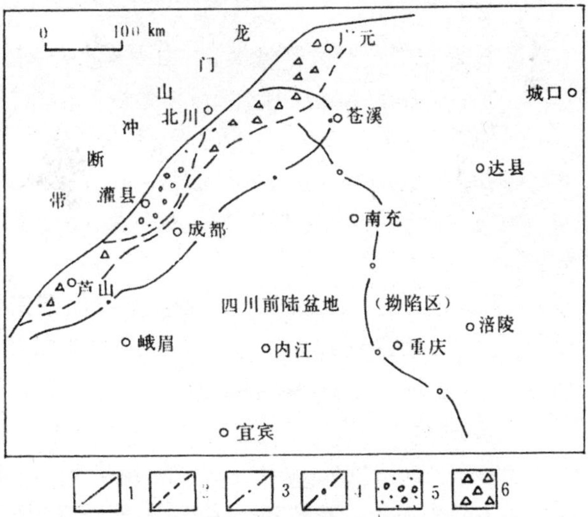

图 6-7　晚三叠世—侏罗纪四川前陆盆地西缘砾质冲积扇分布示意图

1. 龙门山冲断带边界；2. 山前砾质冲积扇边界；3. 晚三叠世拗陷区边界；4. 侏罗纪隆起及拗陷区界线；5. 石英质为主的砾质冲积扇；6. 石灰质为主的砾质冲积扇

在侏罗纪时期，四川盆地在均衡沉降的同时，其西北缘相对隆起，以灌县一带隆起幅度较大，并接受了来自龙门山冲断带的以大量砾石为主的堆积物，形成沿山前展开的巨型冲积扇（图 6-7）。其堆积时期向南、北方向逐步由侏罗纪早期向晚期推移，砾石成分亦由以石英质为主向复杂陆源成分过渡。冲积扇的扇缘也逐步向盆内推进。表现出在侏罗纪时期，盆地边缘沉降幅度增大，龙门山冲断带向上逆冲幅度也不断增大，并沿以灌县为中心，沿龙门山向两侧扩散的特征。

三、生物地层特征

（一）晚三叠世海相生物组合特征

晚三叠世早、中期，有上扬子克拉通西缘的残留海域生物群，以浅水底栖类型的双壳类占优势，并有一定数量的菊石、腕足类、介形类等生物伴生。根据区内目前的研究程度，以双壳类、菊石两个门类具备建立生物地层单位的条件，介形类在四川也研究较详（表6-2）。

1.双壳类

以窄盐性属种为主，由下而上可划分两个组合带：

①*Halobia pluriradiata-H. convexa* 组合带：此带以 *Halobia* 一属占有极大优势，出现的种达30个以上，除带化石外，大区域常见的分子还有 *H. rugosa*，*H. rugosoides*，*H. austriaca*，*H. superba* 等，与其共生的还有其他属种，具代表性的有 *Plagiostoma*，*Costatoria*，*Angustella*，*Unionites*，*Cassianella*，*Myophoriopsis*，*Pergamedia*，*Nucula* 等多种。该组合带在云南驿组、罗家大山组、中窝组、把南组、三桥组中及马鞍塘组下部均有分布。

②*Burmesia lirata-Costatoria napengensis* 组合带：该带 *Halobia* 一属仍有分布，但数量大为减少，而且种的面貌亦有大的改观，发育于上述组合带中的首要分子多已消亡，*H. superbescens*，*H. plicosa* 等种大增，新生分子具代表性的有 *Burmesia* 多种，*Costatoria kweichouensis* 常见，*Pergamedia*，*Posidonia*，*Nuculana*，*Pteria*，*Hoernesia*，*Modiolus*，*Myophoriopsis*，*Palaeocardita* 等大量种开始繁盛，同时也出现少量广盐性属种，如 *Permophorus*，*Yunnanophorus* 等。这一组合在松桂组、花果山组、垮洪洞组、火把冲组及马鞍塘组上部均有分布，也见于川西须家河组底部海相段。

2.菊石

根据分布层位及大区域对比，由下而上可划分两个组合带：

①*Tropites-Thisbites* 组合带：该带以转菊石科分子为主，常见的组分有 *Tropites*，*Discotropites*，*Hoplotropites*，*Paratropites* 等多种，并有 *Thisbites* 多种共生，此外还有 *Cladiscites*，*Anatomites*，*Trachyceras*，*Protrachyceras*，*Dittmarites*，*Carnites*，*Arcestes*，*Paratibetites* 等少数种也有分布。该带与双壳类 *Halobia pluriradiata-H. convexa* 组合带共生，二者时限也大体相同。

②*Pinacoceras-Indojuvavites* 组合带：该带朱瓦菊石占有重要地位，除带化石外，尚有 *Juvavites*，*Parajuvavites*，*Arcestes*，*Gonionotites* 等少数种。该组合在区域上与双壳类 *Burmesia lirata-Costatoria napengensis* 共生。

3.介形类

Hungarella-Bythocypris-Bairdia 组合带：该带含有上述三属多种，其中 *Hungarella subtriangula*，*H. ovata* 等较具代表性，限于研究程度，其分布范围目前仅在四川垮洪洞十分发育。

（二）晚三叠世—早侏罗世植物及孢粉组合特征

自晚三叠世始中南地区不同地域先后进入陆相成煤时期，繁盛的古植物分布极为广泛，不但成为含煤沉积物中生物组合的首要分子，也成为该期主要的造煤物质。植物组合根据组成成分的不同，可划分为三个组合带：

①*Rireticopteris-Pterophyllum longifolium* 组合带：曾称之为早期苏铁植物群（徐仁，1979），以分布于“康滇地轴”上的大荞地植物群为代表，此带裸子植物中的苏铁类植物占有全部植物种类的一半以上，主要成分以 *Pterophyllum*，*Ctenis*，*Nilssonia*，*Anomozamites*，*Otozamites* 等多数种占有优势，此外种子蕨类的 *Lepidopteris*，*Ctenozamites* 等少数种也较发育，蕨类植物相对较少，主要有 *Neocalamites*，*Equisetum*（*Equisetites*），*Todites*，*Clathropteris*，*Thaumatopteris*，*Cladophlebis* 等，也出现了罕见的 *Mixopteris*，*Rireticopteris* 等少量种，其中以莲座蕨科及双扇蕨科占有较大比重。这一植物群与我国其他地区植物群面貌有明显差异，属种数量巨大，属典型“热带湿生”植物群。

②*Lepidopteris-Ptilozamites* 组合带：又称新种子蕨类植物群或叉羽羊齿植物群（徐仁，1979），此带继承了 *Rireticopteris-Pterophyllum longifolium* 组合带的大量植物属种，但组合面貌有明显改变。该带苏铁类植物如 *Nilssonia*，*Pterophyllum*，*Ctenis* 仍有较大数量，但种子蕨类上升为主导地位，代表分子有 *Lepidopteris*，*Ptilozamites*，*Thinnfeldia*，*Ctenozamites*，*Taeniopteris* 等，蕨类植物中的双扇蕨科及莲座蕨科植物仍很繁盛，代表分子有 *Danaeopsis*，*Angiopteris*，*Todites*，*Clathropteris*，*Dictyophyllum*，*Thaumatopteris*，*Goeppertella*，*Cladophlebis* 等，种的数量也大增，同时松柏类及银杏类也有出现，代表属有 *Glossophyllum*，*Podozamites*，*Cycadocarpidium* 等少数种，这一植物群分布范围广泛，在须家河组、白果湾组、香溪组（下部），在湘赣地区的安源群下部（紫家冲组一造上组）、云南的干海子组及舍资组、广西钦州地区的扶隆坳组中均有分布。斯行健（1956）曾称之为 *Dictyophyllum-Clathropteris* 系。

③*Coniopteris-Phoenicopsis* 组合带：又称中期苏铁和早期银杏植物群（徐仁，1979），该组合带组成分子与 *Lepidopteris-Ptilozamites* 组合带有密切的继承关系，不少属种具有延伸时限长的特点。但种子蕨类明显减少，一些在 *Lepidopteris-Ptilozamites* 组合带具代表性的分子如 *Ptilozamites*，*Lepidopteris* 等已绝迹，双扇蕨科的植物如 *Clathropteris*，*Cladophlebis* 等数量也大幅度减少，苏铁类中在 *Lepidopteris-Ptilozamites* 组合带中多见的 *Ctenis*，*Anthrophyopsis* 及 *Pterophyllum* 等的一些常见种已消失，而 *Otozamites*，*Nilssonia*，*Ptilophyllum* 等数量大增，一些新生分子如 *Coniopteris*，*Phoenicopsis* 开始出现，松柏及银杏类属种和数量均大有增加，本带相当于斯行健（1956）的 *Coniopteris-Phoenicopsis* 带之一部分。这一组合带广布于川鄂一带的白田坝组、香溪群上部、湘赣一带安源群上部（石康组、高家田组），在广西的西湾组及汪门组中也有产出。

孢粉在含煤岩系中分布广泛，且与这一时期发育的植物组合具有相同的特征，大体可划分为两个组合带：

①*Dictyophyllidites-Chasmatosporites* 组合带。此带以蕨类孢子占绝对优势，据统计可达孢粉总含量的70%以上（四川地质科学研究所，1982），其中 *Dictyophyllidites*，*Cyathidites*，*Osmundacidites*，*Leiotriletes* 等多种常见，双扇蕨科及蔷薇科含量较高。裸子植物花粉含量较少，一般不超过30%，以 *Chasmatosporites*，*Taeniaesporites*，*Cycadopites*，*Aratrisporites*，*Ovalipolis* 等常见。组合总貌与母体植物总体特征一致，这一组合带广泛分布于须家河组、白果湾组、干海子组及舍资组、香溪组（群）及安源群的下部。

②*Classopollis-Callialasporites* 组合带。此带裸子植物花粉含量上升为主导地位，以 *Classopollis*，*Perinopollenites*，*Cerebropollenites*，*Pinites* 等多种常见，延续时限也较长，蕨类植物孢子含量大幅度降低，部分属种由下部组合带延续，常见者有 *Callialasporites*，*Klukisporites*，*Concavisporites*，*Duplexisporites*，*Kyrtomisporite* 等少数种。这一组合在白田坝组及香溪组

表6-2　中南区晚三叠世—侏罗纪主要

<table>
<tr><th colspan="2">时代</th><th rowspan="2">植物</th><th rowspan="2">孢粉</th><th colspan="2">双壳类</th></tr>
<tr><th>纪</th><th>世</th><th>咸水类型</th><th>半咸水—淡水类型</th></tr>
<tr><td rowspan="3">侏罗纪</td><td>J₃</td><td rowspan="3">Coniopteris – Phoenicopsis</td><td rowspan="3">Classopollis – Callialasporites</td><td rowspan="3"></td><td>Danlengiconcha – Sichuanoconcha</td></tr>
<tr><td>J₂</td><td>Lamprotula (Eolamprotula) – Psilunio</td></tr>
<tr><td>J₁</td><td>Qiyangia – Pseudocardinia</td></tr>
<tr><td rowspan="3">三叠纪</td><td>T₃ 晚期</td><td rowspan="2">Lepidopteris – Ptilozamites</td><td rowspan="2">Dictyophyllidites – Chasmatosporites</td><td rowspan="3">Burmesia lirata – Costatoria napengensis
Halobia pluriradiata – H. convexa</td><td rowspan="3">Yunnanophorus – Trigonodus – Waagenoperna</td></tr>
<tr><td>T₃ 中期</td></tr>
<tr><td>T₃ 早期</td><td>Rireticopteris – Pterophyllum langifolium</td><td>?</td></tr>
</table>

①表中植物据徐仁，1974、1979；双壳类据马其鸿，1982、刘协章，1982；介形类据卫民，1978、卫民、耿良玉等，1982，综

门类化石带(组合)序列表①

菊石	介形类		叶肢介	脊椎动物
	咸水类型	淡水类型		
		Darwinula - *Djungarica* - *Eolimnocythere*	*Eosestheria dianzhongensis*	
		Darwinula sarytirmenensis - *Metacypris*	?	*Mamenchisaurus* 动物群
		Ovaticythere - *Metacypris* - *Darwinula*	*Euestheria ziliujingensis*	*Shunosaurus* 动物群
		Metacypris unibulla - *Darwinula*	*Palaeolimnadia* - *Bulbilimnadia*	*Lufengosaurus* 动物群
		Sulcocythere - *Oncocythere* - *Darwinula*	*Anyuanestheria* - *Euestheria minuta*	
Pinacoceras - *Indojuvavites* *Tropites* - *Thisbites*	*Hungarella* - *Bythocypris* - *Bairdia*			

合修改;叶肢介据沈炎彬、陈丕基,1980,修改;脊椎动物据董枝明,1979。

(群)上部及安源群上部较为发育，在上扬子克拉通范围内的自流井组至沙溪庙组中也有分布，仅数量相对较少。

(三) 晚三叠世—侏罗纪主要化石门类特征

1. 双壳类

双壳类在晚三叠世至整个侏罗纪的陆相地层中均为重要的一个门类，在此期间，早期常出现半咸水类型为主的种群，在晚期常以淡水类型占有极大优势。根据双壳类的演化顺序，可划出4个组合带。

① *Yunnanophorus* - *Trigonodus* - *Waagenoperna* 组合带：此带以半咸水类型居多，分布面积极广，以 *Yunnanophorus boulei*, *Trigonodus keuperinus*, *T. sichuanensis*, *T. weiyuanensis*, *Waagenoperna pernoformis*, *W. lilingensis* 等具有代表性，其中大部为地方种，分布范围局限。该带中尚有 *Permophorus*, *Jiangxiella*, *Myophoriopsis*, *Modiolus*, *Unionites*, *Bakevelloides* 等属的部分种伴生，也具有属分布范围广，种却受地理条件限制的特点。这一组合带广泛见于区内晚三叠世煤系地层中，如干海子组及舍资组、白果湾组、须家河组、香溪群九里岗组等，安源群(尤其是三丘田组及造上组)普遍较为发育，在广西平硐组红层中也有产出。

② *Qiyangia*-*Pseudocardinia* 组合带：该带以小个体淡水类型双壳类为主，少量为广盐性类群。以 *Qiyangia. lilingensis*, *Q. loxos*, *Pseudocardinia kweichouensis*, *P. hupehensis* 等种具有代表性，分布也较广，尤其是 *Pseudocardinia* 种的数量尤大，且多数为分布局限的土著种，与该带同时出现的还有 *Sibireconcha*, *Unio*, *Cuneopsis*, *Psilunio* 等属的少量种，局部地区还出现 *Lilingella*, *Hiatella*, *Teinonuculana* 等。该带分布尤广，在自流井组、千佛岩组、宜门组、冯家河组及与其相当的地层中均有分布。

③ *Lamprotula* (*Eolamprotula*) - *Psilunio* 组合带：该带主要为壳体较大的淡水双壳类为主，代表性分子有 *Lamprotula* (*Eolamprotula*) *cremeri*, *L.* (*E.*) *jiangyouensis*, *L.* (*E.*) *triangularis*, *L.* (*E.*) *subglobosa*, *Psilunio ovalis*, *P. sinensis*, *P. chaoi*, *P. jiangyouensis* 等，分布较广，并有 *Unionelloides*, *Undulatula*, *Unio* 等多种及少量 *Pseudocardinia*, *Cuneopsis* 伴生。这一组合带主要分布于沙溪庙组及与其相当的地层中。

④ *Danlengiconcha* - *Sichuanoconcha* 组合带：该组合带分布范围仅局限于四川盆地及其相邻地区，其代表属种量大而多为土著种，代表分子如 *Danlengiconcha elongata*, *D. danlengensis*, *Sichuanoconcha amica* 等，同时有 *Martinsonella* 的少数种，在局部(如四川荣县)尚见有 *Nippononaia*, *Nakamuranaia* 等少数分子共生，已具有 *Trigonioides* - *Nippononaia* - *Phicatounio*(简称 *T-N-P*)组合色彩，这一组合主要分布于遂宁组、蓬莱镇组及其与之相当的地层中。

2. 介形类

介形类在晚三叠世—侏罗纪时期演化较慢，一些代表属如 *Darwinula*, *Metacypris* 等延续时限相当长，但此代表性种却有较短的时限，且可作为划分组合带的依据，根据研究程度较高的四川盆地资料，可划分为5个组合带：

① *Sulcocythere* - *Oncocythere* - *Darwinula* 组合带：该带以前二者具代表性，重要的种有 *Sulcocythere subovata*, *S. nanqiaoensis*, *Oncocythere rhomboidalis* 等，共生的重要分子还有 *Tongchuania ovata*, *Darwinula liulingchuanensis* 等。这一组合带在须家河组、白果湾组中多有发现，在湘赣地区相当层位中亦有分布。

②*Metacypris unibulla - Darwinula* 组合带：该带以 *Metacypris unibulla*，*M. mackerrowi*，*M. suboblonga*，*M. catenularia* 等种具有代表性，数量不多但较特征，同时有大量 *Darwinula* 多种共生，常见的种有 *D. impudica*，*D. incurva*，*D. sarytirmenensis* 等。该带广布于自流井组、益门组及与其相当的地层中。

③*Ovalicythere - Metacypris - Darwinula* 组合带：该带后二者仍为主要成分，但 *Metacypris unibulla* 等分子渐趋消失，而前者开始繁盛，代表分子有 *Ovalicythere reticulata*，*O. subelliptica*，*O. prona*，*O. ovata* 等新成分，组合面貌与②带有显著区别。该带主要分布于千佛崖组中。

④*Darwiuula sarytirmenensis - Metacypris* 组合带：该带 *Darwinula* 一属达到繁盛阶段，具有代表性的种有 *D. sarytirmenensis*，*D. incurva*，*D. impudica*，*D. oblonga*，*D. leguminella*，*D. lufengensis*，*D. huidongensis*，*D. guangyuanensis* 等，其中后五种均系新生分子，组合面貌较为单一。这一组合在沙溪庙组、新村组及张河组中均有分布。

⑤*Darwinula - Djungarica - Eolimnocythere* 组合带：该带 *Darwinula* 仍占优势，种也较多，多为时限较长的分子，个别新种如 *D. subparallela* 等出现，*Djungarica* 及 *Eolimnocythere* 系新出现的属，代表种有 *D. postiacuminata*，*D. yunnanensis*，*D. stolida*，*Eolimnocythere rongxianensis*，*E. sulcorounda* 等，与其同时出现的还有 *Mantelliana*，*Damonella*，*Cetacella* 等新成分，种的数量相对较少。该带分布在遂宁组、蓬莱镇组、牛滚凼组、官沟组、蛇店组及妥甸组中。

3.**叶肢介**

叶肢介以四川盆地及楚雄盆地研究程度较高，大体可划分为 4 个组合带：

①*Anyuanestheria - Euestheria minuta* 组合带：该带以上述二属占有优势，前者具有 *Anyuanestheria ornata*，*A. reticulata*，*A. truncata*，*A. sichuanensis* 等几个代表性较强的种，*Euestheria* 是一个延限较长的属，但在该组合中以 *Euestheria minuta*，*E. yipinglangensis*，*E. dazuensis*，*E. weiyuanensis* 几个种具代表性且时限较短，同时尚有共生分子 *Polygrapta* 几个种，构成了该组合带的特征面貌。该带主要发育在须家河组、干海子组和舍资组及安源群各组中。

②*Palaeolimnadia - Bulbilimnadia* 组合带：该带以前者最具代表性，种的数量也多，重要的有 *Palaeolimnadia baitianbaensis*，*P. hubeiensis*，*P. longmenshanensis*，*P. intermedia*，*P. sichuanensis* 等，多为土著种，后者有 *Bulbilimnadia bullata*，*B. wanxianensis* 等少数种也较特征，此外，延限较长的 *Euestheria* 也有不少种发育。该带主要分布于白田坝组及香溪群桐竹园组、自流井组及其相当层位，分布范围较广。

③*Euestheria ziliujingensis* 组合带：该带以 *Euestheria* 一属占有绝对优势，除带化石具有时限短，分布广泛的特点外，具代表性的种还有 *E. elengans*，*E. yanjiawanensis*，*E. rotunda*，*E. haigfanggouensis*，*E. xiazhuangensis*，*E. rongxianensis* 等也较常见。该组合带在千佛崖组、沙溪庙组、张河组均有分布，尤其是在沙溪庙组下部化石富集成层，形成有名的"叶肢介层"。

④*Eosestheriopsis dianzhongensis* 组合带：该带 *Euestheria* 一属已基本消失，代之以 *Eosestheriopsis* 属，延限也较短，该属除带化石外，尚有 *E. semiorbita*，*E. subovata* 等有代表性，此外，共生分子还有 *Migransia sichuanensis*，*M. chuanzhongensis*，*Suiningestheria minor*，*Huiglongestheria rotunda* 等，但数量有限。该带主要分布于蓬莱镇组、遂宁组、蛇店组、妥甸组中，

以前者数量可观。

4. **脊椎动物**

区内晚三叠世—侏罗纪的脊椎动物在我国乃至全球均占有极为重要的地位,研究程度也较高。其中以爬行类为主,而恐龙类又最为发育,此外,龟鳖类、鱼类、鳄类也较丰富。分布地区多集中在四川盆地及滇中地区,根据董枝明等(1979),四川省地质科学研究所(1982)资料,可划分为3个动物群。

①禄丰蜥龙(*Lufengosaurus*)动物群:该动物群在我国研究较早(杨钟健、卞美年,1941),个体完整,数量较多,其特点是原蜥脚类与蜥脚类共生,目前已发现的重要分子有蜥脚类 *Kunmingosaurus*, *Chinshakiangosaurus*,原蜥脚类 *Lufengosaurus*, *Gyposaurus*,兽脚类 *Lukousaurus*, *Sinosaurus*,兽齿类 *Bienotherium*, *Oligokyphus*,鳞龙类 *Lufengocephalus*,古龙类 *Platyognathus*, *Microchampsa*,鸟龙类 *Tatisaurus* 及犬齿类 *Kunmingia* 等,并有鳄类、鱼类等伴生。这一动物群主要分布于滇中禄丰等地的冯家河组中,在四川的威远、合川及黔北等地的自流井组中也有分布。

②蜀龙(*Shunosaurus*)动物群:该动物群以爬行类为主,主要成分有 *Shunosaurus*, *Omeisaurus*, *Datousaurus*, *Xiaosaurus*, *Yandusaurus*, *Huayangosaurus*, *Angustinaripterus* 等,并有鱼鳖类伴生,如 *Chengyuchelys* 多种。该群主要分布于川南自贡、资中及川东,产出层位多集中在沙溪庙组下部。

③马门溪龙(*Mamenchisaurus*)动物群:该群以蜥脚类为主,主要成分有 *Mamenchisaurus*, *Zigongosaurus*, *Omeisaurus*, *Yangchuanosaurus*, *Chialingosaurus*, *Szechuanosaurus*, *Yandusaurus*, *Toujiangosaurus* 等,同时伴有鱼类 *Ceratodus*, *Chungkingichthys*, *Lepidotes*, *Yuchoulepis*,鳄类 *Hsisosuchus*, *Peipensachus*,鱼鳖类 *Plesiochelys* 多种及蛇颈龙类 *Sinopliosaurus*。这一动物群主要分布在四川盆地,以自贡、宜宾、重庆、合川等地分布较为集中,产出层位于沙溪庙组中、上部。

四、年代界线划分及时代讨论

(一)上三叠统阶级单位的划分

在扬子西缘,晚三叠世地层在丽江分区曲靖及龙门山小区相对连续性较好,由早期的海相地层向晚期的陆相地层过渡,受环境的影响,生物演化也趋向由海相类群向陆相过渡。海相双壳类 *Halobia pluriradiata* - *H. convexa* 组合带为较典型的特提斯型卡尼期组合,且在我国西部青藏高原极为繁盛,以 *Tropites* 为代表的菊石群在欧洲、北美及珠穆朗玛峰地区的卡尼期地层中广泛分布,时代属性较强。而双壳类 *Burmesia lirata* - *Costatoria napengensis* 组合带组合特征与东南亚"那贲动物群"相似,菊石 *Pinacoceras* - *Indojuvavites* 组合带与欧洲及珠穆朗玛峰诺利期组合相似。以上两套共生的双壳类及菊石组合带作为划分晚三叠世早、中期(卡尼期及诺利期)的依据是较为可靠的。

鉴于植物、孢粉等门类演化较慢,其他门类生物由于受控于岩相的变化,组合面貌的改变在很大程度上仅能反映环境的变化,划分晚三叠世中、晚期(诺利期至瑞替期)界线目前缺乏可靠依据。

（二）三叠系与侏罗系界线的划分

三叠系与侏罗系在区内地层一般均为连续沉积，仅局部地区有不连续界面存在，如川北、湘西等小范围地区，特别是在扬子克拉通范围内，自晚三叠世沉积的含煤碎屑岩系与上覆红色碎屑岩系之间均为连续过渡，在川滇地区存在厚度不等的杂色过渡层。根据生物地层单位的划分，植物、孢粉、双壳类、介形类、叶肢介等多门类生物群在三叠系－侏罗系界线上组合面貌均有较明显的突变。

植物和孢粉总貌由三叠纪末的以真蕨类为主的蕨类植物及以苏铁类为主的裸子植物组合，以及以蕨类植物孢子为主的孢粉组合，至侏罗纪早期演变为以苏铁类及银杏类为主、裸子植物花粉占优势的组合，总貌的改变指示了时代的变迁。在三叠系与侏罗系的界线，以 *Lepidopteris* － *Ptilozamites* 及 *Coniopteris* － *Phoenicopsis* 植物组合带的更替划分，其中 *Coniopteris hymenophylloides*，*Phoenicopsis angustifolia* 等代表种的出现常常作为侏罗纪的下限。这一界线与介形类 *Sulcocythere* － *Oncocythere* － *Darwinula* 组合带及叶肢介 *Anyuanestheria* － *Euestheria minuta* 组合带的上限基本吻合，而此二带被认为属晚三叠世晚期的生物带，与其上介形类 *Metacypris unibulla* 及叶肢介 *Palaeolimnadia* － *Bulbilimnadia* 组合带的出现组合面貌有质的改变。

双壳类的演化在三叠纪—侏罗纪时代的交替时期也有明显的突变，*Yunnanophorus* － *Trigonodus* － *Waagenoperna* 组合带的消失及 *Qiyangia* － *Pseudocardinia* 组合带的新生反映了这一突变，前者广布于我国南方晚三叠世地层中，为一由海相向陆相环境递变的半咸水类群，后者 *Qiyangia* 为一地方属，而 *Pseudocardinia* 在东亚繁盛于侏罗纪早中期，分布范围广泛。上述生物带的突变与植物、孢粉的演变基本同步。

以上各门类生物地层单位的界线反映出了年代更替的特征，这一年代界线在川滇地区大体上与晚三叠世含煤碎屑岩系（须家河组、白土田组及白果湾组）和红色岩系（自流井组、冯家河组及宜门组）的岩石地层单位界线一致。在川东、鄂西及湘东等地，这一界线在含煤碎屑岩系中通过，香溪群桐竹园组，安源群上部（石康组、高家田组）及桂东的西湾组均属早侏罗世。而在桂南钦州地区，这一界线在红色岩系中，与扶隆坳组和汪门组界线大体相当，岩石地层单位的穿时性尤为典型。

（三）下、中侏罗统界线的划分

侏罗系下、中统的界线划分历来争议较大，在很大程度上由于对双壳类 *Qiyangia* － *Pseudocardinia* 组合带中主要组分在分类学上的认识和时代归属的分歧形成。有人认为 *Pseudocardinia* 这是一种在类别和数量上均很庞大的属，是前苏联中亚地区中侏罗世巴通期的代表属，时代属性明确（顾知微，1962；马其鸿，1982）。也有人认为该属的内部构造与在四川发现的已知属并不相同，另创新名 *Apseudocardinia*，时代定为早侏罗世（刘协章，1974）。其他门类在演化上及在地层中分布的连续性上还不具备提供时代划分的确切依据。另一与上述与双壳类相伴产出的门类——脊椎动物，其时代目前也有争议，虽然认为禄丰蜥龙动物群中蜥脚类的出现具有早侏罗世的色彩，时代倾向侏罗纪，但原蜥脚类占优势的组合面貌，仍属较原始的类群，有人仍坚持该群时代属三叠纪晚期（杨钟健，1941；董枝明，1979）。

鉴于上述分歧意见的存在，侏罗系下、中统界线的划分必将随争议继续而悬置未决。值得提出的是：采自自流井组的样品经电子自旋共振（ESR）测试，年龄值为 205 Ma 左右，沙溪庙组下部(下段)ESR 年龄值为 167～188 Ma,据王鸿祯(1990)地质年表中将下、中统时限定于 178 Ma,这一时间界面将在沙溪庙组下部通过,结合双壳类等生物总貌判断,以将下、中统界线置于介形类 *Ovalicythere* - *Metacypris* - *Darwinula* 组合带及叶肢介 *Euestheria ziliujingensis* 组合带的底界较为适宜,其时限与欧洲里阿斯世和道格世的界线大体吻合。

(四) 中、上侏罗统界线的划分

由生物演化的顺序来看,双壳类与介形类的组合面貌均有明显的质变。繁盛于中侏罗世的双壳类 *Lamprotula*(*Eolamprotula*)及 *Psilunio* 在晚侏罗世基本绝迹,代之以 *Danlengiconcha*, *Sichuanoconcha* 等大量新生分子,晚期该组合与 *T-N-P* 组合的先驱分子共生,具有向白垩纪过渡的色彩,代表了侏罗纪晚期的一个双壳类组合的特征。介形类在中侏罗世分布普遍而品种单调的 *Darwinula sarytirmenensis* - *Metacypris* 组合带之上出现了 *Djungarica*, *Eolimnocythere* 等新生分子,并趋于繁盛,总貌也随之改变,新生分子中不少属种可与欧洲及我国北方地区晚侏罗世—早白垩世组分对比。中、晚侏罗世的界线划分以介形类与双壳类生物组合带的划分为依据,即以介形类 *Darwinnla* - *Djungarica* - *Eolimnocythere* 组合带及双壳类 *Danlengiconcha* - *Sichuanoconcha* 组合带的底为界线。此外,孢粉、轮藻化石,虽然限于研究程度尚不具建立生物地层单位的条件,但同样显示晚侏罗世—早白垩世组合特征,且与欧洲(如德国北部)启莫里阶组合可对比。

值得指出的是,上述划分方案目前虽无大的分歧意见,但脊椎动物中大型蜥脚类与北美及东非同类组合特征相似,有人认为这一动物群在四川的代表——马门溪龙动物群时代应置于晚侏罗世,而位居其下的蜀龙动物群组成分子(如蜀龙等)其特征具有由禄丰蜥龙动物群进化至马门溪龙动物群之间的过渡类型,时代及层位均应早于后者.时代以中侏罗世为妥。而与马门溪龙动物群同层产出的鱼类如 *Yuchoulepis*, *Chungkingichthys*, *Lepidotes* 等时代属性又多属晚三叠世。为此上述产出于沙溪庙组的动物群在年代界线的划分上产生了矛盾,目前根据其他门类化石所确定的界线也只能认为是一种有待深入研究的处理性意见。

另外,根据 ESR 测年资料,遂宁组及蓬莱镇组(包括与其相当的莲花口组)年龄值在 154～157 Ma,此值与王鸿祯等(1990)《国际地层时代对比表》,属晚侏罗世也无大的纰缪。

第七章

白垩纪—第三纪

一、区域地层

（一）白垩纪—早第三纪红层

侏罗纪红层沉积期后，区域上普遍经历了地壳的上升和夷平阶段，其后自白垩纪初期始，各地区由于地壳沉降的不均衡性及陆源区位置的不同，区内形成9个规模不等，性质迥异的沉积盆地，其范围远较侏罗纪时期局限（图7-1），尤其是康滇及扬子克拉通盆地，在侏罗纪大型红色盆地的基础上分裂为4个规模较大的盆地，各盆地沉积物性质，堆积厚度均有明显差异。这一格局自白垩纪始，一直延续至早第三纪渐新世（表7-1）。

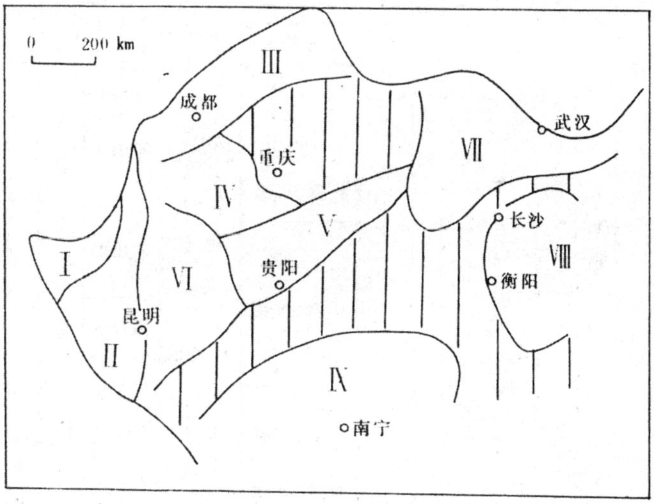

图7-1 白垩纪—早第三纪红色盆地分布示意图

1.区划边界；2.盆地编号；3.沉积缺失区；Ⅰ.盐源－丽江红色盆地；Ⅱ.康滇红色盆地；Ⅲ.四川盆地；Ⅳ.川黔红色盆地；Ⅴ.贵阳－恩施红色盆地；Ⅵ.滇黔红色盆地；Ⅶ.江汉红色盆地；Ⅷ.湘赣红色盆地；Ⅸ.右江红色盆地

1.盐源－丽江红色盆地

在"康滇地轴"西侧的盐源－丽江盆地自晚三叠世含煤碎屑岩系沉积期后，大部分地区上升进入剥蚀夷平阶段，整个侏罗、白垩纪时期缺失沉积，直至始新世至渐新世，区内局部地区形成一系列互不相连的小型山间盆地，沉积了以紫红、灰紫等色砾岩、砂砾岩为主的沉积物，局部夹砂、粉砂岩并组成不等厚互层，具由粗到细的韵律结构，含有介形类，植物及孢粉化石。在四川境内仅厚500～950 m，曾称红崖子组（四川一区测队，1970），经过本次研究引用云南名称，为丽江组，在云南丽江地区厚近3 000 m，由下而上划分为宝相寺组及金丝厂组，废弃了丽江组一名。这套红层在盐源、丽江地区为连续

表 7-1 中南区白垩纪—

Table 7-1 Sequence of the lithostratigraphic unites

地质年代单位				扬子地层（丽江分区）宁蒗小区 盐源-丽江红色盆地	康滇分区 楚雄小区 康滇红色盆地	康滇分区 西昌-昆明小区 康滇红色盆地	上扬子分… 昭通小区 四川盆地	龙门山小区 四川盆地	川中小区 四川盆地	川中小区 川黔红色盆地	遵义小区 贵阳-恩施红色盆地	宜昌小区 贵阳-恩施红色盆地
新生代	第四纪		Q_p	—	—	—	—	—	—	—	—	—
新生代	第三纪	晚第三纪	N_2	三营组；盐源组	茨营组	昔格达组	凉水井组	—	—	—	—	—
新生代	第三纪	晚第三纪	N_1	—	小龙潭组	昔格达组	—	—	—	—	—	—
新生代	第三纪	早第三纪	E_3	金丝厂组；丽江组	—	—	—	—	—	—	—	—
新生代	第三纪	早第三纪	E_2	宝相寺组；丽江组	赵家店组	雷打树组	芦山组；蒙山群	—	—	—	—	—
新生代	第三纪	早第三纪	E_1	—	赵家店组	雷打树组	名山组；蒙山群	—	—	柳嘉组；嘉定群	—	—
中生代	白垩纪		K_2	—	江底河组	小坝组	灌口组；夹关组；蒙山群	—	—	三合组；嘉定群	茅台群（旧州组、札佐组、况家湾组）	正阳组
中生代	白垩纪		K_1	—	马头山组；普昌河组；高丰寺组	飞天山组	天马山组	城墙岩群（剑阁组、汉阳铺组、剑门关组）	七曲寺组；白龙组；苍溪组	窝头山组；嘉定群	—	—

第三纪岩石地层单位序列表

from Cretaceous to Tertiary in Central - South China

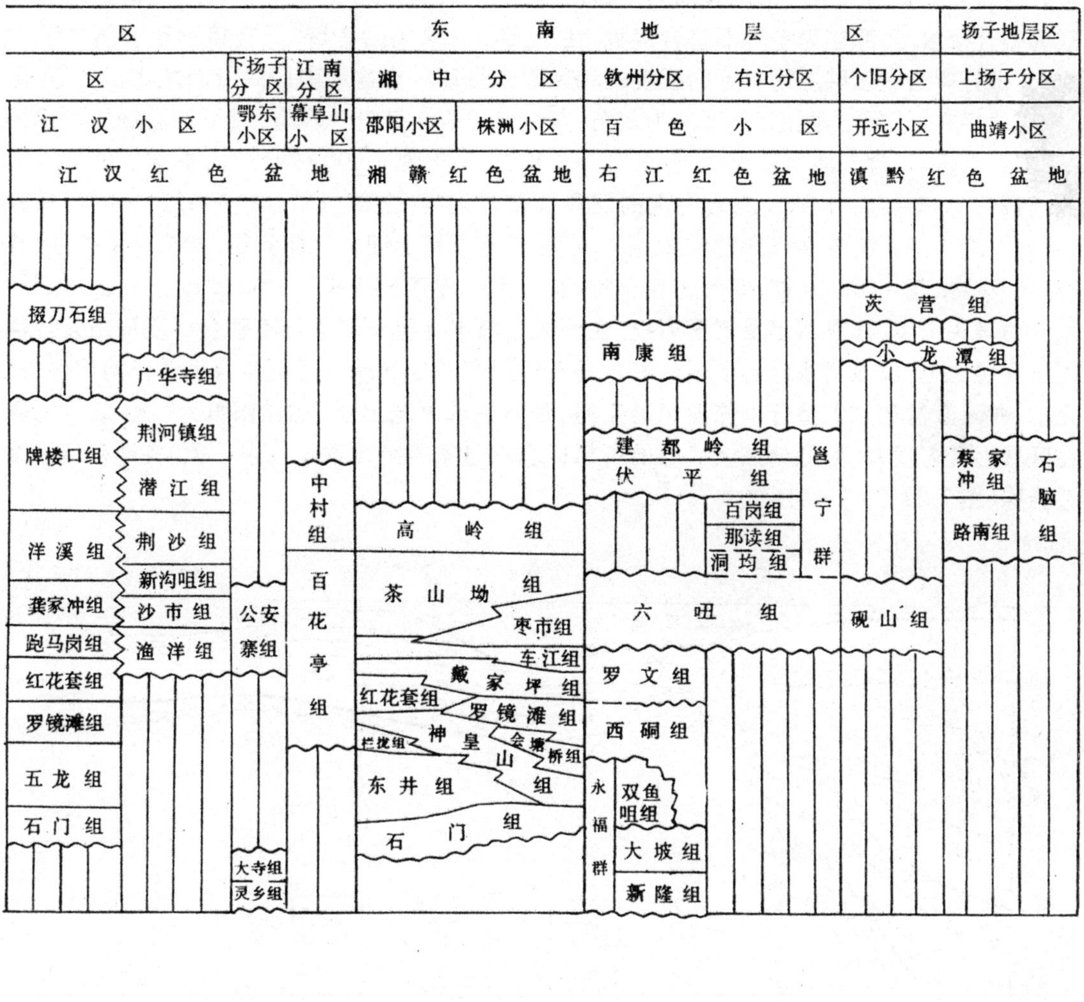

沉积，不整合于前第三纪地层之上，以海相二叠、三叠纪地层多见。其上部地层各地有不同程度的剥蚀，以四川境内为最强烈，区域上均为第三纪含煤岩系不整合覆盖。

2. **康滇红色盆地**

分布于呈南北向延伸的“康滇地轴”上，由米市、会理、楚雄和元谋等几个沉积盆地构成，亦呈南北向分布。在盆地北段米市、会理等盆地地层序列可划分为两部分：下部以紫红夹砖红色砂岩、粉砂岩及泥岩组成不等厚韵律互层，砂岩中时含砾并夹砾岩，厚度逾 1 000 m，称飞天山组；上部为紫红及紫灰色砂岩、粉砂岩及泥岩组成不等厚互层，时夹泥灰岩及钙质泥岩，次级韵律结构发育，底部常具块状砾岩或含砾砂岩，习称“大铜厂砾岩”，厚可达 200 m 以上，由下而上划分为小坝组及雷打树组，沉积厚度可达 2 000 m 以上，在会理一带可达 5 000 m。以上各组均富含介形类及轮藻化石，下粗上细的韵律结构均较发育。飞天山组在区域上与下伏官沟组紫红色砂泥岩及上覆小坝组底部砾岩均为平行不整合接触，并常有缺失。小坝组与雷打树组间一般为整合接触，局部亦为平行不整合接触，在飞天山组缺失的区域，可直接不整合覆于官沟组之上，雷打树组在区域上均有不同程度的剥蚀而未见顶。在盆地南段的云南楚雄、元谋等盆地，地层层序亦可划分为两部分：下部为灰黄、灰绿色砂岩夹紫红色泥岩，具下粗上细的韵律结构，底部夹有砾岩，含有淡水双壳类、介形类等生物群，一般厚 1 000 m 余。由下部以砂砾岩为主的层段称高丰寺组，上部以泥岩为主的层段称普昌河组；上部以紫红色砂砾岩、砂岩、粉砂岩、泥岩及淡水灰岩组成多级次的韵律互层，且亦具有下粗上细的总体特征，含有介形类，叶肢介、轮藻及淡水双壳类生物群，并有少量脊椎动物伴生，厚度在 1 800～3 000 m 左右。由下而上划分为马头山组、江底河组及赵家店组，在区域上高丰寺组一般平行不整合于妥甸组紫红色砂泥岩互层之上，以该组底砾岩下限分界。马头山组在楚雄盆地平行不整合于普昌河组砂、泥岩之上，在元谋盆地则不整合于侏罗纪冯家河、张河组或更老地层（如昆阳群）之上，该组底砾岩在区域上普遍发育，为划分该组底界的可靠标志。赵家店组在本区均未见顶，各地残留厚度相差悬殊（图 7-2）。

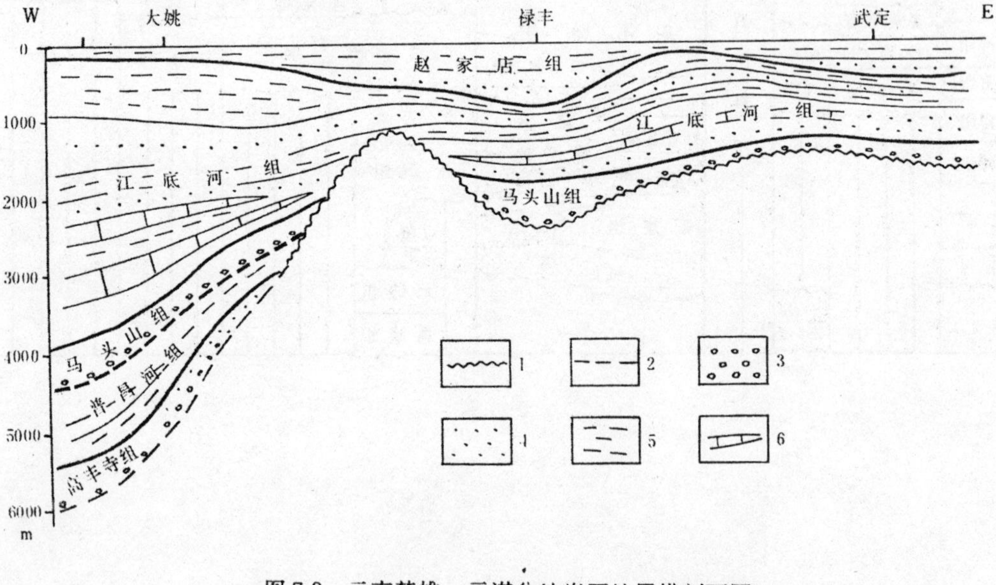

图 7-2　云南楚雄－元谋盆地岩石地层横剖面图

1. 不整合；2. 平行不整合；3. 砾岩类；4. 砂岩类；5. 泥岩类；6. 淡水灰岩

3. 四川盆地

白垩纪至早第三纪红色盆地主要分布于四川盆地的西部及北部，地层层序在区内有较明显的差异，虽然基本岩性均为红色砂泥岩互层，但岩性及厚度变化极大。

在四川盆地西部成都至雅安一带，白垩纪及早第三纪红层发育完整，沉积基本连续，地层厚度在 2 200～3 700 m 之间。基本岩性以紫红、棕红等色中厚层至块状砂、泥岩互层，多级次韵律结构仍极发育，层间程度不等的夹有少量砾岩及巨厚的钙芒硝层，局部层间见薄层及条带状泥灰岩及白云岩夹层。富含以介形类为主的生物群，并有少量叶肢介、轮藻等生物伴生。这套地层称蒙山群，由下而上划分为夹关组、灌口组、名山组及芦山组，其中，夹关组底部为紫红色砾岩及含砾砂岩，与下伏天马山组或蓬莱镇组呈平行不整合接触，厚 260～370 m。其上各组均为连续沉积，且具有下粗上细，由砂岩为主的岩石组合过渡为以泥岩为主的总趋势。各组间均以砾岩或砂岩为标志与下伏地层分界，标志清楚。在沉积盆地的北缘，龙门山山前带，由于接近陆源区，沉积物因大量粗屑组分的增加而产生明显相变，渐由砂、砾岩占据优势，韵律结构仍较发育，横向岩性极不稳定，多呈相互交错的透镜体及楔状体，在平面上呈多个扇形体的复合叠加，总厚度一般也在 3 000 m 以上，地层层序尚未可靠建立，局部研究程度较高的区域，可使用非正式岩石地层单位及名称，如砾岩层（芦山向斜北翼）等（图 7-3）。

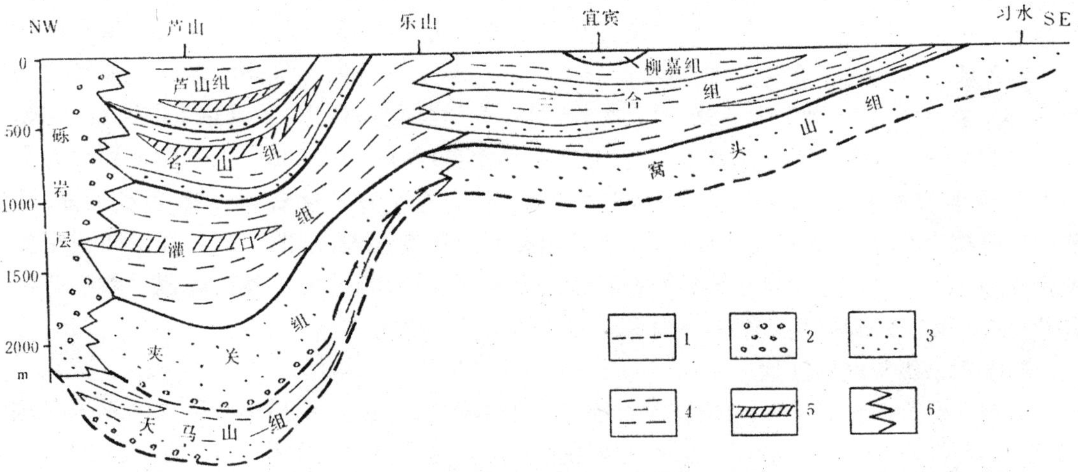

图 7-3　四川盆地—川黔红色盆地岩石地层横剖面图

1. 平行不整合；2. 砾岩；3. 砂岩类；4. 泥岩类；5. 蒸发岩类；6. 相变线

在四川盆地北部，相当于夹关组及其以上的地层已被剥蚀殆尽，仅有相当于天马山组的早白垩世地层，分布于梓潼向斜的两翼，由于距陆源较近，两翼的岩石组合特征差别极大。向斜南翼为一套紫红及砖红色为主的砂、泥岩层系，具有较强的由粗至细的韵律结构，不等厚的韵律互层十分发育，总厚达 1 000～1 300 m 余。含有丰富的介形类为主，并有少量双壳类、叶肢介、孢粉及脊椎动物伴生的生物群，由下向上划分为苍溪组、白龙组及七曲寺组 3 个组级单位，平行不整合于蓬莱镇组之上（图 7-4）。在梓潼向斜北翼，这套地层相变为一套以块状砾岩、砂岩及砂、泥岩互层为主的近陆源粗碎屑岩占优势的沉积物，其中砾岩成分以石英岩为主、石灰岩次之，由下向上数量及层厚均减少，但在岩石色泽、层厚、韵律结构的发育程度及生物组合特征等方面基本相似，总厚亦近 1 300 m，称城墙岩群，由下而上划分为剑门关组、汉阳铺组及剑阁组 3 个组级单位，与下伏莲花口组砂砾岩呈平行不整合接触。与梓潼向斜南翼各组大体对等。

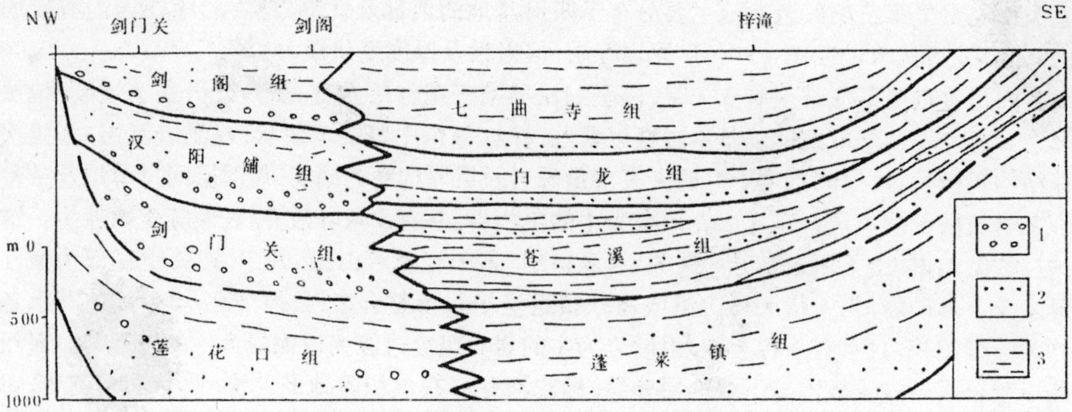

图 7-4 四川盆地北部岩石地层横剖面图

1. 砾岩；2. 砂岩；3. 泥岩

4. 川黔红色盆地

主要分布于川南宜宾、泸州一带及黔北习水地区，呈近东西向带状分布，沉积物为一套砖红色为主的砂、泥岩层系，下部以块状长石石英砂岩为主，时夹砾岩透镜体，上部为薄至中厚层长石石英砂岩与泥岩不等厚韵律互层，近顶部砂岩层厚增加且占有优势。含有较丰富的介形类化石为主，并有一定数量的轮藻、双壳类、叶肢介等门类化石伴生，总厚达 1 070 m。这套地层平行不整合于晚侏罗世蓬莱镇组之上，命名为嘉定群(A Heim, 1930)，由下而上划分为窝头山组、三合组及柳嘉组，其中后者属早第三纪地层，仅分布于宜宾柳嘉场一带，范围局限，其他各组均属白垩纪地层，分布范围较广，在各地均有不同程度的剥蚀(图 7-3)。在贵州威宁局部地区仅有 150 m 左右的块状含砾长石石英砂岩及砾岩保存，且平行不整合超覆于晚三叠世二桥组之上，称三道河群，代表了窝头山组近盆地边缘的沉积物。

5. 贵阳－恩施红色盆地

盆地分布范围包括了贵州省大部及川、鄂、湘接壤地区，由一系列小型孤立的沉积盆地所组成，以惠水、罗甸、榕江、黔江等盆地规模略大。以晚白垩世时期沉积为主，沉积物由砖红、紫红色砾岩、含砾砂岩及砂泥岩组成的韵律互层，下粗上细的粒序发育，属山间冲洪积相沉积物。在贵州以榕江一带出露较全，厚度可达 1 500 m，称茅台群，自下而上划分为况家湾组、札佐组及旧州组三个组级单位，各组均以砾岩为底，按韵律结构划分，标志清楚。层间砾岩各地发育程度不同，成分及砾径相差特殊，泥岩中局部夹少许石膏，但不多见，砂砾岩中冲刷面及大型交错层理发育，时含丰富的介形类、轮藻及孢粉化石。各组中由粗至细的次级韵律结构也较发育，常作为划分段级单位的依据。在川、鄂、湘接壤地区，小型红色盆地分布较零星，晚白垩世沉积与贵州基本一致，以灰岩砾石为主的砾岩，含砾砂岩仍十分发育，并与岩屑石英砂岩组成不等厚互层，以砖红色为主，厚 120～1 300 m 不等，在四川称正阳组，湖北引用了江汉盆地名称，称跑马岗组，以湖北来凤至湖南龙山一带最为发育，除含有介形类、轮藻等化石外，亦见有脊椎动物(恐龙)骨骼和恐龙蛋碎片。

茅台群及与其相当的正阳组在区域上以不整合覆于前白垩纪地层之上，以二叠纪—三叠纪海相地层居多，也可覆于娄山关组等古老岩层之上，在贵州，茅台群中各组亦可不同程度的缺失，并不整合超覆于前白垩纪地层之上，上部地层超覆范围更大。

6. 滇黔红色盆地

盆地地理范围包括了云南的路南、曲靖及贵州盘县、兴义一带，均为小型断陷盆地，成群分布，主要在早第三纪时期沉积作用广泛进行而白垩纪沉积物普遍缺失。这一时期的沉积物以棕红色砂、泥岩为主，常组成不等厚的韵律互层，时夹砂砾岩、泥灰岩及石膏层，横向多不稳定，砂岩较发育而颗粒普遍偏细，富含钙质，较粗的砂砾岩一般分布于该层系的底部。这套地层以含有大量脊椎动物化石为主要特征，哺乳类占有较大优势，此外，尚有一定数量的植物、孢粉、轮藻、腹足类及双壳类化石伴生。这套地层厚度变化较大，薄者不足百米，厚者可达近千米，普遍不整合于前第三纪地层之上，以早二叠世阳新组灰岩居多，三叠纪灰岩亦有见及，多数地区均未见顶，局部为晚第三纪含煤岩系呈不整合覆盖。该套红层在云南境内划分为下部路南组及上部蔡家冲组，其间为连续沉积，在贵州统称为石脑组，两地在岩石、生物组合及层序上基本一致。仅局部有少量中一碱性凝灰岩夹层(曲靖蔡家冲)，表明有过火山活动的迹象。

7. 江汉红色盆地

盆地地理范围包括了鄂东、湘北及湘西广大地区，由江汉盆地(包括洞庭湖西侧的常德、桃源盆地)，沅陵、麻阳盆地等盆地组成，这些内陆盆地多属构造拗陷的山间盆地，其中江汉盆地无论在规模、范围均最大，沉积物均为巨厚的陆相红色碎屑岩为主，沉积时间的跨度自早白垩世始，至早第三纪渐新世结束，各盆地由于距源区距离的不同，不同时期地壳拗陷幅度及陆源补给量的差异，沉积盆地的范围、厚度及沉积物性质均有极大的差别。

在湖北境内，自宜昌至京山一线属江汉盆地的西翼及北翼，据岩石组合特征可划分为上下两套性质相似的沉积旋回，每套地层的下部均为紫红、紫灰色块状砾岩、角砾岩，时夹含砾砂岩透镜体，上部以棕红、紫红等色中、厚层砂、泥岩互层，下粗上细的韵律结构十分发育，砂岩中不时含砾，泥岩中时夹泥灰岩、页岩(含铜)及石膏层的条带及透镜体。在上述沉积旋回中又存在次一级的由砾岩或含砾砂岩过渡为砂、泥岩的沉积旋回，上部砂泥岩颜色变杂，粒度变细、碳酸盐岩夹层增多。地层中含有丰富的介形类、腹足类、叶肢介、植物、孢粉、轮藻及脊椎动物等多门类化石，后者常见有恐龙、鱼类及龟鳖类。这套地层总厚度可达 5 000 m 以上，由盆地周缘向中心厚度明显增厚，岩石粒度由粗变细，由下向上划分了石门组、五龙组、罗镜滩组、红花套组、跑马岗组、龚家冲组、洋溪组及牌楼口组共 8 个组级单位，各组间基本上为连续沉积，沉积时限自早白垩世中晚期直至早第三纪渐新世。各组的划分标志多依据岩石组合特征结合次级沉积旋回划分，随时间的推移，沉积盆地范围不断扩大，底部的石门组砾岩仅见于宜昌、京山局部地区，以不整合上覆于震旦纪或下古生代地层之上，厚度变化极大，向上各组地层渐次超覆，分布范围逐步扩大(图 7-5)。

在湖南境内，江汉盆地南缘常(德)桃(源)盆地及其西侧的沅(陵)麻(阳)盆地，地层层序及基本岩性组合特征相似，下部红色砂泥岩系仍较发育，底部砾岩不稳定(石门组)，且有细粒的砂、泥岩占优势的变化趋势，上部仍以棕红色泥岩为主，并广泛含有石膏等盐类沉积，相当鄂西罗镜滩组块状砾岩仍十分发育，但稳定性欠佳，所含生物化石与盆地北部仍相似，以介形类及轮藻为主，局部层位盛产孢粉。该层系厚度仍近 5 000 m，由东向西，在接近盆地边缘地带地层总厚不足 2 000 m。顶部地层后期剥蚀幅度较盆地北部为大，与下伏早古生代地层或板溪群均为不整合接触。

江汉盆地的中心部位一般多为第四系松散堆积物所覆盖，在沙市、潜江一带由钻井揭露了盆地中心的地层层序，沉积物与盆地边缘比较，明显变细，为一套以棕红、紫红、绿灰等杂色的泥岩为主，夹粉砂岩、泥灰岩等，局部层位尚夹有油页岩、石膏、钙芒硝及岩盐层，底部具厚度不

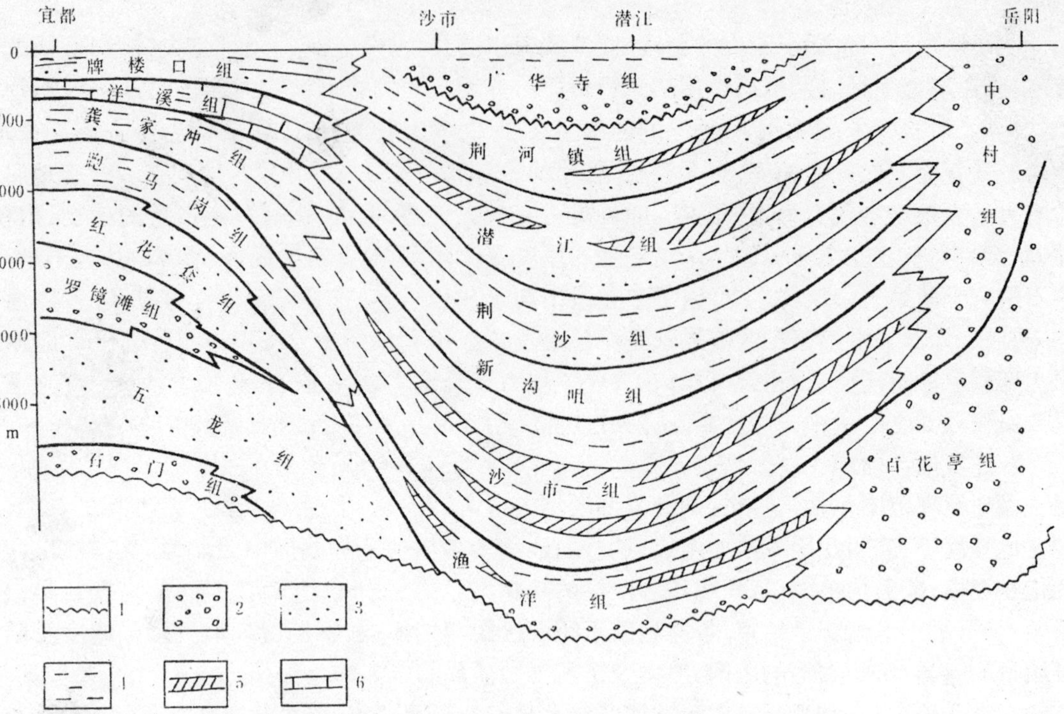

图 7-5　江汉红色盆地岩石地层横面剖面图

1.不整合;2.砾岩;3.砂岩;4.泥岩;5.蒸发岩;6.灰岩

稳定的砂、砾岩,常组成不等厚的韵律互层,砂、泥岩中亦普遍含有石膏质。地层中含有较为丰富的介形类、轮藻及大量孢粉化石,总厚度可达 6 000 m 余。据岩石组合及韵律结构等特征,由下而上共划分了渔洋组、沙市组、新沟咀组、荆沙组、潜江组、荆河镇组、广华寺组等 7 个组级地层单位,其沉积时限自晚白垩世晚期至晚第三纪中新世,下限略晚于盆地边缘同期沉积物。这套以泥岩为主的地层不整合于前白垩纪的老地层之上,各组间地层基本为连续沉积,仅广华寺组具底砾岩且为不整合上覆于荆河镇组之上。

江汉盆地的东翼分布于鄂东南,由新洲、黄冈、灵乡、崇阳等小盆地组成。在白垩纪至早第三纪时期沉积物性质与盆地东翼迥异,厚度可近 10 000 m,可划分为三部分:下部以紫红、黄绿等杂色砂、泥岩为主,常含砾,时夹泥灰岩透镜体,上部夹大量凝灰岩及安山岩、安山玄武岩,偶见流纹岩及流纹质凝灰岩,砂泥岩中见有介形类、双壳类及植物化石,厚度不足千米,称灵乡组;中部为大套杂色安山岩、珍珠岩、流纹岩和凝灰岩等中酸性火山岩为主,夹有厚层凝灰质粉砂岩,由两个喷发旋回组成,厚度可达数百至 5 000 m 余不等,这套以火山岩为主的地层称大寺组;上部为一套棕红色砾岩,砂泥岩组成的频繁韵律互层,局部夹有石膏层及层数不一的橄榄玄武岩,含有丰富的介形类、叶肢介及轮藻化石,厚度近 2 000 m,称公安寨组。以上三组间均为不连续沉积,与下伏晚侏罗世马架山组,早三叠世地层或闪长岩体均为不整合接触,公安寨组在江汉盆地北翼京山地区整合覆于红花套组之上,向东渐超覆于前白垩纪不同地层之上,其间均为不整合接触,底部具较发育的砾岩作为划分标志,易于辨认。中部以火山岩为主的大寺组在区域上均以喷发不整合于灵乡组之上,分布范围较为局限。

值得提出的是:在湖南岳阳一带分布着厚近 10 000 m 的以砂、砾岩为主的一套粗碎屑岩系,其中下部砾岩及含砾砂岩占有优势,上部以砂岩及含砾砂岩为主,不整合于冷家溪群千枚状板岩或红花套组之上，由下而上划分为百花亭组及中村组，化石罕见。这套巨厚的粗碎屑岩在地理位置上相当于江汉盆地近山前的近陆源堆积物，其分布范围十分局限。

8. **湘赣红色盆地**

湘赣盆地包括了雪峰山以东、湘中、湘东及赣西、赣中地区，在湖南省境内以衡阳盆地为主体，并包括了广泛分布于周边的茶（陵）永（兴）盆地，醴（陵）攸（县）盆地、株洲盆地、湘潭盆地、长（沙）平（江）盆地及其他分散的一系列小型盆地。上述盆地大体均呈 NNE 向展布，与构造线的延伸方向一致，属山间盆地性质。沉积物以紫红、棕红色的碎屑岩系为主，可划分为三套性质相似的沉积旋回，各旋回下部均以块状砾岩，含砾砂岩为主，上部主要为砂、泥岩互层，下粗上细的沉积韵律结构十分发育，在各旋回内部构成次级的沉积旋回，旋回下部粗屑组分占有优势，旋回上部常以泥岩及粉砂岩为主，且程度不等的夹有泥灰岩石膏及岩盐等蒸发岩类，颜色也逐步夹有青灰、黄绿等杂色。层间广泛含有以介形类及轮藻为主的生物群，有叶肢介、植物、孢粉、双壳类、腹足类及脊椎动物伴生，并可在局部层位产出，数量极其可观。这套地层厚度可达 5 000～7 000 m，时代跨度自早白垩世至早第三纪始新世。根据岩石组合特征的一致性及次级沉积旋回的划分，这套地层共建立了石门组、东井组、栏垅组、神皇山组、会塘桥组、罗镜滩组、红花套组、戴家坪组、车江组、枣市组、茶山坳组及高岭组共 12 个组级单位，其中除少量单位名称引自江汉盆地外，大部均命名于衡阳盆地，在一定程度上反映出岩性段的特征。各组由于所处盆地位置的不同，在时空上均有较大的变化，部分组级单位呈巨型透镜体或楔状体展布，尤其是粗碎屑岩（如砾岩）的层段，在时空展布上多不稳定，常因相变而缺失，如石门组、栏垅组及会塘桥组等，分布范围局限，各组间也存在厚度上相互消长的关系。这套巨厚的红色岩系基本上为连续沉积，局部层位可能存在因冲刷作用造成的不连续，如在浏阳一带罗镜滩组砾岩超覆于神皇山组砂泥岩互层之上。这套地层一般不整合于前白垩纪地层之上，顶部各地均有不同程度剥蚀，以衡阳等地地层层序保存较全。

9. **右江红色盆地**

右江盆地的地理范围包括了广西大部及滇东南一隅，该区中新生代红色盆地具有规模小，分布零星的特点，皆为断陷盆地，其展布方向与基底断裂构造线基本一致。白垩纪地层主要发育在桂东南及桂南的十万大山盆地，早第三纪地层分布范围扩大到右江沿岸及滇东南广南地区，沉积物均以紫红、棕红等色为主的砂砾岩及泥质岩为主，并组成多级次韵律互层，接照砾岩一砂岩一泥岩的粒序，在桂东南地区地层层序较为完整，可分两部分，下部称永福群，由下而上划分为新隆组、大坡组和双鱼咀组。其中新隆组底部的砾岩，以不整合超覆于前白垩纪地层之上。而双鱼咀组仅分布于大洲盆地，其区域延展性差，多数盆地缺失。上部主要岩性以火山岩、泥砂质岩夹膏盐层为主，由下而上划分为西硐组、罗文组和六吜组，其中西硐组为一套厚达 700 m 余的灰绿色凝灰岩、凝灰质熔岩及角砾岩等基一酸性火山岩，常不整合覆于大坡组之上，并被罗文组底部砾岩所平行不整合超覆。除西硐组外，其他各组均含有介形类、叶肢介、淡水双壳类、植物及轮藻等多门类化石，脊椎动物也在个别盆地中异常富集。这套地层的时限包括了白垩纪和早第三纪，在区域上不整合于侏罗纪红层、西湾组含煤岩系，三叠纪或古生代海相地层及不同期花岗岩岩体之上，超覆范围相当广泛。

早第三纪红层在区内分布零星，但范围广泛，在桂东南的自良、容县盆地及以西的南宁、百色、砚山诸盆地中均有断续分布，主要岩性以一套紫红色砾岩为主，夹砂岩及泥岩，偶见石膏薄层，组成不等厚的韵律互层，厚度可自 10～1 000 m 余不等，含有以介形类及脊椎动物为主的生物群，在广西境内称六吜组，在滇东南地区称砚山组，二者大体上地层位置相当，均不整合于不同层位的老地层之上，并为早第三纪晚期的含煤地层超覆，接触关系为平行不整合或不整合。

（二）第三纪含煤岩系序列

在我国南方，自侏罗纪以来的陆相红色碎屑岩的巨厚堆积一直持续到早第三纪末的渐新世，由于地壳运动的不均衡性，红色盆地经历了由大型冲积平原转化为个体分散的山间盆地的历程。红层沉积结束后，大区域的上升和剥蚀作用持续加剧，大部分地区沉积作用停止进行，仅在局部地壳相对沉降的地区继续着小范围的沉积作用，由于陆源、植被及古气候条件的改变，各小型盆地不同时期进入了含煤碎屑岩沉积阶段，且在沉积物性质、生物面貌及堆积厚度均有一定程度的差异，大体上可划分为6个沉积盆地(图7-6)，该沉积盆地的划分在地层序列表上不再反映。

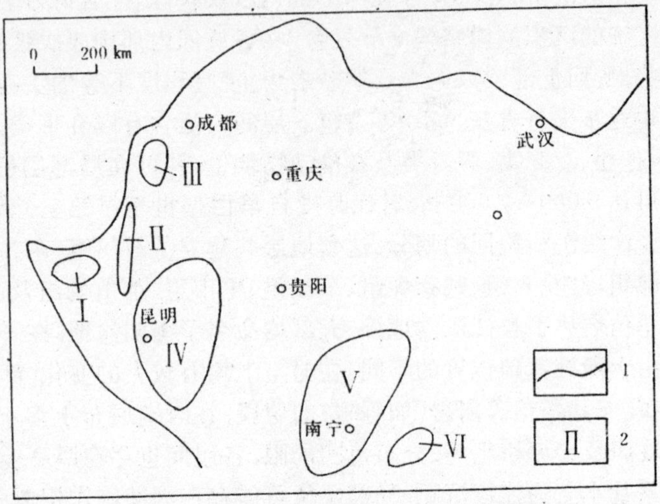

图7-6　新第三纪成煤盆地分布示意图

1.区划边界；2.盆地编号；Ⅰ.盐源－丽江盆地；Ⅱ.攀西盆地；Ⅲ.四川盆地；Ⅳ.滇东盆地；Ⅴ.南宁－柳州盆地；Ⅵ.合浦盆地

1.盐源－丽江盆地

由数个规模不大，散布于四川盐源及云南丽江地区的含煤盆地组成，沉积物由一套灰、紫、褐色等杂色砂、砾岩夹粘土岩组成，仍具有较发育的韵律结构，多组成由粗到细韵律层，岩石多呈半胶结状态，且横向不甚稳定。层间广泛含有以褐煤为主的煤层和煤线，少则数层，多则79层(盐源)，且不稳定，愈近盆地边缘砂砾岩增多，煤层减少。含有较丰富的植物及孢粉，时见有介形类、腹足类及哺乳类残片。这套煤系地层厚度变化较大，一般在0～600 m左右，以不整合上覆于海相三叠纪地层及早第三纪丽江组之上，其上多为第四纪松散堆积物所覆盖，在四川境内统称盐源组，在云南引用了滇西名称，称三营组，二者在岩石组合、含煤性及地层位置上均基本相当。

2.攀西盆地

分布于四川攀西地区，北起泸定，沿安宁河两岸由多个相互不连续的盆地组成，沉积物以灰、黄色细砂、粉砂岩及粘土岩组成不等厚韵律互层，下粗上细的韵律结构发育。该组完整层序下部常有厚度不大的砾岩层，中部常以砂岩为主，上部砂泥岩互层较发育，且夹有碳质粘土及薄的煤线，煤质以变质程度较低的褐煤为主，含有以植物、孢粉及介形类为主的化石群。该煤系称昔格达组，在西昌一带可厚达1 000 m以上，在南、北端近盆地边缘仅厚150～200 m。不整合于前第三纪地层或岩浆岩体之上。

3.四川盆地

在四川盆地内的晚第三纪成煤盆地仅分布于西部峨眉、荥经等边缘地区，范围小而分布零星。沉积物以灰、黄等色块状砾岩与粘土岩为主，组成不等厚交互层，夹含砾砂岩，砾岩半胶结者居多。含有较丰富的植物及孢粉化石，炭化程度高，但含煤性较差。这套地层统称凉水井组，不整合于海相三叠纪至早第三纪红层之上，并为第四纪松散堆积物所覆盖。

4. 滇东盆地

滇东盆地范围包括昆明、曲靖、广南、昭通、元谋一带，由多个小型山间盆地构成。该区含煤岩系由两套互不连续的地层组成。下部岩性以灰、黄等色砾岩、砂砾岩、泥岩为主夹泥灰岩及褐煤的地层序列，由下粗上细的粒序组成的韵律结构发育，富含植物及以哺乳类为主的脊椎动物化石，称小龙潭组。该组厚度不足 100 m，最厚可达 2 000 m 以上，中部富含褐煤层，不整合于早第三纪蔡家冲组、砚山组红层或更老地层之上。这套煤系地层以滇东南广南地区较为发育，厚度也较大；上部以灰色粘土岩为主，夹砂、砾岩及褐煤层的地层序列，局部夹泥灰岩及铁矿层，含有脊椎动物、腹足类、介形类及植物等化石，称茨营组。该组岩石胶结松散，煤层变质程度亦较低，少数盆地沉积物较粗，砂砾岩含量较高。区域上厚度变化亦大，厚度薄者仅 100 m 左右，厚者已逾 1 000 m(南华盆地)，不整合或平行不整合覆于小龙潭组、早第三纪红层或更老地层之上，并为第四纪早更新世元谋组平行不整合覆盖。

5. 南宁－柳州盆地

该盆地由分布于百色、南宁、宁明、上思等一带的小型沉积盆地构成。该区含煤碎屑岩系命名为邕宁群，由下而上划分为洞均组、那读组、百岗组、伏平组及建都岭组 5 个组级单位，其中除洞均组外的其他 4 组均由连续沉积的一套灰、灰绿等色含砾砂岩、粉砂岩及泥岩不等厚互层，广泛夹有褐煤、菱铁矿、油页岩及泥灰岩薄层，局部夹透镜状砾岩。层间含有腹足类、双壳类、介形类、植物、孢粉、藻类及丰富的脊椎动物等多门类化石。总厚度在 3 000 m 以上，各组厚度在区域上有较大的变化。下部洞均组为一套以灰色淡水灰岩为主的地层，以块状及砾状灰岩为主，夹砂、砾岩层及透镜体，含有以脊椎动物为主的生物群。该组仅分布在百色及南宁盆地局部地区，厚约 16～118 m，其他盆地多缺失。该组与下伏六吅组红层及上覆那读组含煤砂砾岩均呈平行不整合接触，也可不整合于三叠纪地层之上。

6. 合浦盆地

盆地范围限于桂南合浦至南康一带，露头局限，依据钻孔揭露，该区含煤碎屑岩系为一套灰绿、灰白色粘土岩、砂岩、砂砾岩夹数层褐煤及油页岩的地层，含有植物及孢粉化石，厚度不稳定，薄者仅 10 m 余，厚者可逾 1 000 m。这套地层命名为南康组，以不整合覆于老地层之上，以志留纪、泥盆纪地层多见。

二、沉积盆地分析

（一）古构造背景及盆地演化规律

自白垩纪始，扬子地台上大面积稳定的陆相冲积盆地发生了解体，分解为多个范围和规模不一、物源与沉积环境各异的小型盆地，在成因上也互有区别。

自晚三叠世以来发育于扬子克拉通西缘的前陆盆地随西部龙门山褶皱冲断带不断的向东逆冲推覆，至白垩纪时期其范围有了巨大的扩展，前陆盆地西缘亦由西向东迁移，而部分已卷入褶皱冲断带。前陆隆起的东部大面积受到水平挤压而隆起，剥蚀作用加剧，沉积作用基本终止，而前陆隆起的西部，在印支运动以来的沉积基底继续不断的凹陷并接受来自褶皱冲断带因上升剥蚀供给的大量物源，沉积物厚度巨大。同时，在沉降过程中，凹陷幅度远没有侏罗纪时期均衡，并受到不同物源性质、沉积环境、堆积方式及补偿作用的影响，盆地前缘沉积物有很大差别。

在上扬子克拉通的西缘，在侏罗纪沉积基底之上，同样发育一大型断陷盆地，该盆地西缘仍然受金河－程海断裂带控制，其东侧由于小江断裂带活动加剧，控制了盆地的东翼，形成了西昌(米市)，会理－禄丰、楚雄－大姚等沉积盆地，这些盆地规模较大，相互以次级活动断裂带分割，并呈南北向展布，沉降幅度普遍较大，物源补偿均衡，沉积物厚度巨大。自白垩纪至早第三纪的整个沉积周期中，盆地范围逐步向中心区收缩。在金河－程海断裂带西侧属大片印支褶皱带范畴，自晚三叠世末上升并接受剥蚀，整个侏罗纪、白垩纪时期均缺失沉积，在早第三纪晚期，由于喜马拉雅山运动影响，在已夷平并准平原化的基底上形成了一些小规模新生的山间盆地，散布在盐源、宁蒗、永胜等地，这些盆地距物源区近，凹陷幅度巨大，物源补给充分，常形成厚度巨大的透镜状或箕状沉积体。

在湘鄂一带，由于受到燕山运动主幕的影响，形成一系列呈 NE 向延伸的断裂带，活动性较前期大大加强，断陷活动强烈，自早白垩世中晚期始，形成了两个规模巨大的断陷盆地，北部的江汉盆地发育于扬子克拉通基底之上，北缘由青峰－襄樊－广济断裂带控制，南缘受邵阳－汨罗断裂带分割，形成一巨型凹陷带，其范围包括了湖北大部及湖南的常桃、沅麻等盆地。南部的湘赣盆地发育在华南褶皱带并在华力西期后转化为稳定地块的基底之上，盆地内沉降幅度极不均衡，在平行分布的断裂带活动的背景上，形成了呈 NE－SW 向展布的多个规模不等的断陷盆地，如衡阳、湘潭、醴攸、茶永等盆地，各断陷盆地的展布方向与构造线基本一致。各盆地间常由相对隆起山地所分割。这些盆地在白垩纪至早第三纪时期均保持了持续的大幅度凹陷，充填物量大且与盆地的沉降保持了较稳定的均衡关系。

在滇桂相邻的右江地区，在华南褶皱带的基底之上发育一系列的规模不大的沉积盆地，盆地的形态，凹陷幅度及展布方向均受到基底断裂带的控制。白垩纪时期盆地主要分布于桂东南及十万大山地区，并将断裂带分割为一系列规模不等的盆地，如邕宁、桂平、藤县、博白等盆地，均为较典型的断陷盆地，各地沉降幅度不等，物源性质也有差异，且沉降具有周期性进行的特点。早第三纪盆地范围向右江地区扩展，形成沿断裂带分布的一系列串珠状小盆地，诸如容县、南宁、百色、砚山等盆地，范围均较局限，各地沉降幅度差异悬珠，物源供给的程度也有区别。

在扬子克拉通南缘、沿滇黔川鄂边缘地带，分布着成群小规模断陷盆地，这些小盆地均在扬子克拉通基底上发育，并受着区域断裂带的控制。发育的时期也不相同，在黔川鄂湘接壤地区以晚白垩世盆地为主，在滇黔一带以早第三纪盆地为主，在沉降幅度，物源性质及充填方式等方面均有极大差别，沉积环境也不相同，其中规模稍大的有路南、曲靖、盘县、旧州、黔江、恩施等盆地。

早第三纪末期，喜马拉雅期构造运动的主幕影响到了全区，地壳大面积上升，并结束了大部分地区的沉积史，自晚第三纪始，仅在扬子克拉通的西缘及华南褶皱带的西南缘局部地区，沿断裂带发生了小规模的断陷盆地或小型山间盆地，这些小盆地与先前的红色盆地之间有一定的继承关系，随着物源性质及古气候条件的改变，进入了成煤时期，堆积了厚度不等的含煤碎屑岩系，且均以低或高的角度不整合覆于老地层之上。岩系中所含煤层均以变质程度较低的褐煤为共同特征，其中以盐源、会理、昆明、曲靖、昭通、元谋、百色、南宁等盆地规模略大，但沉积物性质及充填方式则各异。

（二）沉积环境分析

自白垩纪至第三纪，在不同构造背景上所形成的规模不等的沉积盆地均以陆相沉积为主，具有山前磨拉石的特征。在此期间可划分为早期红色碎屑岩系及晚期含煤碎屑岩系两个沉积建造。在区域上两个建造并非同时形成，而是由南向北逐渐推移的，在桂南地区在始新世早期进入成煤期，而在川西则在中新世晚期至上新世，这一规律也反映出沉积环境及古气候条件的演变顺序。

在四川盆地北部由于距陆源区较近，沉积物的相变剧烈，在梓潼向斜的两翼由北翼的粗碎屑岩到南翼的细碎屑岩堆积仅发生在 100 km 余的范围内，而堆积时间短暂，仅局限于早白垩世，其后随地壳的隆升而沉积终止。沉积作用以冲积作用为主，梓潼向斜北翼多以冲积扇一高弯度河流体系为主，冲积扇体多以砾质沉积物为主，随时间的推移，扇体存在异位叠加，在时空上均成连续性较差的透镜体及楔状体，呈雁形排列，且近源的扇顶筛积物也较发育，如剑门关砾岩等。在龙门山南段随前陆盆地西缘卷入褶皱冲断带或被覆盖而消失。河流相沉积物多以砂、泥组成互层，由粗到细的正粒序层所构成，砂体横向不稳定底冲刷普遍发育，反映出河流能量较高的特点。在远离源区的部位，砾质成分大幅度减少，砂、泥互层更为发育，由北向南沉积物由粗到细的规律十分明显。

晚白垩世随四川盆地北部的隆起，沉积盆地向西部迁移，在早、晚白垩世地层间存在一明显的不连续界面，通常表现为平行不整合接触。自晚白垩世至早第三纪，在沉积盆地的中心地带仍以沉积砂、泥韵律层为主，沉积环境由早期的河流相，过渡为晚期的湖泊相。较少有砾质物质出现，河流相沉积物的砂泥比一般大，仍发育正粒序层理，湖泊相以咸化湖泊为主，由滨湖相的砂泥组分及湖泊中心地带的以泥为主，与石膏、钙芒硝等蒸发盐类组成韵律层。

在川南、黔北的宜宾、泸州一带同期沉积环境以沙漠相为主，所构成的砂体较为稳定，具有高角度的风成交错层理、砂泥互层为主的沉积物反映出风成沙丘一旱谷的成因系列，沙漠环境以砾和沙分布于风蚀残留面上，分布于下粗上细粒序层的底部，并构成沉积旋回的底界面，尤其在窝头山组中较为发育。

在康滇红色盆地，基本沉积环境以近源的山麓河流相为主，早白垩世均以砂、泥岩沉积为主，并组成互层，与晚白垩世沉积物间均存在明显的沉积间断。晚白垩世至早第三纪为连续沉积，早期均发育山麓冲积扇的砾质堆积物，在时空上均呈不连续透镜体或扇形体，晚期演变为山间河流相的河道砂体一堤岸沉积一漫岸洪泛盆地沉积体系，沉积由下向上由粗变细，沉积物以砂泥为主，正粒序发育，并夹有少量石膏等盐类，局部可能出现小范围的湖泊环境，为石膏等的形成提供了条件。

江汉盆地在古地理形态上属大型淡水一咸水湖泊，其发育时期始于早白垩世晚期，终止于早第三纪渐新世，沉积物基本连续。早期的沉积物分布于湖盆的周边，沉积物由滨湖的山麓砂、砾质冲积扇一滨湖河流砂、泥浅滩组成至少两个大的沉积旋回，分布于陆源区外围的砾质扇体具有扇顶筛积物的性质，次级旋回发育，也表现出由扇顶至扇缘的演化特征。晚期沉积物逐步超覆于盆地中心，由含砾的砂泥岩夹膏盐及少量碳酸盐组成的沉积物具有由分支河道组成的扇缘一滨湖相特征。

在江汉盆地周边快速堆积滨湖山麓堆积物期间，湖盆内部长时期缺失沉积，自晚白垩世晚期始，在沙市、潜江一带的湖盆中心开始了连续的湖泊相沉积，沉积物以泥、粉砂等细 屑物质为主，夹大量石膏、芒硝及岩盐等蒸发盐类，同时有油页岩生成，表现出在还原强蒸发条件下的低能量咸化湖心相的环境特征，直延续至渐新世结束沉积，环境因素未发生质的改变。

综观江汉盆地的相带展布规律，湖盆轮廓清晰可见，在区域上由滨湖山麓冲积相—浅湖（包括分支河道沉积）—湖心细屑岩蒸发岩相均具有环带状构造。随时间的推移，湖盆范围萎缩，注入湖盆的河流能量降低，沉积物由粗变细，蒸发作用由弱变强，表现出湖盆由高能淡水湖泊向低能咸水湖泊转化的规律。

湘赣盆地在湘东由一系列NE-SW向展布的凹陷盆地和隆起山地所组成，前者经强烈沉降而形成相对封闭的湖泊，后者经隆起剥蚀而成为主要的陆源供给区。在白垩纪时期，周缘由山地包绕的滨湖带以堆积巨厚的山麓砾砂质沉积物为主，均属发洪期产物，堆积速度快，沉积物至少表现出由砾—砂为主组成的三个由粗至细的沉积旋回，但由于各盆地相对封闭，凹陷幅度不等且不同步，故在沉积序列上存在差异。在沉积特征上也表现出盆周山麓河流及分支河道高能带的特点，发育的平行及板状交错层理即为可靠证据。这些由砂砾组成的地层体在时空上均不稳定，相互叠加及超覆现象并不鲜见。早第三纪时期盆地沉降幅度降低，南部开始上升并使盆地中心向北推移，仅在衡阳、茶陵等地残留了少量湖泊，在干旱的气候条件下，蒸发量大，形成半咸水—咸水湖泊，沉积物以泥岩为主，并有碳酸盐、硫酸盐及氯化物沉积，局部仍有少量砂砾岩分布于盆地边缘地带，如衡阳盆地。湘赣盆地自早白垩世晚期开始发育，至始新世末终止。

在扬子克拉通的南缘及右江地区，沉积盆地均具有规模小而分散，凹陷幅度较大，近陆源，由河流和湖泊环境交替出现等特征。其中以桂南地区盆地规模较大，其展布方向也受到区域构造线延伸方向的控制，其性质均属断陷盆地沉积。沉积环境基本上以湖泊相为主，各组级单位在沉积早期受到山麓冲洪积作用的影响，尤其在发洪期，沉积物较粗（砂、砾为主），且被盆地周缘河流带入盆底，在时空上各盆地常组成形成时间各不相同，呈扇形分布的冲积扇。在沉积晚期常以低能湖相的垂向加积为主，以缺乏蒸发岩沉积为特征，在晚白垩世早期，在容县、桂林一带有中酸性火山熔岩及火山凝灰岩喷发，分布范围较局限。

除桂南地区外，在扬子克拉通的南缘，星罗棋布的分布着大量规模很小的山间盆地，这些盆地沉积物大体相似，多以砂、砾岩沉积为主，其形成环境常以山间河流相为主，其中河道及山前冲积扇发育，上部河道及漫岸沉积出现时间短暂且不甚发育。特别应指出的是：山间盆地的发育时期在黔东、鄂西一带主要为晚白垩世，在滇东、黔西一带主要为早第三纪，沉积盆地均发育在不同时期的古老基底之上，由沉积时期判断，晚白垩世到早第三纪盆地由东向西转移的特点。

在红色碎屑岩建造沉积期后，区内大面积上升，在湘、鄂及川、黔东部均大体同时进入准平原化阶段，沉积作用停止。在滇东及川西、桂南等地进入了含煤碎屑岩建造的沉积阶段，在区内局部地区形成多个规模不大的山间盆地，继续保持沉降的态势，且沉降幅度局部较大，以砂、砾及泥为主的陆源碎屑来自邻近的山地，沿山前形成以河流为主的沉积环境，常构成下部河道（包括冲积扇），漫岸沉积及洪泛平原，能量由高到低的侧向加积构成了纵向的正粒序。由于古气候条件的温暖、潮湿，加之动植物大量繁殖，为成煤作用创造了有利的条件。在广西境内具有两个成煤时期，自早始新世至渐新世成煤盆地发育在柳州—南宁一带；晚第三纪（中新世—上新世）成煤盆地主要发育在桂南的合浦盆地。向西北在云南境内同样具有两个成煤期，早期主要在中新世，成煤盆地分布于楚雄、昆明、开远一线；晚期（上新世），成煤盆地范围除滇东地区外，扩展至盐源、丽江地区及峨眉—昭通一线（即康滇地轴两翼）。在康滇地轴北段的西昌—攀枝花一带，成煤盆地发育于中新世晚期至早更新世。以上成煤盆地的发展与演化顺序反映出区内随时间的推移，盆地由南向北转移的特征。

（三）四川前陆盆地西缘砾质冲积扇分布特征

自白垩纪初期始，四川前陆盆地进入萎缩阶段，盆地东部大幅度上升，剥蚀程度加剧，盆地西部巨幅拗陷、沉积作用活跃。在早白垩世，沉降中心位于盆地北部，晚白垩世至早第三纪时期，中心由北向南迁移，范围逐步缩小，直到消亡。在前陆盆地的西缘，由于龙门山褶皱冲断带不断的逆冲推覆，以砾石为主的陆源碎屑堆积在该带前缘，形成巨厚的砾质冲积扇，沉积物常组成由砾砂质叠加的正粒序层理。由于龙门山水系发育，山前出口众多，常构成相互叠加而陆源物质各异、规模不等的冲积扇体。随着盆地的迁移，早白垩世的冲积扇多分布于龙门山北段，于广元至安县一带成群分布，砾石成分以石英质为主。至晚白垩世以后，扇群主要分布于龙门山中、南段，常以灌县、芦山等地为堆积中心，成分石英、石灰岩质砾石均有分布，堆积厚度可达1 000m 以上。至早第三纪时期，随盆地的萎缩，砾质冲积扇主要分布于龙门山南段，芦山一带，成分以石灰质砾石为主，堆积厚度亦达1 000 m。随时间的推移，扇群的分布范围也逐步缩小，扇缘位置逐步由东向西（向逆冲推覆体的前缘）靠近（图 7-7）

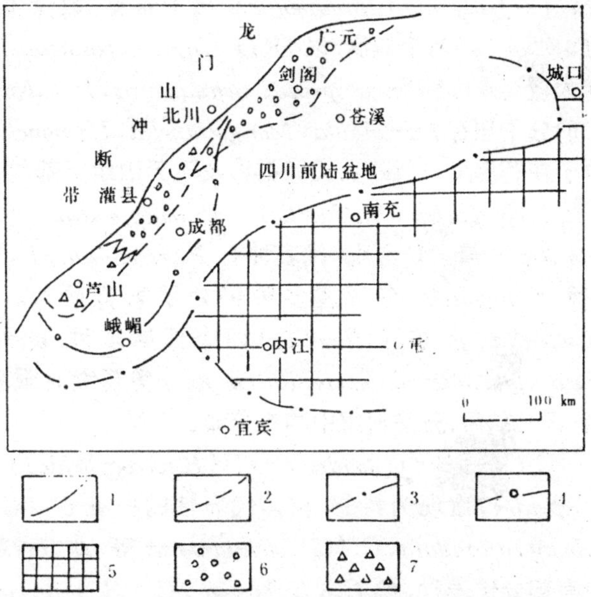

图 7-7　白垩纪—早第三纪四川前陆盆地西缘砾质冲积扇分布示意图

1.龙门山冲断带；2.山前砾质冲积扇边界；3.早白垩世盆地边界；4.晚白垩世—早第三纪盆地边界；5.沉积缺失区；6.石英质为主的砾质冲积扇；7.石灰质为主的砾质冲积扇

三、生物地层特征

白垩纪至第三纪时期陆生生物相当繁盛，门类众多，计有植物、孢粉及轮藻，无脊椎动物有介形类、叶肢介、双壳类、腹足类等，脊椎动物有鱼类、爬行类及哺乳类等，各门类属种类别及数量也十分丰富。其中以介形类等分布普遍并成为大区域地层划分对比的重要门类，双壳类及脊椎动物常在一定的地区及层位中集中产出，亦成为区域对比的依据之一，植物、孢粉等门类主要分布在含煤碎屑岩地层中，产出层位也相对集中。

1. 植物及孢粉

植物及孢粉化石主要产于晚第三纪地层中，多以被子植物及其花粉为主，裸子植物及蕨类植物及其孢粉含量稀少，在我国中南地区大体可按植物及其孢粉的组合特征，划分为两个互有区别的组合带。

下部 *Pterocarya* - *Dalbergia* 组合带：以发育于云南小龙潭组中的组合为代表，该组合大部为现代属种，约占属种总量的 50% 以上，如 *Pterocarya*，*Dalbergia*，*Desmodium*，*Sophora*，*Pithecolobium* 等属的一些种较多见，部分分子由较古老的分子所延续，但槲属（*Dryophyllum*）已基本消失。

上部 *Quercus* - *Celtis* 组合带：该带主要组分基本上均为现代属，其中重要分子如 *Quer-*

cus(栎)属中种的数量尤多，分布面积也大，其他组分如 *Celtis*, *Acer*, *Alnus*, *Pinus*, *Abies*, *Picea*, *Ulmus*, *Sorbus*, *Castanopsis* 等也有分布，数量相对较小。这一组合广泛分布于盐源组、昔格达组、凉水井组、三营组、茨营组及南康组中，发育于下部组合带的组分已基本绝迹。

2. 介形类

介形类在白垩纪一第三纪地层中因产出数量大，分布范围广而成为十分重要的一大门类，特别在红色地层中富集，且研究程度较高，常作为地层划分对比的首要依据，根据该门类的演化规律及组合特征，由下而上可划分为6个组合带：

①*Jingguella*(*Jingguella*) - *Deyangia*(*Deyangia*)组合带：此带 *Jingguella* 一属占有优势，共有 *J.*(*Jingguella*), *J.*(*Minheella*), *J.*(*Jiangenia*)三个亚属，以 *J.*(*J.*)*ovata*, *J.*(*J.*)*elliptica*, *J.*(*Jiangenia*)*sichuanensis*。最为常见，数量也较大，*Deyangia* 也出现 *D*(*Deyangia*), *D*(*Degangella*)两个亚属，以 *D*(*Deyangia*) *postacuta* 最为多见。此外，*Pinnocypridea* 在该带晚期大量出现，以 *Pinnocypridea sichuanensis*, *P. subovata* 具代表性。与此带共生但延续时限较长的分子还有 *Darwinula*, *Mongolianella*, *Damonella*, *Rhinocypris* 等属的部分种。该带主要分子在苍溪组、高峰组、天马山组及飞天山组下部均有分布。

②*Jingguella*(*Minheella*) - *Pinnocypridea* - *Cypridea*(*Ulwellia*)组合带：此带 *Pinnocypridea* 一属大量涌现，代表种有 *P. reticulata*, *P. triangula*, *P. elliptica*, *P. sichuanensis* 等多种，*Jingguella* 各亚属多种仍处于繁盛阶段。另一新生分子 *Cypridea* 也出现了 *C.*(*Cypridea*)及 *C.*(*Ulwellia*)两个亚属多种，此外尚 *Simicypris*, *Damonella*, *Darwinula*, *Metacypris*, *Ziziphocypris*, *Rhinocypris* 等延续时限较长的分子伴生。该带在白龙组、七曲寺组、天马山组、普昌河组中均有分布。

③*Cypridea*(*Cypridea*) - *C.*(*Bisulcocypridea*) - *Latonia* 组合带：此带以大量 *Cypridea*(*Cypridea*)出现为特征，较具代表性的种有 *C.*(*C.*)*elliptica*, *C.*(*C.*)*dayaoensis*, *C.*(*C.*)*subangusticaudata*, *C.*(*C.*)*sichuanensis* 等，地方种数量更多，*C.*(*Bisulcocypridea*)及 *Latonia* 也有部分代表种，如 *C.*(*B.*)*longa*, *C.*(*B.*)*chuxiongensis*, *L. subovata*, *L. sichuanensis* 等。同时也有部分延续时限较长的分子伴生。该带在小坝组、夹关组及窝头山组三个组的下部，马头山组等组中均有分布。

④*Crestocypridea* - *Quadracypris* - *Cypridea*(*Pseudocypridina*)组合带：该带属种及数量均较丰富，除上述代表外，主要分子还包括了 *Cypridea*(*Cypridea*), *C.*(*Morinina*), *Candona*(*Candona*), *C.*(*Obovaticypris*), *C.*(*Candoniella*), *C*(*Typhlocypris*)等属多种。该组合带主要分布于灌口组、三合组、夹关组上部、江底河组下部、红花套组及跑马岗组、渔洋组及茅台群的旧州组、桂东的罗文组，分布相当广泛。

⑤*Sinocypris* - *Cypris* - *Ilyocypris* 组合带：该带以 *Sinocypris funingensis*, *Cypris dercaryi*, *Ilyocypris dunshanensis*, *Limnocythere hubeiensis* 等为代表，同时还有 *Eucypris*, *Cyprinotus*, *Cyprois*, *Paraeucypris*, *Lineocypris* 等多种分布，并上升为主导地位，*Crestocypridea* - *Quadracypris* - *Cypridea*(*Pseudocypridina*)组合带的主要分子已逐步消亡，*Candona* 的少量亚属及种还有一定分布。该组合带主要出现在四川盆地的名山组、湘东的枣市组、茶山坳组等中，在江汉盆地洋溪组、及中心地带钻井中层位相当地层含量也较丰富。

⑥*Pinnocypris* - *Limnocythere* - *Cyprinotus* 组合带，以出现 *Pinnocypris* 的种较为特征，*Limnocythere* 种的数量达到繁盛阶段，*Cyprinotus* 等也有不少新生分子出现，同时也有少量其下组合带上延组分，如 *Candona*(*Candoniella*), *Cypris* 等，继承性明显。该组合带分布于四川

盆地的芦山组中，在江汉盆地中心地带的潜江组及荆河镇组也有相似的组合面貌出现。

3.双壳类

白垩纪早期在相当大的范围内存在一分布普遍的双壳类化石组合带，该带以淡水类型为主，可以 *Trigonioides* - *Nippononaia* - *Plicatounio*（*T-N-P*）组合带命名，这一组合带主要分子有 *Trigonioides*, *T.*（*Wakinoa*）, *Nakamuranaia*, *Plicatounio*（*Plicatounio*）, *P.*（*Rongxianella*）, *Nippononaia*, *Sphaerium*, *Unio* 等多种组成，其中不少种具有国内外广泛分布的特征，总貌与东南亚 *T-N-P* 组合相似。该带在四川的苍溪组、白龙组、云南高丰寺组、普昌河组及马头山组、湘鄂一带的东井组、桂南的大坡组均有分布，组合面貌基本一致，可作为地层划分对比的重要标志之一。

4.古脊椎动物

脊椎动物主要发育在第三纪，以哺乳类占重要地位。并取代了在中生代爬行类占优势的统治地位。以研究程度较高的云南地区为例，大体可以划分为 4 个哺乳类动物群：

①*Lophialetes* - *Helaletes* 动物群：该群以 *Lophialetes expeditus*, *Helaletes mongoliensis* 等貘类较具代表性，与其共生的还有 *Amynodon*, *Indricotherium*, *Diplolophodon*, *Prohyracodon*, *Teilhardia* 等个别种的哺乳类生物，这一动物群在云南的丽江组、路南组中均有分布。

②*Cadurcodon* - *Gigantamynodon* 动物群，该群以 *Cadurcodon ardynense*, *Gigantamynodon giganteus*, *Indricotherium qujingensis*, *I. intermedium*, *Bothriodon chowi* 等为主，以犀类占有优势，主要分布于滇东蔡家冲组及砚山组中。

③*Dryopithecus* - *Ramapithecus* - *Sivapithecus* 动物群：这一以古猿为主的动物群种类较多，其中 *Dryopithecus*, *Ramapithecus* 及 *Sivapithecus* 几种古猿较具代表性，并有 *Gomphotherium*, *Zygolophodon*, *Potamochoerus* 等伴生，主要分布于滇东的小龙潭组及其相当的煤系地层中。

④*Stegolophodon* - *Stegodon* - *Chilotherium* 动物群，这一动物群以哺乳类中的长鼻目真象科及奇蹄目犀科具有代表性，属种数量较大，其中剑齿象 *Stegodon* 种的数量尤多，如 *S. yunnanensis*, *S. zhaotongensis* 等，脊椎象属的 *Stegolophodon banguoensis*，大唇犀属的 *Chilotherium yunnanensis* 也多见，多为地方种。与其共生的还有数量可观的食肉目，偶蹄目及啮齿目的属种如 *Euhydriodon*, *Muntiacus*, *Sinocastor* 等多种。这一动物群主要分布于云南的茨营组中。

上述 4 个主要门类生物群的生物地层单位划分如表 7-2。

四、年代界线的划分及时代讨论

（一）白垩系底界

在侏罗纪地层沉积期后，区内大面积发生了一次上升运动，即燕山运动第二幕，使其与上覆的白垩纪地层间存在一区域性不整合界面。在地层层序相对完整的上扬子台地西部，普遍表现为一区域性平行不整合，在此界面之上的苍溪组、天马山组、高丰寺组中以介形类 *Jingguella*（*Jingguella*）- *Deyangia*（*Deyangia*）组合带的出现为特征，由侏罗纪上延的分子如 *Darwinula*, *Damonella*, *Metacypris* 等已渐趋消亡，双壳类 *Trigonioides* - *Nippononaia* - *Plicatounio* 组合带业已达到繁盛阶段，这一组合特征与国内外相当韦尔登期及尼欧克姆期生物

表 7-2 中南区白垩纪—第三纪主要门类化石带(组合)序列表①

时	代	植物及孢粉	介形类	双壳类	哺乳类
晚第三纪	N_2	*Quercus* - *Celtis*			*Stegolophodon* - *Stegodon* - *Chilotherium* 动物群
	N_1	*Pterocarya* - *Dalbergia*			*Dryopithecus* - *Ramapithecus* - *Sivapithecus* 动物群
早第三纪	E_3		*Pinnocypris* - *Limnocythere* - *Cyprinotus*		*Cadurcodon* - *Gigantamynodon* 动物群
	E_2		*Sinocypris* - *Cypris* - *Ilyocypris*		*Lophialetes* - *Helaletes* 动物群
	E_1				
白垩纪	K_2		*Crestocypridea* - *Quadracypris* - *Cypridea* (*Pseudocypridina*)		
	K_1		*Cypridea* (*Cypridea*) - *C.* (*Bisulcocypridea*) - *Latonia*	*Trigonioides* - *Nippononaia* - *Plicatounio* (*T* - *N* - *P*)	
			Jingguella (*Minheella*) - *Pinnocypridea* - *Cypridea* (*Ulwellia*)		
			Jingguella (*Jingguella*) - *Deyangia* (*Deyangia*)		

①表中植物据徐仁,1974、1979;介形类据李玉文,1982;双壳类据顾知微,1962;哺乳类据董枝明,1979,等综合修改。

组合特征可对比，在西部地区多有分布，代表了早白垩世早期的一个具代表性的生物组合。据SER年龄值测定结果，苍溪组或剑门关组的时限约为127～137 Ma，已接近白垩系下限135 Ma(王鸿祯等，1990)，这套地层代表了区内白垩纪最早期的沉积，白垩系的底界划在*T-N-P*组合带的底部。

目前有关白垩系底界的划分尚有争议，争议的焦点涉及到上述介形类及双壳类的时代归属，有人主张双壳类*T-N-P*组合在晚侏罗世已有出现，而将白垩系底界上移至该组合带之顶，据SER测定值仲裁，此二种意见尚有待论证。

（二）白垩系统级界线的划分

根据介形类的分布及演化规律，将统级单位的界线置于*Cypridea*(*Cypridea*) - *C.*(*Bisulcocypridea*) - *Latonia* 组合带与*Cristocypridea* - *Quadracypris* - *Cypridea*(*Pseadocypridina*)组合带之间较为合理，前者以女星介为代表的组合在我国早白垩世地层中普遍发育，且少量具早白垩世色彩的双壳类*T-N-P*组合伴生，后者在我国华南晚白垩世地层中多有出现，在松辽盆地及蒙古国境内也有分布，均作为晚白垩世的一个生物组合。根据在四川盆地SER测定含后者组合带的夹关组年龄值为85～102 Ma，跨越国际地质时间表早晚白垩世分界线95～97 Ma的数值，该带作为晚白垩世的一个生物地层单位是合适的。

代表晚白垩世的*Cristocypridea* - *Quadracypris* - *Cypridea*(*Pseudocypridina*)组合带广泛见于灌口组，及江汉盆地红花套组及跑马岗组，上统的底界与上述各组底界基本一致，在夹关组，江底河组及小坝组中含有上述两个组合带，上统的底界应置于各组中部为宜。

（三）白垩系与下第三系界线的划分

根据广布于中新生代红层中介形类化石的演化顺序，以女星介(*Cypridea*)大量发育为特征的中生代，在进入新生代后大量衰亡，随之而繁盛的新生代组合以金星介(*Cypris*)、土星介(*Ilyocypris*)、真星介(*Eucypris*)、湖花介(*Limnocythere*)等为主，在研究区内已划分的*Crestocypridea* - *Quadracypris* - *Cypridea*(*Pseudocypridina*)及*Sinocypris* - *Cypris* - *Ilyocypris*两个组合带的组合面貌即反映了这一演化顺序。后者的出现也代表了区内新生代的开始，富含这一组合带的名山组、跑马岗组、枣市组及江底河组的上部均应作为第三纪最早期的沉积物，而这套地层与晚白垩世地层往往是连续沉积的，界线的划分以两个组合带的界线划分是科学而合理的。

（四）下第三系统级单位的划分

根据早第三纪介形类生物地层单位的划分，区域上可识别出下部*Sinocypris* - *Cypris* -*Ilyocypris*及*Pinnocypris* - *Limnocythere* - *Cyprinotus*两个组合带，除各组合带具有较特征的代表分子外，也有不少延续时限较长的属种共生，如*Candona*，*Cypris*等，根据李云通(1984)的资料，对国内早第三纪划分了"中华金星介动物群"及"美星介动物群"两个介形类动物群，经国内外对比，前者时限定为古新世至始新世早期，后者为始新世晚期至渐新世，由两个动物群的组合总貌及其化石组合的对比，与本书划分的两个组合带基本对应。

除介形类外，根据云南、广西资料，以哺乳类为主的脊椎动物群为地层划分对比的另一重要门类，在早第三纪，由老至新可划分为*Lophialetes* - *Helaletes*及*Cadurcondon* - *Gigantamynodon*两个动物群，经与蒙古国、欧洲及北美对比(袁复礼等，1984)，其时限前者属晚始新世，后者为早渐新世。

（五）上第三系及统级单位的划分

以含煤碎屑岩系为主的晚第三纪地层在区域上普遍以不整合覆于老地层之上，地层连续性较差。地层中古生物组合的划分，以植物及哺乳类具有明确的时代意义，其中可识别的两个植物组合带由于现代属占有主导地位，特别是栎类的广泛分布，具有晚第三纪的色彩浓厚，根据区域对比及组合带分布层位上的差异，下部组合带时代属中新世早、中期，以小龙潭组具代表性。上部组合带在我国西部分布广泛，时代为上新世晚期，富含该组合带的盐源组、昔格达组、凉水井组及茨营组相当这一时期。

除植物外，以哺乳类为主的脊椎动物群经与我国北方，印度次大陆及欧洲同类群的对比，*Dryopithecus* - *Ramapithecus* - *Sivapithecus* 动物群时代属中新世中晚期，*Stegolophodon* - *Stegodon* - *Chilotherium* 动物群属上新世晚期，前者主要产于小龙潭组，后者主要产于茨营组，其时代均与上述两动物群时限相当，与植物组合带的时代属性亦基本吻合。

应该指出的是：除通过生物组合特征分析确定地层年代属性而外，区内在云南元谋、昆明一带对茨营组及四川攀西地区对昔格达组取得了较丰富的古地磁资料。茨营组年龄值为 2 480～3 400 ka，与高斯正向期对应。昔格达组年龄值 1 780～3 280 ka，与高斯正向期至松山反向期（早期）相对应。且在正向段与负向段中各出现二、三次极性倒转间断，分别可对应高斯期的马莫斯事件、凯纳事件和松山期的留尼旺事件、奥尔都维事件。根据王鸿祯等（1990）在中国地层时代表中将第四纪的下限定于 2.48 Ma，茨营组年龄值均大于此值，时代均属上新世，而昔格达组年龄值属上新世至早更新世是适宜的。

第八章

结束语

一、问题讨论

（一）关于晋宁运动后形成的不整合接触界线问题

长期以来关于震旦系的底界争论，始终围绕以下问题，即以莲沱组的底作为震旦系的底界是否适宜，如是则在区域上与莲沱组地层位置相当的沉积物是什么，具体指板溪群与莲沱组地层位置是否相当等。全国地层委员会"晚前寒武纪地层分类命名会议"（1982）作为一种处理性意见，暂定长江三峡莲沱组的底为震旦系的底界，年龄约 800 Ma 左右。近十几年来对该底界又有 900 Ma 左右或 700 Ma 左右不同意见，根据地层多重划分理论，这是年代地层划分之争，和岩石地层单位划分没有直接联系。

从本区岩石地层对比研究角度，提出的晋宁（雪峰）运动造成的区域不整合面，是一个重要构造运动界面。揭示该不整合接触界线之上的岩石地层单位时空分布特征，是地层对比研究的主要任务。现在已经查明而且得到公认的是，在上扬子古陆范围内，莲沱组的底面是一个不整合面，和崆岭群之间呈不整合接触，代表晋宁运动的构造界面。在鄂中大洪山地区，莲沱组以明显不整合覆盖在花山群之上（张惠民、张文治及 Elston D P，1991）；在神农架地区兴山，莲沱组呈微角度或平行不整合于马槽园群之上（李铨、冷坚，1987）。除神农架地区外，莲沱组均为陆相沉积。处于上扬子陆架位置的湖南石门，经对比研究后，富禄组（地层位置大致相当于莲沱组）与下伏张家湾组（相当板溪群）呈平行不整合接触，除直接观察的外，据张玲华（1986）研究认为，"两者在沉积物成熟度、火山物质成因和形态、区域变质程度和构造轴方向均具明显差异"，因此该不整合面亦可确认。由此向南，在上扬子大陆边缘——大陆坡一盆地环境，系海相深水浊流沉积。在黔东南从江黎家坡，长安组（原称乌衣组杂砾岩）与下江群之间呈平行不整合接触。在桂北三江盆地，这个平行不整合面在长安组与丹洲群之间。这里应该特别说明的是，三江位于晋宁期形成的华南残留盆地边缘，在晋宁期末该盆地并未关闭，呈残留深水海盆保留，长安组沉积是从深海一半深海环境开始，在这里晋宁运动影响较弱，呈平行不整合接触关系。

综上所述，板溪群及与其地层位置相当的下江群、丹洲群等之上，由于受晋宁运动的影响普遍存在着一个剥蚀或间断面；其与上覆地层长安组、富禄组、莲沱组呈平行不整合或不整合接触，两者形成各自不同的构造层。板溪群及其相当地层属晋宁期构造层（相当于不整合界单位);其构造性质,据王鸿祯(1981)研究认为:“板溪群构造复杂,褶皱断裂较多,普遍遭受区域变质,属地台基底一部分或称为似盖层”。而长安组、富禄组和莲沱组属于加里东期构造层,构造形式简单得多,且多数未遭受区域变质。因此从岩石地层单位对比来说,是地层位置和岩性特征的对比,从这个意义上,板溪群和莲沱组不能对比,在空间上是上下关系。

(二) 关于澄江运动初期的岩石地层单位超覆关系问题

当前有关澄江早期岩石地层单位的对比关系存在如下情况:(1)按成因对比,将古城组(认为早期冰川成因)习惯上与长安组对比;莲沱组自然亦与长安组对比;(2)将澄江组(相当莲沱组)与长安组—大塘坡组或与长安组—富禄组(未对比研究前富禄组)对比。经本次研究后认为:莲沱组主要岩性代表陆相或滨海相特征,其总体岩性特征与完全为海相、夹有少量碳酸盐透镜体的浊流沉积——富禄组具有某些相似性,其地层位置相当,所以两者可以部分或全部对比。陆相莲沱组之下有较大缺失。并已查明,以溆浦-四堡断裂为界,在断裂以东为富禄组与长安组连续沉积区;断裂以西及西北,为富禄组及其以上地层超覆区。黔东南、湘西北富禄组超覆于下江群、板溪群;鄂东南莲沱组(海相)超覆于冷家溪群,及在鄂中陡山沱组超覆于杨坡杂岩之上,形成上超。

二、主要进展

(一) 岩石地层对比研究

1.前震旦纪

(1)鄂中大洪山地区花山群自下而上,由洪山砾岩及六房咀板岩组成,因该群两分结构分布范围很小(仅在盆地边部),在大部地区均不易划分,故降群为组称花山组。

(2)湖南对红、黑板溪群的研究已取得明显进展,板溪群(浅变质)从其地层位置和岩性特征,与莲沱组不能对比。

2.震旦纪

(1)灯影组顶部受年代地层单位界线所肢解的部分如西蒿坪组、宝石坡组已废弃,恢复了灯影组原貌,灯影组为一穿时岩石地层单位;滇东地区的东龙潭组至渔户村组岩性特征与灯影组基本一致,且灯影组命名在先(李四光,1924),拟停止使用东龙潭组和渔户村组,采用灯影组。同时,因中谊村段为云南磷矿层位,建立正式段级单位。

(2)湖南的留茶坡组与老堡组岩性特征一致,改称老堡组,留茶坡组为其同物异名。

(3)湘桂地区的南沱期沉积,由于属大陆坡—盆地沉积环境,除冰海相沉积外,尚有浊积岩,其岩性特征和陆相的南沱组不同,改称黎家坡组。泗浬口组、洪江组为其同物异名。

3.寒武纪

(1)梅树村阶晚期沉积,在上扬子克拉通盆地,除滇东地区外全部岩石地层单位均可对比,统称牛蹄塘组。水井沱组、郭家坝组、九老洞组、九门冲组、木昌组、小烟溪组为其同义名。滇东地区因靠近康滇古陆,其碎屑岩发育且颗粒较粗,仍保留其原岩石地层单位命名系统。牛蹄塘组上覆地层统称石牌组;原明心寺组、变马冲组和杷榔组等为其同物异名。

(2)上扬子克拉通盆地中—晚寒武世为蒸发岩相沉积,岩性特征类似,经本次对比研究后,称娄山关组。洗象池组、三游洞组为其同物异名。原三游洞群顶部用年代地层单位含义所建立的西陵峡组为非岩石地层单位，恢复三游洞群原定义（现称娄山关组），娄山关组为一穿时岩石地层单位。此外原三游洞群内所建新坪组和雾渡河组降为段级单位。

（3）在牛蹄塘组（碎屑岩为主）与娄山关组（白云岩为主）之间，按不同岩性组合或序列采用清虚洞组（灰岩为主）、天河板组（薄层泥质条带灰岩为主）、石龙洞组（白云岩为主）、陡坡寺组（页岩为主）、高台组（薄层灰岩为主）、覃家庙组（薄层白云岩夹泥质白云岩）、西王庙组（杂色碎屑岩与白云岩互层）等，提出本区域岩石地层格架初步认识。

4.奥陶纪—志留纪

（1）南津关组与分乡组合并，合并后仍称南津关组，其与桐梓组的区别在于后者夹较多页岩。

（2）攀西取消大乘寺组、罗汉坡组，合称红石崖组。

（3）鄂东南取消宁国组和砚瓦山组，分别称胡乐组及宝塔组；黄泥岗组降为段级，隶属宝塔组。

（4）庙坡组岩性特殊，虽层薄仍保留；当其相变为灰岩时，并入宝塔组中。

（5）原临湘组和宝塔组岩性相似宜合并，合并后称宝塔组（该组名保留原因已在前文中叙述）。

（6）原五峰组和原龙马溪组下段黑色页岩，因岩性一致应合并，并恢复其原称龙马溪组；五峰作为阶名使用。

（7）原龙马溪组上部杂色页岩夹石英砂岩仍称新滩组（李四光，1924）。鄂东南的高家边组亦改用此名。

（8）川东南与滇东北的溶溪组与白沙组为同物异名，本次对比研究后称溶溪组，白沙地理名称作为阶名保留。

5.石炭纪—二叠纪

（1）大埔组层型在广西，为罗城组之上，黄龙组之下一套厚层块状白云岩，局部含燧石团块，其上覆的黄龙组为浅色灰岩。湖北将原黄龙组下部白云岩段划出，称大埔组，黄龙组为浅色生物碎屑灰岩，与东南大区江苏层型剖面定义一致。

（2）梁山组为含煤岩系，本区原使用的麻土坡组、栖霞组含煤段、马鞍组（段）均停止使用；栖霞组层型在江苏为四层结构；本区所称栖霞组与层型岩性总体特征一致，并未硬性去追求层型的岩石组合特征；掌握如此宽容度，笔者以为符合本次地层对比研究原则："宜粗不宜细"，有利于区域地质制图。

（3）合山组，经广西区域对比研究后，厘定为一套煤系、石灰岩和硅质岩互层，在贵州惠水茅口组之上，罗楼组之下一套岩石地层组合与其相同，改称合山组。

6.三叠纪—侏罗纪

（1）三叠纪地层根据沉积盆地不同情况使用东川组（以砂岩为主）、飞仙关组（以页岩为主）、夜郎组（页岩与灰岩互层）、大冶组（薄层灰岩）、嘉陵江组（以白云岩为主，夹灰岩；俗称两白夹一灰）、关岭组等。四川原嘉陵江组一段已划归飞仙关组或夜郎组；雷口坡组系关岭组同物异名，以及永宁镇组为嘉陵江组同物异名，建议停用。

（2）晚三叠世—早侏罗世煤系地层：各沉积盆地互不连贯，各具特色，以按盆地沉积特征限用下述名称：川东南、川东、鄂西及湘西采用香溪组；川西北用须家河组；川西南、黔、滇东用火把冲组。此外，鄂中荆当盆地含煤地层之上一套紫红色碎屑岩，原划归自流井组和沙溪庙组，但其岩性特征和川东、鄂西秭归盆地差别较大，改用鄂东南名称，称花家湖组。

总之，在岩石地层对比研究方面有如下结论：

(1)建立和完善了区内的岩石地层系统，统一了岩石地层单位的名称和定义。如湘、鄂地区侏罗系红层过去地方性名称较多，经本次对比研究后基本上采用了研究程度较高而层序完整的四川盆地的名称。对晚三叠世—早侏罗世含煤碎屑岩系的名称和划分方案各省均不一致，经对比研究后，在明确了单位定义的基础上，拟定了划分方案，采用了统一的名称。如须家河组、二桥组及香溪群(组)等。

(2)给岩石地层单位正名。对碳酸盐台地较稳定沉积，存在着较多的同物异名，根据优先权原则确立对比研究后的名称，如牛蹄塘组，实行一物一名。

(3)对岩性特征相似的组进行了合并，如临湘组和宝塔组；南津关组和分乡组；对以年代地层和生物地层内容所肢解的岩石地层单位，恢复了原貌，如灯影组等。

(二) 盆地分析及其他

(1)明确提出了扬子克拉通内陆相中、新生代四套地层层序的划分依据及地层格架。以含煤碎屑岩系为主要骨架的第Ⅰ层序在区域上具有较复杂的相变及穿时性，与下伏海相地层间存在局部发育的海陆交互的过渡层，其分布范围及层序也反映了在陆壳上升阶段中残留海盆的迁移及环境特征。在以红色碎屑岩系为主体的层序中根据盆地规模及沉积物稳定性，接触关系等特征，划分了形成于侏罗纪巨型盆地中的第Ⅱ层序及盆地解体后分裂为规模较小盆地形成的第Ⅲ层序，后者主要发育在白垩纪至早第三纪，具有在陆源性质、环境等方面自成体系的特点。在第二成煤期形成的成煤小型盆地沉积物组成的第Ⅳ层序具有分散、时限不一且迁移频繁的特征，其时间跨度可自晚第三纪至早更新世。

(2)在合理建立岩石地层单位系列的同时，对生物地层单位的划分作了探讨，建立了以组合带为主的生物地层单位，同时有的断代对不同门类各单位的时代属性进行了对比和讨论。

(3)年代地层单位界线，对中、新生代地层除依据生物地层单位的时代属性进行划分和讨论外，同时也利用了石英电子自旋共振测试的年龄资料和古地磁测年数据作了补充和讨论；对历史上不同意见的划分方案进行了必要的论述和比较；对区内几条具有全球意义的界线层型，如云南晋宁梅树村前寒武系-寒武系界线典型剖面、广西桂林南边村国际泥盆系-石炭系界线辅助层型剖面的简介和评述等。

(4)通过对地层序列的建立，在区域古构造，岩相及古地理分析的基础上，对不同性质和规模的沉积盆地进行了初步的盆地分析，对各盆地在不同构造背景下的形成、发展、迁移及消亡的演化规律作了必要的探讨。

(5)在本次地层对比研究的同时，十分关注当代地质学的新理论、新成就的应用和借鉴。如在沉积动力学、运动学的等深流、浊流和海底扇等学说，均结合本区实例进行介绍和探讨。

(6)对事件分析，亦从多重地层划分角度，认为它是当代地层学新的研究方法之一，如对生物大量灭绝事件，Ir 和 $\delta^{13}C$ 异常等结合本区实例进行介绍和探讨。

三、存在问题

经本次地层对比研究后在本研究区和研究区内各省(区)目前尚有如下问题值得提出，并应在进一步工作中逐步解决。

(1)无论各省(区)或本区范围内经过地层对比研究后尚不够彻底和完善，特别是在跨省

(区)间的同一套地层,仍存在采用不同的划分标准和名称,如宜门组与冯家河组、石脑组与路南组和蔡家冲组,白果湾组与云南一平浪煤系的三个组等等,基本上属于同物异名,这一问题的存在与省(区)间资料的交流不足有关。

(2)作为岩石地层的基本单位——组,在划分标准上各省(区)意见尚存在某些不统一,有的组以岩石组合的同一性作为划分依据,如须家河组、自流井组;有的组以单层(优势岩性)或沉积旋回划分,如湘赣边境的安源群6个组,其结果各组在级别上有明显差异,后者仅相当于前者的段级单位,在湘东白垩纪—早第三纪红层中也有类似情况。

(3)有的省(区)在引用邻省(区)地层名称时存在不合理现象,有的属定义认识不一,如湘北引用川北的白田坝组、滇东南引用黔北的二桥组等;有的属于命名地名称变更,如四川使用的丽江组,在云南命名地已取消此名,另建新组。

(4)有的地区地层层序尚待建立,如龙门山的山前带靠近陆源(龙门山褶皱-冲断带)的一套巨厚粗碎屑岩,目前仅使用非正式岩石地层单位——砾岩层。

(5)生物及年代地层单位的划分本不是本次地层对比研究的重点,在资料的使用上除少数引用最新成果外多限于旧有已发表及区调资料,有较大的局限性。在年代界线的划分上,历来由于对不同门类生物组合的时代属性有争议而分歧意见颇多,尤其是在生物演化日趋缓慢的中、新生代,笔者亦仅能将分歧意见归纳陈上,供后人研究。

(6)少数术语使用不当,概念不够清晰。如清虚洞组,系尹赞勋等1945年命名,层型地点在黔北湄潭县城东清虚洞,较为详细的描述了岩性。1972年又在湄潭县芳坪梅子湾与白石坝之间建立了一个新层型剖面。而报告中又未说明原来的层型剖面已毁坏,而仅仅是在划分上稍有不同,而将清虚洞组标准剖面移至1972年由贵州地质局108队和张文堂等先后测制的贵州湄潭芳坪梅子湾剖面,既然有正层型就不应重建新层型。同样,三都组,层型剖面在黔东南三都县附近,该层型剖面描述不详细,但通过对比研究、核查,对层型剖面作些补充描述即可,却又在三都县城北约6公里的排招又建一个新层型。又如易家湾组,层型在湘东湘潭市易家湾,1938年田奇瑰创建,又在涟源市茅塘乡沙河村新建一个层型剖面。诸如此类,对比研究刚结束,岂不又要再对比研究。还有的如石炭纪打屋坝组,有原始含义,但无层型剖面,本应在此次对比研究核查中选测一合适剖面作为选层型即可,却又未这样做。

(7)关于非本省命名的地层单位使用问题,综观各省研究报告,出现两种情况:①命名省(区)尚在使用,而引用省(区)建议废弃,如四川省命名的志留纪稗子田组,四川省仍在使用,而云南省却建议废弃,此现象应由四川省决定取舍,引入省可以不用,但不可废弃;②原命名省(区)已经废弃(或停止使用),而引入省(区)尚在使用,如在云南省命名的青龙山组,该省已停止使用,而四川省仍在使用,形成无源之水,这种情况,如四川省要用,应与云南省协商或另创新名。同样,云南省的三叠纪丙南组、大荞地组,该省已不用,而四川省仍在使用。

(8)各省(区)研究成果评审鉴定时已重申凡是确定使用的具跨省(区)意义岩石地层单位名称,建议各省(区)采用,目的是减少同物异名,亦是本次对比研究的重要目的之一,但从各省(区)所汇交的报告及地层序列表来看,在不同程度上仍存在使用原名(即小名),没有用本次对比研究协调后名称,如上司组、摆佐组应改为梓门桥组和大埔组;贵州的小浪风关组(1989)已视为南丹组的同物异名,改为南丹组;此外,如湖北幕阜山早奥陶世的宁国组,协调后已建议改用胡乐组,但报告中仍用旧名等。

(9)作为组的层型剖面,在描述地质背景时,其上覆、下伏地层单位指的是在这个层型剖面的上覆或下伏,其接触关系的性质也只能是一种,并不是泛指区域上的可以在甲地是整合或在乙地是平行不整合。

(10)各省(区)在汇交的成果中个别层型剖面,未见底或顶,而作为层型剖面应顶、底清楚,如果正层型不完整,应另外指定副层型(在典型区内)的办法,以补充层型的不足。

(11)在对本区采用的跨省(区)岩石地层单位名称,除转引自各省(区)对比研究报告外,对部分词条重新核查了原始文献。结果发现,有的创名人和创名时间,查无原始文献(或手稿),尚存有疑问。如广西老堡组,原记载王曰伦,1936 年创名,但无此文献。该套地层赵金科、吴燕生于 1941 年著文称车田硅质层,而赵金科,张文佑于 1952 年才介绍,称老堡组;1958 年又改称车田硅质层;至 1966 年,广西区调队在 1:20 万区域地质调查中,才广泛使用老堡组一名,一直沿袭至今。考虑当前对比研究后已广泛应用的实际情况,仍采用老堡组为宜。

四、今后工作的建议

(1)过去地层单位使用的混乱,与建"组"有章不循和缺乏管理机制有关;应采用本次地层对比研究的做法,由地质矿产部地调局或全国地层委员会归口管理,新建组必需按《中国地层指南及中国地层指南说明书》要求,并经全国已建地层数据库检索后,得到确认才能推荐发表,正式应用。

(2)建议借鉴北美经验,对一个岩石地层单位的分布范围和地质时间的变动、重新定义、恢复原称以及名称废弃等定期发表文告,沟通信息,以避免同物异名等现象再度泛滥。

参考文献

蔡学林等，1986，中国南部前寒武纪构造演化探讨。中国地质学会编，国际前寒武纪地壳演化讨论会论文集(1)，构造地质，40—52。北京：地质出版社。

陈富斌、赵永涛，1988，攀西地区新构造。成都：四川科技出版社。

陈公信、金经炜主编，1996，全国地层多重划分对比研究(42)湖北省岩石地层。武汉：中国地质大学出版社。

陈海泓、孙枢、李继亮、王清晨、彭海波、徐树桐、许靖华，1993，雪峰山大地构造的基本特征初探。地质科学，28(3)：201—210。

陈宏明等，1994，中国南方石炭纪岩相古地理与成矿作用。北京：地质出版社。

陈旭、王建华，1983，广西宜山地区晚石炭世马平组的䗴类。中国古生物志新乙种第19号。

程裕淇主编，1994，中国区域地质概论。北京：地质出版社。

地质矿产部成都地质矿产研究所，1988，西昌—滇中地层沉积盖层及其地史演化。重庆：重庆出版社。

董卫平、甘修明主编，1996，全国地层多重划分对比研究(52)贵州省岩石地层。武汉：中国地质大学出版社(印刷中)。

段太忠、郭建华、高振中、李增华、曾允孚，1990，华南古大陆边缘湘北九溪下奥陶统碳酸盐等深丘。地质学报，64(2)：131—143。

范嘉松等，1990，广西隆林二叠纪生物礁。北京：地质出版社。

辜学达、刘晓虎主编，1996，全国地层多重划分对比研究(51)四川省岩石地层。武汉：中国地质大学出版社(印刷中)。

顾知微，1964，中国的侏罗系和白垩系，全国地层会议学术报告汇编。北京：科学出版社。

广西地质矿产局，1985，广西壮族自治区区域地质志。北京：地质出版社。

何镜宇、孟祥化，1987，沉积岩和沉积相模式及建造。北京：地质出版社。

赫德伯格 H D (编)，1976，国际地层指南。张守信译，1979。北京：科学出版社。

胡宁、谌建国，1992，雪峰山地区加里东期大地构造演化及古地理轮廓。中国地质科学院宜昌地质矿产研究所所刊，(18)：167—172。

湖北省地质矿产局，1990，湖北省区域地质志。北京：地质出版社。

湖南省地质矿产局，1988，湖南省区域地质志。北京：地质出版社。

吉磊，1994，赣西南早古生代复理石地层沉积相、环境和旋回。地层学杂志，18(2)：131—137。

赖才根等，1982，中国的奥陶系，中国地层(5)。北京：地质出版社。

李军、袁训来，1995，滇东早奥陶世阿里莫坎砂岩沉积。地层学杂志，19(1)：58—61。

李清波、戴金星等，1992，现代地质学研究文集(上)。南京：南京大学出版社。

李铨、冷坚主编，1987，神农架上前寒武系。天津：天津科学技术出版社。

李云通等，1984，中国的第三系，中国地层(13)。北京：地质出版社。

林宝玉等，1984，中国的志留系，中国地层(6)。北京：地质出版社。

刘宝珺等，1993，中国南方古大陆沉积地壳演化与成矿。北京：地质出版社。

刘鸿允等，1991，中国震旦系。北京：科学出版社。

罗惠麟等，1994，中国下寒武统建阶层型剖面。昆明：云南科技出版社。

蒲心纯等，1993，中国南方寒武纪岩相古地理与成矿作用。北京：地质出版社。

全国地层委员会编，1981，中国地层指南及中国地层指南说明书。北京：科学出版社。

贵州省地质矿产局，1987，贵州省区域地质志。北京：地质出版社。

任纪舜等，1981，中国大地构造及其演化。北京：科学出版社。

阮亦萍，1981，广西、贵州泥盆纪和早石炭世早期菊石群。中国科学院南京地质古生物研究所集刊，(15)：1—152。

沈建伟、俞昌民等，1994，桂林泥盆纪碳酸盐台地礁组合的层序地层研究。地层学杂志，18(3)：161—167。

盛金章，1963，广西、贵州及四川二叠纪的䗴类。中国古生物志新乙种第10号。

斯行健、周志炎，1962，中国中生代陆相地层，全国地层会议学术报告汇编。北京：科学出版社。

四川省地质矿产局,1991,四川省区域地质志。北京:地质出版社。
四川省地质矿产局地质科学研究所,1982,四川盆地陆相中生代地层古生物。成都:四川人民出版社。
四川省地质矿产局地质科学研究所,1987,盐源—丽江地区三叠纪地层及沉积相。北京:地质出版社。
唐晓珊等,1994,华南地体北缘(湖南部分)前寒武纪地层。中国区域地质,(4):303—310。
汪啸风、柴之芳,1989,奥陶系与志留系界线处生物灭绝事件及其与铱和碳同位素异常的关系。地质学报,63(3):255—264。
王鸿祯主编,1985,中国古地理图集。北京:地图出版社。
王鸿祯、杨巍然、刘本培主编,1986,华南地区古大陆边缘构造史。武汉:武汉地质学院出版社。
王立亭等,1994,中国南方二叠纪岩相古地理与成矿作用。北京:地质出版社。
王增吉,1990,中国的石炭系,中国地层(8)。北京:地质出版社。
夏邦栋、方中等,1993,滇黔桂交界地带南盘江地区中三叠世弧后复理石盆地。南京大学学报(地球科学),5(3):320—329。
夏文杰、杜森官、徐新煌、毕治国、殷继成、李世麟、张长俊、伊海里,1994,中国南方震旦纪岩相古地理与成矿作用。北京:地质出版社。
项礼文等,1981,中国的寒武系,中国地层(4)。北京:地质出版社。
肖禧砥,1983,湖南益阳玄武岩质科马提岩及其形成环境。中南矿冶学院学报(4)(总第38期)。
邢裕盛、丁启秀、罗惠麟、何廷贵、王砚耕等,1984,中国震旦系—寒武系界线。中国地质科学院地质研究所所刊(10),北京:地质出版社。
邢裕盛等,1989,中国的上前寒武系,中国地层(3),北京:地质出版社。
许靖华、H 奥伯亨斯利、高计元、孙枢、陈海泓、U 克雷恩比,1986,寒武纪生物爆发前的死劫难海洋。地质科学,21(1):1—5。
许效松、牟传龙、林明,1994,中国南方泥盆纪板内盆地层序地层与控矿。沉积学报,12(1):1—7。
杨丽贞,1990,桂北中元古代的科马提岩。中国区域地质,(1)。
叶红专,1991,黔东湘西寒武纪碳酸盐台地边缘和斜坡沉积特征及大陆边缘构造性质。中国地质科学院院报,(23):13—22。
殷保安等,1996,全国地层多重划分对比研究(45)广西壮族自治区岩石地层。武汉:中国地质大学出版社(印刷中)。
殷继成等,1993,四川盆地周边及邻区震旦亚代地质演化与成矿作用。成都:成都科技大学出版社。
俞昌民、王成源等,1988,广西桂林一个合乎要求的泥盆—石炭系界线层型剖面。地层学杂志,12(2):104—111。
俞建章等,1983,石炭纪二叠纪珊瑚。长春:吉林人民出版社。
云南省地质矿产局,1990,云南省区域地质志。北京:地质出版社。
曾允孚等,1993,中国南方泥盆纪岩相古地理与成矿作用。北京:地质出版社。
曾允孚、刘文均等,1995,华南右江复合盆地的沉积构造演化。地质学报,69(2):113—124。
张纯臣等,1996,全国地层多重划分对比研究(43)湖南省岩石地层。武汉:中国地质大学出版社(印刷中)。
张俊明、袁克兴,1994,湖北宜昌王家坪下寒武统天河板组古杯礁丘及其成岩作用。地质科学,29(3):237—245。
张守信,1989,理论地层学——现代地层学概念。北京:科学出版社。
张远志等,1996,全国地层多重划分对比研究(53)云南省岩石地层。武汉:中国地质大学出版社(印刷中)。
赵金科等,1978,华南晚二叠世头足类。中国古生物志新乙种第12号。
赵自强、邢裕盛、马国干、陈忆元等,1985,长江三峡地区生物地层学(1)震旦纪分册。北京:地质出版社。
赵自强、邢裕盛、丁启秀、刘桂芝、赵雅秀、张树森、孟宪黎、尹崇玉、宁伯儒、韩培光,,1988,湖北震旦系。武汉:中国地质大学出版社。
中国科学院南京地质古生物研究所,1975,云南中生代红层。北京:科学出版社。
周名魁、王汝植、李志明、袁鄂荣、何原相、杨家禄、胡昌明、熊代传、楼雄英,1993,中国南方奥陶—志留纪岩相古地理与成矿作用。北京:地质出版社。
Chao Y T and Huang T K. 1931. Geology of the Tsinlingshan and Szechuan. Mem. Geol. Surv. China, ser. A, No. 9.
Krumbein W C & Sloss L L. 1963. Stratigraphy and Sedimentation, San Francisco. W H Freeman and Co., P. 660.
Lee J S and Chao Y T. 1924. Geololgy of the Gorge District of the Yangtze (from Ichang to Tzekuei) With Special Reference to the Development of The Gorge. Bull. Geol. Soc. China, 3(3-4).
Pan Guoqiang. 1984. The late Precambrian and early Palaeozoic marginal basin of South China。In: Kokelaar B P *et al*. ed.

Marginal Basin Geology, Geological Socicty Special Publication. 16:279—284.

Sun Shu *et al*. 1991. Indosinides in China and the Consumption of Eastern Paleotethys, In: Muller D W *et al*. (ed.), Controversies in Modern Geology: Evolution of Geological Theories Sedimentology. Earth History and Tectonics, Academic Press, 363—384.

Zhang shouxin and Zhen Yongyi. 1991. China. In: Moullade M *et al*. (ed.), The Phanerozoic Geology of the World, 1. The Palaeozoic, A, 219—274. Amsterdam: Elsevier Science Publishers B V.

Steiner, M, Erdtmann B D and Chen Junyuan. 1992. Preliminary assessment of New Late Sinian (Late Proterozoic) large siphonous and filamentous "megaalaga" from eastern Wulingshan, north-Central Hunan, China. Berliner geowiss. Abh., (E) 3:305—319.

Wang Chengyuan, 1990, Conodont Biostratigraphy of China, Courier Forsch.-Inst. Senckenberg, 118:591—610.

附 录

附表1 中南区采用的跨省(区)岩石地层单位名称

附表1-1

序号	代号	地层单位 名称	地层单位 性质	***创名人(介绍人)	创名时间(介绍时间)	创名省,引用省
1	Pt*y*	*因民组	正层型	孟宪民	1947	滇,川
2	Pt*l*	*落雪组	正层型	孟宪民	1947	滇,川
3	Pt*w*	文通组	正层型	张泰贵、梁党	1973	桂,黔、湘
4	Pt*lš*	雷神庙组	正层型	唐晓珊等	1988	湘,黔
5	Pt*h*	黄浒洞组	正层型	唐晓珊等	1988	湘,黔
6	Pt*yx*	鱼西组	正层型	广西区调队	1968	桂,黔、湘
7	Pt*x*	小木坪组	正层型	唐晓珊等	1988	湘,黔、桂、鄂
8	Pt*hl*	横路冲组	正层型	唐晓珊等	1988	湘,黔
9	Pt*p*	坪原组	正层型	唐晓珊等	1988	湘,黔
10	Pt*n*	南桥组	正层型	唐晓珊等	1992	湘,桂、黔
11	Pt*bl*	宝林冲组	正层型	罗海晏、黄维沛	1990	湘,黔
12	Pt*m*	马底驿组	正层型	湘、桂、黔踏勘组	1962	湘,川、黔
13	Pt*t*	通塔湾组	正层型	唐晓珊等	1988	湘,黔
14	Pt*d*	多益塘组	正层型	唐晓珊等	1988	湘,黔、川
15	Pt*ym*	岩门寨组	正层型	唐晓珊等	1990	湘,黔
16	Pt*wq*	五强溪组	正层型	湘、桂、黔踏勘组	1962	湘,黔、川
17	Pt*hf*	黄峰山组	正层型	王汉荣	1993	桂,黔
18	Pt*b*	白竹组	正层型	广西区调队	1966	桂,黔
19	Pt*g*	拱洞组	正层型	广西区调队	1966	桂,黔
20	Pt*ht*	合桐组	新层型	广西区调队	1966	桂,黔
21	Pt*j*	甲路组	正层型	唐晓珊等	1992	黔,湘
22	Z*l*	*莲沱组	正层型	刘鸿允、沙庆安	1963	鄂,川
23	Z*č*	*澄江组	正层型	谢家荣	1941	滇,黔、川
24	Z*g*	古城组	正层型	马国干等	1985	鄂,湘、川
25	Z*d*	大塘坡组	正层型	江荣吉	1967	黔,湘、川、鄂
26	Z*n*	*南沱组	正层型	Blackwelder	1907	鄂,湘、川、滇
27	Z*dš*	*陡山沱组	正层型	李四光、赵亚曾	1924	鄂,湘、川、黔、桂

“*”号词条指本书已重新核查有文献证明的创名人和时间;无“*”号表示转引自各省(区)地层清理研究文献;“**”指重新核查时有新信息,已在文中说明;“***”指有介绍人时,本栏创名人系手稿创名人,其介绍时间用括弧表示。

序号	代号	地层单位		***创名人（介绍人）	创名时间（介绍时间）	创名省，引用省
		名称	性质			
28	$Z\in d$	*灯影组	正层型	李四光、赵亚曾	1924	鄂，川、滇、湘、黔
29	$Z\in l$	**老堡组	正层型	赵金科、张文佑	1952	桂，湘、鄂
30	$Z\check{c}a$	*长安组	正层型	李四光、赵金科等	1941	桂，湘、黔
31	Zf	*富禄组	正层型	李四光、赵金科等	1941	桂，湘、黔
32	Zgy	观音崖组	正层型	张云湘等	1958	川，滇
33	Zlj	黎家坡组	正层型	林树基等（贵州区调队）	(1965)	黔，湘、桂
34	$\in n$	*牛蹄塘组	选层型	刘之远	1941	黔，川、鄂、湘、滇
35	$\in \check{s}p$	*石牌组	正层型	李四光	1924	鄂，黔、川、湘、滇
36	$\in qx$	*清虚洞组	新层型	尹赞勋、湛义容	1945	黔，川、滇
37	$\in j$	*金顶山组	选层型	刘之远	1941	黔，川、滇
38	$\in c$	*沧浪铺组	正层型	王曰伦、丁文江，尹赞勋整理	1936—1937	滇，川
39	$\in \check{s}l$	*石龙洞组	正层型	王钰	1938	鄂，川、黔、滇、湘
40	$\in d$	*陡坡寺组	正层型	谢家荣	1941	滇，黔、川
41	$\in g$	*高台组	新层型	尹赞勋、湛义睿等	1945	黔，川、鄂
42	$\in qj$	*覃家庙组	正层型	王钰	1938	鄂，湘、黔
43	$\in x$	西王庙组	选层型	张云湘等	1958	川，滇、黔
44	$\in Ol$	*娄山关组	选层型	丁文江（刘之远）	(1941)	黔，川、湘、鄂、滇
45	$\in p$	平井组	正层型	贵州 108 队	1966	黔，川
46	$\in Om$	毛田组	正层型	贵州 108 队	1966	黔，川
47	$\in Ob$	博菜田组	正层型	云南区调队	1965	滇，桂
48	$\in t$	唐家坝组	正层型	云南区调队	1965	滇，桂
49	$\in lh$	龙哈组	正层型	云南区调队	1965	滇，桂
50	$\in q$	*筇竹寺组	正层型	卢衍豪	1941	滇，川
51	$\in b$	比条组	正层型	湖南区调队	1964	湘，黔
52	$\in \check{c}f$	车夫组	正层型	湖南区调队	1964	湘，黔
53	$\in a$	敖溪组	正层型	湖南区调队	1964	湘，黔
54	$\in s$	三都组	正层型	卢衍豪	1954	黔，桂
55	Ot	*桐梓组	正层型	张鸣昭、盛莘夫（刘之远）	(1941)	黔，川、滇、鄂、湘
56	Oh	*红花园组	正层型	张鸣昭、盛莘夫（刘之远）	(1941)	黔，川、滇、鄂、湘

附表 1-3

序号	代号	地层单位		创名人（介绍人）	创名时间（介绍时间）	创名省，引用省
		名称	性质			
57	O*m*	*湄潭组	正层型	俞建章	1933	黔，川、滇
58	O*ŝz*	*十字铺组	正层型	乐森珥	1928	黔，滇
59	O*b*	*宝塔组	正层型	李四光、赵亚曾	1924	鄂，川、湘、黔、滇
60	OS*l*	*龙马溪组	正层型	李四光、赵亚曾	1924	鄂，滇、滇川、黔
61	O*q*	*巧家组	正层型	郭文魁、叶治铮	1942	滇，川
62	O*g*	牯牛潭组	正层型	张文堂等	1957	鄂，川、湘
63	O*d*	大湾组	正层型	张文堂等	1956	鄂，川、湘
64	O*mp*	庙坡组	正层型	张文堂	1957	鄂，川、湘
65	O*dq*	*大箐组	正层型	郭文魁、叶治铮	1941	滇，川
66	O*hŝ*	*红石崖组	正层型	郭文魁	1941	滇，川
67	O*n*	南津关组	正层型	张文堂	1959	鄂，川、湘
68	S*xt*	*新滩组	正层型	Blackwelder	1907	鄂，川、湘、黔、滇、陕
69	S*lr*	*罗惹坪组	正层型	谢家荣、赵亚曾	1925	鄂，川、湘、黔、陕
70	S*h*	*韩家店组	正层型	丁文江 （熊永先、罗正远）	（1939）	黔，川、湘
71	S*r*	溶溪组	正层型	葛治洲	1979	川，湘
72	S*xŝ*	秀山组	正层型	南京地质古生物研究所	1974	川，黔
73	S*m*	马脚冲组	正层型	葛治洲、戎嘉余	1979	黔，湘、川
74	S*ŝ*	*纱帽组	正层型	谢家荣、赵亚曾	1925	鄂，川
75	S*sf*	嘶风崖组	正层型	云南第二区调队	1975	滇，川
76	S*d*	大路寨组	正层型	云南第二区调队	1975	滇，川
77	S*hg*	黄葛溪组	正层型	云南第二区调队	1975	滇，川
78	S*sk*	松坎组	正层型	戎嘉余、杨崇长	1981	黔，川
79	S*hx*	回星哨组	正层型	南京地质古生物研究所	1974	川，黔、湘、滇
80	S*b*	稗子田组	正层型	四川省地层编写组	1978	川，滇
81	S*ẑ*	中槽组	正层型	四川省地层编写组	1978	川，滇
82	S*ŝn*	*石牛栏组	正层型	丁文江 （熊永先、罗正远）	（1939）	川，黔
83	S*x*	*小河坝组	选层型	常隆庆	1933	川，湘
84	D*d*	*东岗岭组	选层型	乐森珥	1928	桂，滇、湘
85	D*l*	*榴江组	正层型	冯景兰	1929	桂，湘、滇、黔
86	D*w*	*五指山组	选层型	张兆瑾 （赵金科）	（1947）	桂，黔
87	D*p*	坡松冲组	正层型	廖卫华	1979	滇，川

序号	代号	地层单位		***创名人（介绍人）	创名时间（介绍时间）	创名省，引用省
		名称	性质			
88	D*pj*	*坡脚组	选层型	尹赞勋	1938	滇，川
89	D*b*	巴漆组	正层型	白顺良等	1979	桂，湘
90	D*y*	*云台观组	选层型	俞建章、舒文博	1929	鄂，湘
91	D*x*	*写经寺组	选层型	谢家荣、刘季辰	1927	鄂，湘、川
92	D*h*	*黄家磴组	正层型	杨敬之、穆恩之	1955	鄂，湘、川
93	D*r*	*融县组	选层型	田奇瑪	1938	桂，黔
94	C*z*	*梓门桥组	正层型	田奇瑪	1929	湘，桂
95	C*d*	*大埔组	正层型	张文佑	1941	桂，滇、黔、湘、鄂
96	C*m*	*马平组	选层型	丁文江 （乐森珥）	（1928）	桂，滇、黔、湘、川
97	C*l*	*鹿寨组	正层型	冯景兰	1929	桂，黔
98	C*b*	摆佐组	正层型	杨绳武、江朝洋	1963	黔，滇
99	C*w*	*威宁组	选层型	Grabau A W	1924	黔，滇、川
100	P*m*	*茅口组	正层型	乐森珥	1929	黔，桂、川、鄂、湘、滇
101	P*d*	*大隆组	正层型	孙云铸	1937	桂，川、黔、鄂、湘
102	P*x*	*宣威组	正层型	谢家荣	1941	滇，川、黔
103	P*e*	*峨眉山玄武岩	选层型	赵亚曾	1929	川，黔、滇
104	P*h*	*黑泥哨组	选层型	Misch P	1946	滇，川
105	P*hš*	*合山组	正层型	张文佑、陈家天 （孙云铸）	（1939）	桂，黔
106	P*l*	领薅组	正层型	贵州区调队	1980	桂，黔
107	P*s*	四大寨组	正层型	肖伟民等	1986	黔，桂
108	T*d*	*大冶组	选层型	谢家荣	1924	鄂，湘、川、黔
109	T*f*	*飞仙关组	正层型	赵亚曾	1929	川，滇、黔
110	T*j*	*嘉陵江组	正层型	赵亚曾、黄汲清	1931	川，黔、滇、湘、鄂
111	T*g*	*关岭组	选层型	许德佑	1939	黔，川、滇
112	T*bd*	*巴东组	正层型	Richthofen	1912	鄂，川、湘、黔
113	T*fl*	*法郎组	选层型	许德佑、陈康 （中国地质学编委会、 中国科学院地质研究所）	（1956）	黔，滇、川
114	T*h*	*火把冲组	正层型	孟宪民	1936	滇，黔、川
115	T*e*	*二桥组	选层型	丁文江 （乐森珥、蒋溶）	（1928）	黔，桂、川
116	T*bt*	白土田组	正层型	云南一区调队	1965	滇，川

附表 1-5

序号	代号	地层单位		创名人 （介绍人）	创名时间 （介绍时间）	创名省，引用省
		名称	性质			
117	T*by*	*北衙组	选层型	Misch P	1947	滇，川
118	T*dĉ*	*东川组	选层型	孟宪民	1948	滇，川
119	T*ž*	中窝组	正层型	云南一区调队	1966	滇，川
120	T*s*	*松桂组	选层型	Misch	1947	滇，川
121	T*bn*	把南组	选层型	许德佑、陈康	1943	黔，滇、川
122	T*y*	*夜郎组	选层型	丁文江、Grabau	1934	黔，川
123	T*xj*	*须家河组	正层型	赵亚曾、黄汲清	1931	川，滇、陕
124	T*q*	青天堡组	正层型	四川一区调队	1964	川，滇
125	T*l*	*罗楼组	正层型	赵金科 （中国地质学编委会、 中国科学院地质研究所）	（1956）	桂，黔，滇
126	T*jl*	九里岗组	正层型	湖北区调队	1973	鄂，川、湘
127	T*w*	王龙滩组	正层型	湖北区调队	1973	鄂，川
128	T*b*	板纳组	正层型	陆中求、蔡培茂	1961	桂，滇
129	T*ŝp*	石炮组	正层型	张振贤	1982	桂，滇
130	T*lm*	兰木组	正层型	陆中求、蔡培茂	1967	桂，滇
131	J*t*	桐竹园组	正层型	湖北区调队	1973	鄂，川
132	J*z*	*自流井组	正层型	Heim A	1930	川，滇、黔、湘
133	J*q*	*千佛崖组	正层型	赵亚曾、黄汲清	1931	川，黔、湘、鄂、陕
134	J*ŝ*	*沙溪庙组	正层型	杨博泉、孙万铨 （四川石油普查大队）	（1959）	川，黔
135	J*sn*	*遂宁组	正层型	李悦言、陈秉范	1939	川，黔、鄂、陕
136	J*p*	*蓬莱镇组	正层型	杨博泉、孙万铨 （四川石油普查大队）	（1959）	川，鄂、陕
137	J*b*	白田坝组	正层型	包茨、王国宁 （？）	（？）	川，湘、陕
138	J*l*	莲花口组	正层型	侯德封、王砚衍 （？）	（？）	川，陕
139	K*ŝm*	*石门组	正层型	李四光、赵亚曾	1924	鄂，湘
140	K*l*	罗镜滩组	正层型	湖北局、石油106队	1960	鄂，湘
141	K*h*	红花套组	选层型	北京地质学院三峡队	1959	鄂，湘
142	K*w*	窝头山组	正层型	四川航调队	1980	川，黔
143	K*st*	三台组	正层型	四川航调队	1980	川，黔

附表2　中南区各省(区)地层多重划分对比研究组

云南省地层多重划分对比研究报告

负 责 单 位:云南省地矿局

承 担 单 位:云南省区域地质调查所

课题组负责人:张远志、张定辉、刘世荣

报 告 编 写 人:刘世荣、张宗仁、李　云、张远志、张定辉、张绍华、贺天全、黄铭卿、彭厚斋、薛国安

四川省东部(台区)地层多重划分对比研究报告

负 责 单 位:四川省地矿局

承 担 单 位:四川省地矿局地质科学研究所

课题组负责人:刘啸虎

报 告 编 写 人:刘啸虎、陈宗礼、方学东

贵州省地层多重划分对比研究报告

负 责 单 位:贵州省地矿局

承 担 单 位:贵州省区域地质调查院

课题组负责人:董卫平、甘修明

报 告 编 写 人:林树基、陈玉林、尹恭正、焦惠亮、王志勇、王洪第、甘修明、张吉惠

广西壮族自治区地层多重划分对比研究报告

负 责 单 位:广西壮族自治区地矿局

承 担 单 位:广西壮族自治区区域地质调查院

课题组负责人:殷保安

报 告 编 写 人:殷保安、殷德伟、潘罗志、陈　建、黄宏伟、蔡宁红、张继淹、卢宏金、李汉标、刘融涛、廖庆康

湖南省地层多重划分对比研究报告

负 责 单 位:湖南省地矿局

承 担 单 位:湖南省区域地质调查所

课题组负责人:张纯臣

报 告 编 写 人:张纯臣、唐晓珊、黄建中、黄惟沛、宾汉文、谭正修、李国彪、朱伦杰、赵别全、罗海晏

湖北省地层多重划分对比研究报告

负 责 单 位:湖北省地矿局

承 担 单 位:湖北省区域地质调查所

课题组负责人:陈公信、吴细松

报 告 编 写 人:陈公信、吴细松、刘贵兴、王义明、盛必信、张佐仁、熊家枝、金经炜

REGIONAL STRATIGRAPHY OF CENTRAL－SOUTH CHINA

(Summary)

1. Introduction

1.1. Purpose and task of the correlation and research of stratigraphy: According to the new point of view and new theory of modern stratigraphy and modern sedimentology, the stratigraphic units for now available which are mainly lithostratigraphic units are cleared up, and multiple classification and correlation stratigraphy are studied. It makes cleared agian the definition, standard of division and correlation, extended the range of the stratigraphic units, and relation of this stratigraphic units to each other.

1.2. Survery of the stratigraphic units clearance: The check in field is carried out for the important stratigraphic sections. The cross-section maps in the region are drawn out. A term compilation of the lithostratigraphic units in the region is established and so on.

1.3. Followed principle in the correlation and the research of stratigraphy: "China Stratigraphic Guide and Illustration of the China Stratigraphic Guide" and "International Stratigraphic Guide" are a guide of the correlation and the research of the stratigraphy.

1.4. Regional stratigraphic summarization: Comprehensive analysis is taken as dominant in the study of Regional stratigraphy in the region, including to basin analysis, sedimentary type, lithofacies, time and space distribution and sequence stratigraphy framework etc., and the mordern plate tectonic theory is taken as guide in the study of the correlation and the research of the stratigraphy.

2. Synthetic stratigraphic regionalization

The Region belongs to South China Stratigraphic Realm and is divided into Yangtze Stratigraphic Region and Southeast China Stratigraphic Region. The former is subdivided into Lijiang Stratigraphic Province, Kangdian Stratigraphic Province, Upper Yangtze Stratigraphic Province, Lower Yangtze Stratigraphic Province and Jiangnan Stratigraphic Province. The latter is subdivided into Gejiu Stratigraphic Province, Youjiang Stratigraphic Province, Center Hunan Stratigraphic Province, Guangxi-Hunan-Jiangxi Stratigraphic Province and Qinzhou Stratigraphic Province.

3. The Presinian regional stratigraphy (from Prejinningian to Jinningian)

Early Proterozoic, Mesoproterozoic, and Late Proterozoic stratum distribute in the margin of the Yangtze Stratigraphic Region and Northwest of the Southeast China Stratigraphic Region. There is an unconformity interface to separate from each other. They are crystalline basement and folding basement of Yangtze Plateform, respectively. The Early Proterozoic Strata is subdivided into Dahongshan Group, Kangding Group, Houhe Group, and Shuiyuesi

Group etc.. Mesoproterozoic strata is subdivided into Shennongjia Group, Dagushi Group, Sibao Group, Fanjingshan Group and Lengjiaxi Group etc.. Qingbaikou Period strata of the Late Proterozoic is subdivided into Macaoyuan Group, Danzhou Group, Xiajiang Group, and Banxi Group. Kunyang Group and Huili Group belong to Mesoproterozoic – Late Proterozoic strata.

4. Regional Strata of Sinian – Silurian Period (from Chengjiangian to Caledonian)

According to the modern plate tectonics, this region consists of Yangtze Plate and Huaxia Plate. At the end of Jinningian, cracking and rejoining of the two plates caused the formation of South China Oldland. Since Sinian Period, Yangtze Plate's craton in the North Region has been mainly characterized by expansion and vertical aggradation with the evolution pattern of rift basin. In Early Sinian the western margin of the region developed post-orogenic rift basin, i.e. West Sichuan intracontinental rift basin.

4.1. West Sichuan intracontinental rift basin

It was mainly made of volcanic-clastic rocks, formed Suxiong Fm. Kaijianqiao Fm. and Lieguliu Fm.. During the Late Sinian, the basin evolved to a part of Upper Yangtze craton basin.

4.2. Upper Yangtze craton basin

In the Early Sinian, the continental facies clastic rocks and tillite deposited in this basin, and formed Liantuo Fm. and Nantuo Fm. In the Late Sinian, initial carbonate plateform was formed and Doushantuo Fm. and Dengying Fm. etc. were developed. Dengying Formation did not suffer degradation in various degree until the early Early Cambrian, due to Emei Rise of the region. Because sea level at Qiongzhusian Age kept rising, the whole basin was transgression. Terrigenous clastic debris provided by the oldland covered the whole carbonate plateform, which became the first time submerged carbonate plateform in this region. The clastic rooks formed Qiongzhusi Formation, Canglangpu Formation or Niutitang Formation, and Shipai Formation etc.. After the biggest transgression and highstand in Qiongzhusian Age, sea level dropped in the Canglangpuian and carbonate archaeocyatha reef developed widely in Tianheban Formation. At the Longwangmiaoian, the limestone with shale is called as Longwangmiao Formation in the west of the basin. In the east of the basin limestone is mainly at its lower part and at its upper part dolomite increased and even became its main part, which are called Qingxudong Formation and Shilongdong Formation, respectively. In the Middle and the Late Cambrian, earth crust of the basin rose frequently while oldland lying to the west of the basin spreaded continously, and then they joined together and formed Chuan-Dian Oldland. The basin had been developed from carbonate gentle slope into rimmed carbonate plateform. Apart from the development of nodular limestone-clasolite interlayer which is called Douposi Formation or of sand-mud rocks with dolomite which was called Xiwangmiao Formation in the Middle Cambrian in the west of the basin, above the Xiwangmiao Fm. there is an evaporate strata which is mainly made up of dolomite and is called Loushanguan Formation distributed over the basin. At the end of the Late Cambrian and after the Yeli rising, the transgression happened again at the all places in the Early

Ordovician, except Hannan, Longmenshan and Kangdian Oldlands in the Northwest and west margin of the basin. At the eastern Yunnan near the oldland, there is a set of clasolite deposit near coast marine facies, named for Hongshiya Fm.. East of the basin was mainly made of carbonate rocks, called Tongzi Formation, Honghuayuan Formation and Dawan Formation. In the Middle Ordovician, the basin showed compression-constrection tectonic environment, but still remained carbonate plateform. The basin was characterized by deepening of water, disappearing of plateform marginal shoal to become deep water gentle slope. Lithology is shale, nodular limestone as characteristics, and it is called Guniutan Fm. Miaopo Fm. and Baota Fm. In the Late Ordovician, the whole basin evolved again to submerged carbonate plaform. The plateform was covered by black carbonolite and silicalite and consisted of Longmaxi Formation etc.. In the Early and Middle Silurian it was a time of violent compression, and it consisted of tidal flat and shelf facies zones from west to east. Tidal flat facies zone located at the eastside of Kangdian Oldland, called Huanggexi Fm., Sifengya Fm. and Daluzai Fm., whereas shelf facies zone which occupied the major part of the basin consisted of Luoreping Formation, Shamao Formation or Xiaoheba Formation, Majiaochong Formation, Rongxi Formation and Xiushan Formation etc.. In the Late Silurian, the oldland of the surrounding basin expanded further and rose to land, except that there was residual shallow sea in Guangyuan, North Sichuan and Qujing, East Yunnan and part of the basin accepted clasolite deposit of Huixingshao Formation in Guandiian age.

4.3. Passive continental margin basin of the southeast of Upper Yangtze

The basin was rift stage in early age (from the Sinian to the late Early Cambrian) and the mature passive continental margin stage in late age (from Cambrian to Ordovician). In the Early Sinian, the basin was located in a surrounding of outer shelf and continental slope, whose tectonic background was situated at the continental marginal rift belt, deep and shallow water interlacing deposit units of graben and horst formed. In the early Early Sinian it was mainly speedy filling of debris flow, besides normal marine deposit, with the deposits of volcanic-debris flow, mud-rock flow, turbidity current and channel and it was called Changan Formation and Fulu Formation as its representatives. In the late Early Sinian, it developed into marine facies tillite and normal marine facies deposit in the Lijiapo Formation and manganase-bearing carbonate rock deposit of interglacial stage in the Gucheng Formation. In the Late Sinian, the basin was influenced by transgression and thus turned into continental slope and basin environment completely. In the early Late Sinian it is mainly argillite in the normal deep-water basin, without submarine gravity current and olistostrome, for example, Jinjiadong Formation. In the late Late Sinian it is mainly silicalite with horrizontal bedding, bearing rich in radiolaria, and bearing olistoglyph partly to be belonged abyssal - semiabyssal sea environment, and is called Laobao Formation. In the Early Camrian, with Pangea broken up, global sea level rose and while Upper Yangtze carbonate plateform submerged firstly was formed, an anoxic event happened in the basin where sediments were mainly black shale with stone coal and silicalite with Zhalagou Formation and Qingxi Formationas as its representatives. After Longwangmiao stage of Early Cambrian until Early

Ordovician, the continental slope environment of the basin was very obvious, and upper and lower continental slope could be recognized. The upper continental slope contained sediments such as debris flow, turbidity current, contour current and so on, among which contour current was mainly found in Middle－Late Cambrian and Early Ordovician. These representative lithostratigraphic untis included Aoxi Formation, Chefu Formation, Bitiao Formation, Panjiazui Formation and Madaoyu Formation in Yuanjiang region, and Duliujiang Formation, Yangjiawan Formation and Sandu Formation in Rongjiang region. The lower continental slope and bathyal environment were mainly made up of shale, siliceous shale and carbonaceous shale with horizontal bedding, and carbonate rock was occurred only lenticularly, for example, Wunitang Formation, Tanxi Formation, Baishuixi Formation and Qiaotingzi Formation and so on.

4.4. Foreland basin of southeast Upper Yangtze

This basin evolved from the Upper Yangtze passive continental margin basin. Since the Middle Ordovician, the upper continental slope environment had already disappeared and became the deep-water gentle slope, which was mainly made up of nodular limestone and calcareous shale with Lanmutan Formation and Laikeshan Formation as its representatives. In the Early Ordovician, it was situated in the lower continental slope environment and did not evolved to carbonaceous tabular shale and carbonaceous silicolite with Yanxi Formation as its representative until Middle Ordovician, which showed no difference from South China Basin. Therefore, it could be concluded that under the influence of compression and nappe stracture, South China Basin moved northwest ward, and is characterized by that of foreland basin. In the Late ordovician the provenance of the basin originated completely from Huaxia Oldland, with Xiaoshichong Formation as its representative, with carbonaceous silicalite, which was the same with that of South China Basin. In the Early Silurian, the foreland basin that migrated from Huaxia Plate to middle and west Hunan and Dongkou, became turbidite deep-water basin and formed Zhoujiaxi Group. In the Middle－Late Silurian, this basin rose all over to land and the foreland basin moved further to the Upper Yangtze Craton Basin at the northwest of the basin.

4.5. South China (Transtensional) Basin

This basin evolved to a depositional basin on the basis of residual basin of Jinningian in South China. The Early Sinian is the initial stage of the transtension of the basin. At the border of Guangdong and Guangxi, there was glacial clasolite deposit at its early stage, which appeared as phyllite with gravel after metamorphism, namely, Chang′an Formation. At its middle stage, it was volcanic-debris, spilite-keratophyre, volcanic breccia and shist to form interbeds, and it was called Yingyangguan Formation. It could be traced during Datangpo interglacial stag and Nantuo glacial stage. In the early Late Sinian, there is argillite with lenticular dolomite, namely, Xialong Formation, and in the late Late Sinian, there is feldspathic-quartzose sandstone with silicolite deposit, namely, Peidi Formation. The above mentioned deposits belonged to continental slope to abysmal sea environment.

From Cambrian to Ordovician, west of the basin was always in bathyal environment and the basin was filled with thick turbidite, for example, Xiaoneichong Formation, Huangdongkou Formation and Liuchen Formation. Especially starting from the Middle Ordovician, Huaxia Plate constantly thrusted and overcasted towards northwest, and the basin gradually folded and rose to land. In the Late Ordvician, water body in the whole basin shallowed, but its northwestern part was still deep-water, for example, Tianmashan Formation which remained turbidity current basin and was characterized by foreland basin. In the Early Silurian the basin had already moved to middle Hunan of the southeastern margin of Yangtze Plate and formed turbidite deposit with Zhoujiaxi Formation as its representative. South China Basin ended.

4.6. Qinzhou-Fangcheng strike-slip and dispersion basin (South China Basin)

This basin was a residual part of the South China Basin. From the Early Silurian when the basin formed to the Late Silurian, it always remained a shelf – bathyal environment. It is a deep-water turbidite depositional basin which is composed of Dagangding Formation, Gumu Formation, Hepu Formation, Fangcheng Formation and Qinzhou Formation and so on.

5. Regional stratigraphy from Devonian to Middle Triassic

5.1. Time and space distribution of lithostratigraphy from Devonian to Middle Triassic

400 Ma ago, Caledonian folding zone in South China combined with Yangtze Plate and constituted the united Southern Plate. From Devonian to Middle Triassic, the thick overlying strata deposited and formed a first grade complete natural sequence. During the period its general features of the rock association are surmarized as follows:

5.1.1. Time and space distribution of lithostratigraphy of Devonian Period

As a result of Guangxi Orogenic Movement at the end of Silurian, Devonian strata and underlying Predevonian strata in this region were both unconformably contacted. With the gradual transgression from south to north at Devonian, stratigraphic age of Devonian above the unconformable contact became newer and newer from south to north, while wherever transgression invaded, it always started with terrigenous clasolite deposit considering both time and space, and it was mainly shore facies deposit, partially paralic facies and locally continental facies deposit. The stratigraphic body constituted this way was a time-transgressive lithostratic unit, such as Lianhuashan Formation, Cuifengshan Formation, Dongliji Formation and Mangshan Formation etc.. Later on , with the expansion of transgression, it appeared toward sea, successively, dolomite, limestone facies (e.g. Tangjiawan Formation, Donggangling Formation etc.), limestone facies (e.g. Guilin Formation, Rongxian Formation etc.), argillaceous stripe, lenticle limestone facies (e.g. Wuzhishan Formation etc.), black shale or silicalite facies (e.g. Liujiang Formation) or appeared again limestone facies (solitary platform) such as Nangumu Formation in East Yunnan and Huangjingshan Formation, Beiliu Formation and Najiao Formation in Guangxi, and Guanziyao Formation in Guizhou. Considering its time, it appeared once again the arranging rule from clasolite facies to silicalite facies. Due to a lot of cycles from transgressive to regressive, clasolite facies progradated in a zigzag way and vertically superposed. The distribution and combination of strata of sedimentary rock was obviously influenced by the paleotopography and fracture there.

5.1.2. Time and space distribution of the lithostratigraphy of Carboniferous Period

Due to the control of Jiangnan Oldland and Huaxia Oldland, river and lake sediments were developed in the Upper Yangtze region, in the Middle – Lower Yangtze region there were mainly littoral and neritic deposit, in the piedmont of Huaxia Oldland there was comparatively thick molasse accumulation, and in the rest of the region there was mainly shallow-water carbonatita deposit with thin-bedded carbonatite and silicalite interbedded deposit and deep-water siliceous-argillaceous rocks deposit from slope to basin facies. Qinzhou and Yulin were Paleotethys remnant trough, mainly with siliceous-argillaceous rocks deposit.

Stratigraphic framework of Carboniferous Period basically inherited that of Devonian Period. The sedimentary petrofacies of different areas formed from oldland to basin spatially in order as follows, terrigenous clasolite facies, carbonate facies, thin-bedded carbonate rock and silicalite interbed and siliceous-argillaceous rocks facies. And there was carbonatite facies of solitary platform in the basin facies. In the time sequence, the multiple superposition of the sedimentary petrofacies and strata association sequence laterally accumulated were undoubtly controlled by transgression and regression cycle, and what's more, the first deposit was always terrigenous clasolite, such as, sandstone of the bottom of Huanglong Formation in Lixian, North Hunan and north to Guiyang, Middle Guizhou. This Phenomenon is most often at the edge of Huaxia Oldland, such as, Laohudong Formation, Huanglong Formation and Chuanshan Formation in Fujian, and their underlying strata were made up of clasolite of Jingshe Formation. With the progress of transgression, these lithostratic units, which made up of either sand-shale or carbonate rock, or of both, exhibited a time-transgressive phenomenon and was unequivalent time. Because this stage started off with clasolite deposit and ended with carbonate rock charaterized by exposion, lithostratic units of the central-south China possessed comparability and consistency. Such as, Wanshoushan Formation in Yiliang, Middle Yunnan, Simen Formation in North Guangxi, Xiangbai Formation in South Guizhou, Ceshui Formation in Hunan and Gaolishan Formation in Hubei were all coal-bearing sandstone-shale deposit. Carbonate rock association of Dapu Formation, Huanglong Formation, Maping Formation or Chuanshan Formation even showed more surprising consistency. Nandan Formation in Guizhou and Guangxi and Shundianhe Formation in Yunnan were thin-layer limestone with silicalite.

5.1.3. Time and space distribution of the lithostratigraphy of Permian Period

At the end of Carbonifereous, due to the influence of Guizhou – Guangxi (Yunnan) Movement, the strata beween Carbonifereous and Permian exhibited disconformity contact. Terrigenous clastic coal-bearing or argillite were commonly found on the surface of the disconformity. The sedimentary facies of Permian spatially is successively clasolite (coal-bearing) lithofacies, such as Liangshan Formation etc.; carbonate rock lithofacies, such as Qixia Formation, Maokou Formation, Wawuwan Formation, Wuxue Formation, Yangxin Formation etc.; thin-layer carbonate rock with silicalite lithofacies, such as Xiaojiangbian limestone,

Sidazai Formation etc., and siliceous-argillaceous rock lithofacies, such as Gufeng Formation, Bancheng Formation etc.. The distribution framework was obviously showed in the Late Permian. Variscan Movement led to the disconformity contact between strata of the Early and Late Permian and accompanied by basalt eruption and basic rock intrusion over a wide range. Whereas Qinzhou-Fangcheng Trough which had been formed since Early Paleozoic Era closed and became part of Variscan fold belt, which led to the unconformity contact between the strata of the Early and Late Permian. The exitence of the several oldlands became varied supplement area provided for terrigenous clastic sediment. The depositional framework of the Late permian is spatially regarded Hunan-Guangxi basin as the center, in the west along the eastern side of Kangdian Oldland from west to east, and in the east along Huaxia Oldland from east to west, successively, there is coal-bearing continental clasolite lithofacies (e.g. Xuanwei Formation, Pengjiu Formation etc.), coal-bearing littoral clasolite lithofacies (e.g. Longtan Formation, Heinishao Formation etc.), carbonate rock lithofacies (e.g. Wujiaping Formation, Xiayao Formation etc.), siliceous-argillaceous lithofacies (e.g. Dalong Formation, Dashuigou Formation etc.). Between Kangdian Oldland and Yunkai Oldland there is thin-bedded limestone lithofacies with siliceous-argillaceous rocks of the slope facies (e.g. Sidazai Formation etc.), siliceous-argillaceous lithofacies of the deep-water basin (e.g. Linghao Formation etc.) and carbonate rock lithofacies of the solitary platform (e.g. Heshan Formation etc.). Its vertical superposition presented overall as follows: coal-bearing clasolite lithofacies – carbonate rock lithofacies – siliceous-argillaceous lithofacies – coal-bearing clasolite lithofacies (including continental and marine facies) – carbonate rock lithofacies – siliceous-argillaceous lithofacies. Therefore, the same names of the lithostratigraphic units have been taken in the most of the stratigraphic region of South China, such as Qixia Formation, Maikou Formation, Gufeng Formation, Longtan Formation, Heshan Formation and Dalong Formation etc..

5.1.4. Time and space distribution of the lithostratigraphy of Early and Middle Triassic

Deposition of the Early and Middle Triassic basically inherited the sedimentary framework of the Late Permian. Spatially, it appeared from oldland toward sea sequently, clasolite facies (shallow-water deposit), clasolite and limestone facies, limestone facies, argillaceous limestone and marlite facies, clasolite facies (deep-water deposit) and solitary platform carbonate lithofacies. For example, along the eastern edge of Kangdian Oldland from west to east, i.e. from Emei, Sichuan to Wuhan, Hubei, there are different association of sedimentary rock, such as Dongchuan Formation, Feixianguan Formation, Yelang Formation, Daye Formation etc., respectively. Likewise, at the western edge of Kangdian Oldland, the features of the stratigraphy distributed were identical, despite of that the names used for lithostratigraphic units were different. From Yangtze Platform toward Yunnan, Guizhou and Guangxi basin, there are Luolou Formation of marlite and argillaceous limestone facies, Shipao Formation of clasolite facies and Majiaoling Formation and Beisi Formation within solitary Platform. Local regions, such as, Nanhong Formation of clasolite facies in Center and North Guangxi changed into Majiaoling Formation, Beisi Formation of limestone facies in one direction and into Luolou Formation of marlite and argillaceous limestone facies in another. As the scope of transgression expanded, in the late Early Triassic the whole region was almost covered by carbonate deposit, except for the periphery of Kangdian Oldland and the center of Yunnan-Guangxi basin. The lithofacies change of the Middle Triassic was the opposite to that of the Early Triassic. From west to east there were clasolite facies, clasolite and carbonate rock mixed facies and carbonate rock facies, for example, from Wuhan, Hubei to Emei, Sichuan successively to appear Puqi Formation, Badong Formation and Guanling Formation, and the bottom of the Guanling Formation generally contained variegated argillutite. In Guizhou, Poduan Formation, Longtou Formation and Gaicha Formation of carbonate rock deposit in the margin facies of platform were found. But in Yunnan-Guizhou-Guangxi basin, it was still the clasolite facies deposit (flysch formation) of the basin facies, namely Banna Formation, Baifeng Formation and Lanmu Formation. The arraging sequence of rocky lateral accumulation remained the same. Finally, the Indosinian movement between Middle and Late Triassic ended the natural depositional stage from Devonian to Middle Triassic.

5.2. Subdivision of second grade natural date from Devonian to Middle Triassic Epoch

Crust stratch phenomenon of Late Paleozoic wasn't a rare phenomenon in different regions of South China, which indicated that it was a basin formed due to crust stretch. Clasolite deposit mainly accumulated at the edge of the basin. Basin and platform crossed each other in the same basin, in the shallow-water platform was carbonate rock deposit, and in the deep-water trough-like basin developed siliceous-argillaceous deposit. Thus the features of biota were utterly different in the platform and the deep-water basin. South China region had entered the stage of intraplate evolution since Devonian until Triassic, it was influenced by all kinds of actions, which, stratigraphically speaking, presented themselves as an unconformity between strata. As a result, six natural depositional stage could be obviously recognized and each of them could be taken as a whole body.

5.2.1. Lochkovian – Late Eifelian Stage

This stage was the first depositional stage in Devonian. Caledonian Movement in the end of Silurian caused earth crust to rise and sea water to regress, and led to strata lacuna. In the great part of region the contact between Devonian strata and underlying strata is unconformity or parallel unconformity, and the surface of unconformity and its corresponding surface of conformity is the bottom boundary of this stage.

5.2.2. Late Eifelian – Early Tournaisian Stage

Haikou Movement of the Early Eifelian age caused the proximate grade regression in South China to led to the local strata lacuna. It is parallel unconformable contact between Late Eifelian strata and underlying strata. The surface of parallel unconformity is the bottom boundary of this stage.

5.2.3. Late Tournaisian – Early Namurian stage

Because of regression in Early Tournaisian local region emerged from the sea surface to cause depositional break. Transgression happened in Late Tournaisian to cause unconformable contact between the strata of the Early and the Late Tournaisian and strata overlap phenomenon. The surface of unconformity is the bottom boundary of this stage.

5.2.4. Late Namurian - Sakmarian Stage

At the beginning of Namurian age, a great scope in South China happened to regression and transgression happened at Early Namurian age. As a result, in the great part of region it deposited a set of coal-bearing clasolite whose superstratum and underlying strata were both carbonatite; over large areas, a boundary between the Early Namurian strata and the underlying strata showed a contact boundary of parallel unconfomity and even unconformity. The surface of unconformity and its corresponding surface of conformity formed the bottom boundary of this stage.

5.2.5. Artinskian - Wordian Stage

Qian-Gui (Guizhou-Guanxi) Movement in Late Carboniferous caused a large part of South China to rise to land. Except at partial regions the strata of Early Permian and Carboniferous were successive sedimentation, almost all regions showed a contact of parallel unconformity. The surface of the parallel unconformity and its corresponding surface of conformity formed the botton boundary of this stage.

5.2.6. Capitanian - Ladinian Stage

Variscan Movement in the end of Early Permian caused a number of Oldland of South China to increase, e.g., Chuan-Dian (Sichuan-Yunnan) Oldland in the southwest, Daxin Oldland and Yunkai Oldland in the south and Huaxia Oldland in east. In Capitanian age of Late Permian, it was happened to transgression and accepted deposition in wide regions, The strata of the Late Permian and its underlying strata presented a contacta of parallel unconformity. The surface of parallel unconformity was as the bottom boundary of this stage.

The Indosinian Movement of Middle Triassic caused the rising of the earth crust to form Sichuan - Guizhou - Guangxi land, and contemporaneously the scope of sea area enormously reduced. Finally, a great depositional stage ended.

Strata from Late Paleozoic to Middle Triassic were a synthem to be controlled by the basement tectonics framework formed in Caledonian Movement. From beginning of the late time of Early Devonian, because of stretch mechanism of continental crust in this region, it began to form a series of tensile depositional basin gradually. During the developing process of this basin, despite that in each age it had its respective features, but owing to under the influence of successive basement tectonics, various basin shared characteristics mainly in outline, form and scope, while the transition of basin was only some areas in the nature. According to crustal movement, sedimentary facies distribution and volcanic activity etc. from the beginning of Late Paleozoic, based on the depositional basin of the biggest transgression in early Early Permian, the basin in this region from Devonian to Middle Triassic stage could be subdivided into seven kinds roughly, i.e. Upper Yangtze Basin, South Marginal Basin of Yangtze, West Marginal Basin of Yangtze, North Marginal Basin of Yangtze, Yunnan-Guizhou-Guangxi Basin, Hunan - Guangxi Basin and Qinzhou Basin.

6. The stratigraphic sequence of continental coal - bearing series and red rock series in Late Triassic - Jurassic Period

The main episode of the Indosinian Movement in the end of the Middle Triassic brings on a extensive epeirogenic movement in the area. History of marine deposition in the area endded basically to accompany that the Paleotethys closed and the area uplifted on a large scale. In the early Late Triassic, only in the west and the south margins of the Yangtze Platform there was the transgression in some area, and there were mainly sand - mudstone sediments of the shore and the shallow shelf facies, such as Maantang Formation, Kuahongdong Formation, Ranan Formation, Sanqiao Formation, Pingzai Formation, Zhongwo Formation and Yunnanyi Formation etc., whose thickness was less than 500 m, but in some area more than 1 000 m. This strata in the early Late Triassic and Underlying marine carbonate strata in Middle Triassic were transition continuly, its distribution area was mainly limited at both wings of the Kangdian Oldland.

From the middle Late Triassic (Noric Age) to the end of Jurassic Priod, the sediments consists of coal-bearing clasolite and red clasolite series, which formed first grade stratigraphic nature sequence and unconformably lay on marine strata at the whole region. According to naturel association characteristics of the rocks, it could be subdivided into two the strata subsequences as follows:

6.1. Early Age (from the Late Triassic to the Early Jurassic)

After the marine deposit ended, the area entered generally depositional age of paralic facies - continental facies coal - bearing clasolite series, paralic facies environments appeared mainly early Noric stage, and distributed in both wings of the Kangdian Oldland, such as Huaguoshan Formation, Songgui Formation and Huobacong Formation. The strata and underlying marine strata of the Late Triassic appeared apparently succession. Since Late Noric Age, the area had entered a continental facies coal age, accroding to the lithological association characteristics, it could be divided into five coal basin, namely, Yanyuan-Lijiang, Kang-Dian, Upper Yangtze, Hunan-Jiangxi (Xiang-Gan), and Guidong (East Guangxi) coal basins etc.. These basins removed gradually from west to east and from south to north with time. In the west margin of Yanyuan-Lijiang Basin sediment thickness is over 1 000 m to be called Baitutian Formation. North section of the Kandian Basin, namely, Baiguowan Formation, its thickness is more than 1 000 m. In Middle section of the Kang-Dian basin it was called "Nalaqing Coal Series" before, but now, it is divided into three units, namely, Bingnan Formation, Daqiaodi Formation and Baoding Formation, thickness of the three Formations is more than 3 000 m. South section of the Kang-Dian basin used to be called "Yipinglang Coal Series", which is divided into three units, namely, Pujiacun Formation, Ganhaizi Formation and Shezi Formation, thickness about 2 000 m. The three strata series mentioned above all consists of rhythmic interlayers of sandstone, conglomerate argillutite and coal-seam, and they occurrence in unconformity on the old strata (Prepermian mianly), but the strata contained paleoflora and fresh water bivalves which are different from each other, their thickness is great disparity. It shows that environment and subsidence range of the basins are characteristic, respectively. The range of the Upper Yangtze Basin is large and regional changes is complicated. Coal-bearing strata has rhythmic structure clearly in west of the basin, thickness is a few hundred to over 3 000 m, to be called Xujiahe Formation. Sandstone is mainly in south of the basin, thichness less than 500 m, to be called Erqiao Formation. Sandstone, conglomerate, argillutite and coal-seam compose rhythmic interlayers in north and east of the basin, thickness is a few hundred to more than 2 000 m, to be called Xiangxi Formation (Group). The strata occurrence generally on the marine facies strate of the Middle Triassic in Parallel unconformity in the region, but the time limit of forming the strata is different in every part of the basin, such as, the Xujiahe Formation in west of basin from Late Noric to Late Rhaetic, Xiangxi Formation in east and north basin from Rheatic to Lias. This shows that they are a diachronous lithostratigraphic unit. At the northwest margin of the Upper Yangtze Basin, a set of huge-thick synchronal conglemerate distributes in band along the piedmont zone of Longmenshan, and belongs to alluvial-proluvial deposits in the front of the fold-thrust zone of Longmenshan in margin of the Fordland Basin of the Upper Yangtze. In time and space, it is a huge lens and its continuity is poor. At Hunan-Jiangxi (Xiang-Gan) Basin, sandstone, conglomerate, mudstone and coal-seam constitute rhythmic interlayers in coal-bearing strata, thickness is abut 700 - 3 000 m. The coal-bearing strate is divided into six strata units in ascending order as follows: Zijiachong Formation, Sanjiachong Formation, Sanquitian Formation, Zaoshang Formation, Shikang Formation and Gaojiatian Formation. The lower part of the strata has hiatus to varying degrees in the region. And the strata unconformably lay on the strata of the Prepermian, and the deposit time of the strata is from Noric of Late Triassic to Early Jurassic. East Guangxi (Guidong) Basin consists of a few small basins, and coal strata consists of variegated conglomerate in lower and carbonaceous, argillaceous limestone, mudstone and coal-bed in upper, and contains the fresh-water bivalve fossils, thickness is several hundred meters, to be called Xiwan Formation, which is unconformable overlaying on the Paleozoic strata. Time of the strata is only Early Jurassic. Its sediments has been character of the proximal accumulation in intermontane basin.

6.2. Late Age (from Early Jurassic to Late Jurassic)

After the coal rocks series deposited, several areas entered into the thick and stable continental facies red rocks series depositional stage unsimultaneously, the western area was the earliest, the others from west to east were lagging gradually. Basic lithologic characters of the sediments is red sand-mudstone inequithick interlayers mainly, which have multigrade rhythmic structure and form by alike two depositional cycles in lacustrine-fluvial facies. There are five depositional areas in this Age, such as Kangdian, Upper Yangtze, Lower Yangtze (east of the Hubei), East Guangxi and Shiwandashan depositional areas etc.. The several areas are differenc distinctly in the strata sequence, rock association characters, thickness and subdivision of strata series. The strata of Kangdian area distributed from south to north along "Kangdian Earth's Axis". In North section the strata are subdivided into four stratigraphic units, namely, Yimen Formation, Xincun Formation, Niugundang Formation and Guangou Formation, and in South section there is four stratigraphic units too, such as, Fengjiahe Formation, Zhanghe Formation, Shedian Formation, and Tuodian Formation, sedimental thickness 3 000 – 5 000 m. Red Beds is stable and thick in the Upper Yangtze Area, thickness is generally more than 3 000 m. It was subdivided in ascending into Ziliujing Formation, Qianfuyan Formation, Shaximiao Formation, Suining Formation and Penglaizhen Formation. In front of the foreland basin in west margin of depositional area there was fan-form allavial-proluvial accumulation, which its composition was conglomerate mainly to form sieve deposits, thickness several thousands meters, and which it possessed the property of piedmont molasse nearly terrigenous areas. Lower Yangtze area was only related to a corner of the East Hubei, the red beds was more than 1 000 m thick and called the Huajiahu Formation. In Dayei and Ercheng around there is a set of acidic volcanic rocks series, rhyolitic breccia or brecciated agglomerate in lower, and the felsite mainly in upper, about 500 m thick, which unconformably lay on the Huajiahu Formation or appeared as a intercalated bed in the Formation. East Guangxi area is a series of smaller scope depositional basin, sediment thickness is 300 – 1 000 m. The strata in this area could be divided into two Formation in ascending, namely, Shiti Formation and Dongxing Formation, and overlap on the Silurian System in locally. Shiwandashan area is a limited distribution of intermontane basin, 3 000 – 10 000 m thick. The strata could be divided into six formations in ascending, namely, Pingdong Formation, Fulongao Formation, Wangmen Formation, Baixing Formation, Nadang Formation and Dongli Formation etc., and continued time of the strata was from Late Triassic to Jurassic. The proximal macroclastic components are well-developed in sediments. The presence of bivalve fossils of saline-water type in the bottom indicated that early age of the red beds formed has been marine intercalated beds. It unconformably lay on the volcanic rock of Banba Formation in early Middle Triassic.

7. The stratigraphic sequence of continental red rocks series and coal - bearing series in the Cretaceous — Tertiary

7.1. The stratigraphic sequence of continental red rocks series in the Cretaceous – Eogene

Main episode of the Yanshan Movement was very strong in the end of Jurassic. In the result, large area was rising in the region and entered into the stage of planation and denudation. Because of the disequilibrium of earth crust subsidence and different terrigenous location, depositional basin reduced continuously and splited into nine smaller basins, which are different scale from each other and possess distinct character. It is evident especially at Yangtze area. The asynchronous strata in Cretaceous was by parallel unconformity or unconformity overlying on the strata of the Jurassic or pre-Jurassic period. Sedimentation from Cretaceous to Eogene is essentially continuous, sediments are red clastic rock series mainly to form another nature date . Nine basins in the region are Yanyuan-Lijiang, Kangdian, West Sichuan, Sichuan-Guizhow, Guiyang-Enshi, Yunnan-Guizhou, Jianghan, Hunan-Jiangxi, and Youjiang Basins. Yanyuan – Lijiang Basin consists of a series of small – sized intermontane basins which are not linked in each other, sediments in the basins are mainly proximal coarse clastic rocks, such as psepholite etc., nearly 3 000 m thick, with ostracods, flora and sporopollen, and are divided into the Baoxiangsi Formation and Jinsichang Formation. Kangdian Red Basin lies on "Kangdian Earth's Axis" and distributes from south to north. It is composed of Mishi, Huili, Chuxong and Yuanmou basins, sediments consist of conglomerate, sand-mudstone, and are overall characterized by coarser in the lower and finer in the upper, intercalated fresh limestone lamination accidentally and with rich biota of ostracods, conchostracs, charophyts and fresh water bivalves etc., and a few vertebrate fossils, about 2 000 – 5 000 m thick. The sediments in Yunnan are divided into five units in ascending: Gaofengsi Formation, Puchanghe Formation, Matoushan Formation, Jiangdihe Formation and Zhaojiadian Formation. In Sichuan, they are subdivided into three units: Feitianshan Formation, Xiaoba Formation, and Leidashu Formation. There is locally a hiatus between the Lower and Middle Cretaceous. Sediments distribute mainly in the western and northern parts in Sichuan Basin, but sequence in western part developed well, about 2 200 – 3 700 m thick. Sediments are characterized by red sand - mudstone with rhythms, intercalated with marl, conglomerate and glauberite beds, and with rich biota of ostracods as mainly. The sediments are subdivided in ascending into the Tianmashan Formation, Jiaguan Formation, Guankou Formation, Mingshan Formation and Lushan Formation. In north of the Basin there was only the strata of the Early Cretaceous more than 1 000 m thick. It is subdivided in ascending into the Cangxi Formation, Bailong Formation, and Qiqusi Formation, and correspond with the Tianmashan Formation in west part of the basin. The Sichuan-Guizhou basin distribute nearly from east to west direction. The sediments are mainly brick-red sand-mudstone series, more than 1 000 m thick, with rich ostracods fossils, and it is subdivided into three units, such as Wotoushan Formation, Daerdang Formation and Liujia Formation. Guiyang-Enshi Basin consists of a series of small-sized and isolated depositional basins. The sediments are composed of conglomerate and sand-mudstone with rhythmic interbeds, and belong to intermontane proluvial facies, sedimentation time is Late Cretaceous mainly. It is called Maotai Group in Guizhou, 1 500 m thick, and is subdivided into the Kuangjiawan Formation, Zazuo Formation and Jiuzhou Formation in ascending. It is called Zhengyang Formation in Sichuan, beside contained ostracods, charophyta fossils, there are vertebrate fragments by chance. Yunnan-Guizhou basin consists of small-sized fault basin in groups. Sediments in the basin are red sand-mudstone mainly with conglomerate, limestone and gypsum intercalations, with rich the mammal fossils, flora, sporopollen and bivalves, nearly 1 000 m thick. Deposit time was the Paleogene. In Yunnan, it is called Lunan Formation in lower part and Caijiacong Formation in upper part. In Guizhou, it is called Shinao Formation. Jianghan Basin is across the neighbouring areas between Hubei and Hunan, and belongs to structural depression intramontane basin. At the west margin of the basin, the sediments are proximal conglomerate and sand-mudstone rhythmic interbed mainly with limestone, copper shale and gypsum beds intercalation, and with rich ostracods, flora, sporopollen, conchostracs, charophyts and vertebrate and so on, more than 5 000 m thick. The strata are subdivided in ascending into eight units, such as Shimen Formation, Wulong Formation, Loujingtan Formation, Honghuatao Formation, Paomagang Formation, Gongjiazui Formation , Yangxi Formation and Pailoukou Formation etc.. At the south margin of the basin, psephyte is in the dominant position. The strata are subdivided into the Baihuating Formation and Zhongcun Formation (nearby Yueyang), and thickness is ten thousands meters nearly. At the east margin of the Basin, the sediments are the red beds composed of sand-mudstone mainly intercalate with a lot of neutral-acidic volcanic rocks, such as tuff, andesite, rhyolite etc.. The strata are subdivided into the Lingxiang Formation, Daxi Formation, and Gonganzai Formation, more than 5 000 m thick. At the center of the basin (nearby the Shashi, Qianjiang), purple mudstone is mainly with siltstone and marlite intercalation and with pyroschist, gypsum and glauberite, halite bed intercalation locally, with rich ostracods, charophyts, and sporopollen, more than 6 000 m thick. The strata are subdivided in ascending into seven units, Yuyang Formation, Shashi Formation, Xinguozui Formation, Jinsha Formation, Qianjiang Formation, Jinhezhen Formation and Guanghuasi Formation. Deposit time of the strata is later than the deposit time of the strata in margin area of basin. These strata above mentioned are in unconformity overlying on the old rock series of Pre-Cretaceous. Hunan-Jiangxi Basin consists of a series of small - sized basins which distribute toward northeast. Red sand-mudstone constituted rhythmic interbed frequently, and intercalated with limestone and evaporite. It has rich ostracods, chyrophyts and vertebrate fossils, 5 000 - 7 000 m thick. At Hengyang Basin, the strata are subdivided into twelve units in ascending, such as Shimen Formation, Dongjing Formation, Lanlong Formation, Shenhuangshan Formation, Huitangqiao Formation, Luojingtan Formation, Honghuatao Formation, Daijiaping Formation, Chejiang Formation, Zaoshi Formation, Chashanao Formation, and Gaoling Formation. The change of time and space of several formations was greatly. The Youjiang Basin consists of dispersal and small-sized fault basin. Sediments consists of conglomerate and sand-mudstone which constitutes rhythmic interbed, and which intercalates with thick tuff and basic - acidic volcanic rocks. Strata sequence was complete relatively in southeast area of Guangxi, about 5 000 m thick. The strata are subdivided into six units in ascending, such as Xinlong Formation, Dapo Formation, Shuangyuzui Formation, Xidong Formation, Luowen Formation and Liuchou Formation. There is biota of ostracods mainly. It is in unconformity overlying on the asynchronous strata of the Pre-Cretaceous.

7.2. The stratigraphic sequence of coal-bearing series in the Tertiary Period

After the deposition ended in Red Basin, regional uplift and degradation intensified continually, and subsidence area of the crust continued only deposition in some area. Distribution of small-sized basin was brought under control of the regional fracture zones strictly. Due to change of terrigenous deposit, vegetation and paleoclimate conditions, various small-sized basin entered asynchronously into depositional stage of coal-bearing clasorite. The region could be divided roughly into six depositional basins. Sediments consist of psepholite with clay intercalation at Yanyuan-Lijiang Basin, and contain brown coal extensively, 6 000 m thick. Yanyuan Formation is called in Sichuan and Sanyeng Formation in Yunnan. At Panxi Basin, sand-mudstone interbed was mainly and intercalated with bass and brown coal, called

Xigeda Formation, biggest thickness was more than 1 000 m. At the west margin of the Sichuan basin, conglomerate intercalated with clay is mainly and is called Liangshuijing Formation, thickness is several hundred meters. At the East Yunnan Basin, it is consisted of two sets of coal series strata discontinuously, psephyte is mainly intercalated with mudstone, marl and brown coal in lower part, namely, Xiaolongtan Formation, mudstone mainly with sand-conglomerate and brown coal intercalation in upper part, namely, Ciyeng Formation, total thickness of the two formations are nearly 3 000 m. In Nanning-Liuzhou Basin, sediments consist of unisopachous interbed which is composed of pebbled sandstone, sand-mudstone, intercalated with limestone, marl, brown coal, siderite and oil shale, total thickness is more than 3 000 m, called Yuning Group, which is divived into five units in ascending, namely, Dongjun Formation, Nadu Formation, Baigang Formation, Fuping Formation and Jianduling Formation. The Hepu Basin has a set of mudstone and sand-conglomerate mainly intercalated with several beds of brown coal and oil shale, more than 1 000m thick, called Nankang Formation. The coal-bearing strata of each basin above mentioned contained rich biota of flora, sporopollen, ostracods and vertebrate (mammals), it is unconformably overlying on the strata of the Paleogene period or older. The time of coal-bearing series in each areas was different, the coal age of the Nanning-Liuzhou Basin is early. The Yuning Group belongs Paleogene, but the time of the coal-bearing series in other basins is from Miocene to Pliocene. The deposit of Panxi Basin is finished latest from Miocene to early Pleistocene.

8. **Conclusions**

The important progress has been made by the correlation and the research of the stratigraphy as follows.

8.1. The clearance of lithostratigraphic units

8.1.1. Presinian Period: Huashan Group consisted of Hongshan conglomerite and Liufangzui slate. Because the distribution of the two parts of the Group is too limited to be distinguished easily in the greater part of areas, the Group was renamed to Formation, called Huashan Formation. Banxi Group (epimetamorphism) could not be correlated with Liantuo Formation.

8.1.2. Sinain Period: Dengying Formation was divided into Bao Shipo Fm., Xihaoping Fm. and Huangshandong Fm. according to chronostratigraphic boundary, but now the name of Dengying Formation is restored by the correlation and the research of the lithostratigraphic unit, and the names of Bao Shipo Fm., Xihaoping Fm. and Huangshandong Fm. are all nonlithostratigraphic units. The lithologic characters of Donglongtan Formation and Yuhucun Formation in East Yunnan basically are similar to those of Dengying Formation. Because the name of Dengying Formation was given earlier than formers, the name of Dengying Fm. is adopted and Donglongtan Formation and Yuhucun Formation are suggested to be discarded. Zhongyicun Member is phosphotic ore bed in Yunnan and a formal Member-level unit is suggested to be established. The lithologic characters of Liuchapo Formation are identical with those of Laobao Formation, and thus is called Laobo Formation. At Hunan and Guangxi, in deposit Nantuo stage of there are turbidite besides glaciomarine facies deposit, the lithologic characters of the deposit are different from those of Nantuo Formation and thus the deposit of Nantuo stage is called Lijiapo Fm., Silikong Formation and Hongjiang Formation are synonyms of Lijiapo Formation.

8.1.3. Cambrian Period: The deposit of the Later Meishucun stage at Upper Yangtze Craton Basin is called Niutitan Formation except east Yunnan; Shuijingtuo Formation, Guojiaba Formation, Jiulaodong Formation, Jiumenchong Formation, Muchang Formation and Xiaoyanxi Formation are the synomyms of the Niutitang Formation. The overlying strata of Niutitang Formation are often called as Shipai Formation. Mingxinsi Formation, Bianmachong Formation and Balang Formation are the synonyms of the Shipai Formation. In Upper Yangtze Craton Basin the deposit of the Middle - Late Cambrian belongs to evaporite lithofacies, the lithologic character in the basin is similar and is generally called as Loushanguan Formation. Xixiangchi Formation and Sanyoudong Formation are the synonyms of the Loushanguan Formation. Xilinxia Formation in the top of the original Sanyoudong Group established by the chronostratigraphic boundary has bacome invalid and is now called Loushanguan Formation. Between Niutitang Formation (mainly clasolite) and Loushanguan Formation (mainly dolomite), according to different lithologic associations, a priliminary understanding the lithostratigraphic framework has been adopted as Qingxudong Formation (mainly limestone), Tianheban Formation (mainly thin-layer argillaceous striped limestone), Shilongdong Formation (mainly dolomite), Douposi Formation (mainly shale), Gaotai Formation (mainly thin-layer limestone), Qinjiamiao Formation (mainly thin-layer dolomite with agillite intercalation) and Xiwangmiao Formation (mainly variegated clasolite and dolomite interlayer).

8.1.4. Ordovician - Silurian Period: Nanjingguan Formation and Fenxiang Formation are merged into Nanjingguan Formation, which differs from Tongzi Formation in that the latter was intercalated with more shale. Taohuashi Formation of Ordovician in Northwest Hunan is among the names for handicraft article and is called Honghuayuan Fm. Dachengsi Formation and Luohanpo Formation at West Sichuan, are merged into Hongshiya Formation. The Linxiang Formation and Baota Formation whose lithologic characters are indentical are merged into Baota Formation. The black shale of the Wufeng Formation and the lower member of the Longmaxi Formation showed the same lithologic characters. So they are merged and are called Longmaxi Formation while the name of "Wufeng" can be kept as a stage name. Variegated shale intercalate with silicarenite in the upper part of the original Longmaxi Formation is still called as Xintan Formation.

8.1.5. Carboniferous - Permian Period: The main lithologic characters of Dapu Formation are thick-layer-massive dolomite with chert lump locally. In Hubei the dolomite Member in the lower part of Huanglong Formation has been separated and called Dapu Formation. Huanglong Formation was light-grey bioclastic limestone which was identical with the definition of the stratotype of Southeast China; Liangshan Formation was coal-bearing series. Matupo Formation, coal-bearing Member of Qixia Formation and Ma'an Formation in this region are synonym of Liangshan Formation. The stratotype of Qixia Formation can be subdivided into four beds in Jiangsu. However, Qixia Formation in this region is genarally consistent with the stratotype in the lithologic characters, without four beds divided. The authors regard that it conforms to the principle of this clearing of lithostratigraphic units, that is, rather rough than detailed, and it helps regional geological mapping and regional correlation. Through correlation and research of the stratigraphy in Guangxi, Heshan Formation is collated and stipulated as a set of coal-bearing series, limestone and silicalite interlayer, and a lithostratigraphic association above Maokou Formation and below Luolou Formation in Huishui, Guizhou are called Heshan Formation.

8.1.6. Triassic - Jurassic Period: The strata of Triassic could be in ascending subdivided into Dongchuan Formation (mainly sandstone), Feisianguan Formation (mainly shale), Yelang Formation (mainly shale and limestone interlayer), Daye Formation (thin-layer limestone), Jialingjiang Formation (dolomite mainly intercalated with limestone, commonly known as two white intercalated with one grey), and Guanling Formation (shale, limestone and dolomite) etc.. The names mentioned above could be used in accordance with specific conditions of the depositional basin. The original first Member of Jialingjiang Formation in Sichuan has been incorporated into Feixianguan Formation or Yelang Formation. During Late Triassic - Early Jurassic the coal-bearing strata of each depositional basin show a non-succession and possess its own characteristics. The following names shall be used in accordance with depositional features of the basin, e.g., Xiangxi Formation is adopted in Southeast Sichuan, East Sichuan, West Hubei and West Hunan, Xujiahe Formation is adopted in Northwest Sichuan, and Huobachong Formation is adopted in Southeast Sichuan and East Yunnan.

To summarize, a conclusion can be drawn as following:

(1) The lithostratigraphic system in this region has been established and perfected, and names and definitions of lithostratigraphy units have been standardized; (2) The lithostratigraphic units have been purified. For comparatively stable deposit strata in craton basin many synonyms have been clearing out; united names of the lithostratigraphic units have been fixed according to the principle of priority; (3) The formations with similar lithologic characters have been merged, the lithostratigraphic units divided by chronostratigraphy and biostratigraphy have been restored.

8.2. Analysis of the basin and others

8.2.1. The dividing basis and stratigraphic framework of four contindntal facies strata sequences of Mesozoic and Cenozoic Era in Yangtze Craton basin has been cleary suggested. I Sequence with coal-bearing clasolite series, which is as its framework, showed rather complex facies change and time-transgressive character in this region and between the strata of Mesozoic and Cenozoic and underlying marine strata there was a locally developed marine-continental alternating transition bed which distribution and sequences of the transition bed also reflected the moving of relict sea basin and the environment features during rising stage of crust. In the sequence which is with red clasolite series as its main body, according to the scale of the basin, stability of the deposits and contact etc., Ⅱ Sequence and Ⅲ Sequence are distinguished, Ⅱ Sequence was formed in the biggest basin of Jurassic and Ⅲ Sequence was formed by basin in a smaller scope because of the discomposition of the basin. The latter developed mainly from Cretaceous to Palaeogene and possessed a feature of a system of its own in aspects of terrigenous character and environment etc.. Ⅳ Sequence, which is composed of sediments in smaller coal basin formed during second coal age, possesses characteristics of dispersion, time difference and frequent displacement, and spans from Late Neogene to Early Pleistocene Epoch.

8.2.2. While a series of lithostratigraphic units is reasonablly established, the subdivision of biostratigraphic units has been also approached, the biostratigraphic units taken as assemblage zone has been tried to establish and the time of each stratigraphic unit for some date has been correlated and discussed by different category.

8.2.3. The strata of Mesozoic and Cenozoic Era have not only been divided and discussed based on the time of biostratigraphic unit, but also supplimented and discussed by means of the age materials obtained from SER test and of the age data obtained from paleomegnotic dating. For the different schemes of strata dividing necessary exposition and comparision have been given. Global auxiliary stratotype section of Devonian-Carboniferous boundary at Nanbiancun, Guilin, Guangxi is recommended in this book.

8.2.4. By way of establishing stratigraphic sequence based on the analysis of regional paleotectonics, paleolithofacies and paleogeography, a priliminary basin analysis has been made for depositional basin of different nature and scale. And the evolution process of formation, development, displacement and extinction of various basin against different tectonic background is approached.

8.2.5. During strata clearence, it is great attention to new theories and new achievements in modern geology. For instance, theories of sedimentary dynamics and kinematics, such as contour current, turbidity current and sea-floor fan etc., have all been introduced and approached by means of combining with the actual cases in this region.

8.2.6. The mass extinction event, Ir and $\delta^{13}C$ abnormalities etc. of the several chronostratigraphic boundaries in this region are introduced and approached.